U0036976

前言

你還沒有接觸過 Java Web 嗎

作為全球備受矚目，金融圈一直是富人的標籤。而作為推進 Web 技術成熟的框架，Java Web 也一致備受寵愛。但是你可能不知道，Java Web 技術一直備受金融圈推崇。

——全球金融圈都在用 Java Web 技術，要不要學，你說了算！

各網路巨頭早就跨入 Java Web 行列

Java Web 在國際上備受矚目，發展達到了空前的高度，各網路巨頭為例，它們早早就把 Java Web 應用到現實的開發領域中了。

Java Web 的發展歷程：開發越來越簡單，效果越來越好

隨著 Java Web 技術的迭代，功能更全面，獨立性、併發性、簡便性更強，同時開放原始碼框架 Spring 的不斷完善，也極大地推動了 Java Web 技術系統的成熟。本書詳細介紹 Java Web 技術系統，並透過實戰範例讓讀者精通它們。

——開放原始碼框架的推進是市場對 Java Web 認可的最好說明。

本書真的適合你嗎

本書帶領你學習從 Web 開發理論到實踐的綜合運用；本書提供現實生活中的應用，包括使用者端應用和服務端應用；本書從現實的表單使用場景出發，解決低版本瀏覽器的相容問題；本書介紹各種開放原始碼、成熟、優秀的框架的學習和使用；本書總結了作者自己實際應用的經驗和心得。

——怕入門難？這本書沒有基礎的人員都能學習；怕實踐難？只要認真學習完本書中的案例，就有一定開發經驗的累積。

本書內容

本書分為 5 篇，共 17 章。第 1 篇介紹 Web 開發與 Java Web 開發，包括系統結構、相關技術、開發環境等；第 2 篇介紹 JSP 語言基礎，包括 JSP 的基本概念、JSP的指令、JSP的動作、JSP的註釋、JSP的內建物件、JavaBean技術、Servlet技術、Servlet 篩檢程式、Servlet 監聽器等，並且在每個模組最後都提供實戰範例；第 3 篇介紹Java Web整合開發，包括JDBC以及Java Web操作資料庫實踐、EL運算式語言、JSTL 標籤語言、Ajax 整合技術等，這部分主要介紹 JSP 技術的進階，由靜態網頁向動態頁面轉變；第 4 篇介紹 SSM 框架，包括 Spring IoC、Spring AOP、MyBatis、Spring MVC 的入門介紹，最後基於框架實現整合開發；第 5 篇介紹項目實戰，包括基於 SSM 的學生資訊管理系統的需求分析、專案設計、開發測試等專案開發整體流程實戰。

本書特點

本書有以下特點：

（1）實戰出發，講解細緻。本書不論是理論知識的介紹，還是實例的開發，都是從專案實戰的角度出發，精心選擇開發中的典型範例，講解細緻，分析透徹。

（2）深入淺出，輕鬆易學。以實例為主線，激發讀者的閱讀興趣，讓讀者能夠真正學習到 Java Web 開發中最實用、最前端的技術。

（3）技術新穎，與時俱進。結合早期技術和時下最熱門的技術的分析對比，講解 Web 開發框架的進階與完善，從而全面、準確地了解 Web 技術的發展歷程以及它在市場中的優勢與前景。

（4）貼近讀者，貼近實際。提供大量成熟的第三方元件和框架的使用和說明，幫助讀者快速找到問題的最佳解決方案，書中很多實例來自作者工作實踐。

（5）貼心提醒，理解要點。本書根據需要在各章使用了很多「注意」的小提示，讓讀者可以在學習過程中更輕鬆地理解相關基礎知識及概念。

本書目標讀者

- Java Web 開發初學者。
- Java 開發工程師。
- 高等院校相關專業的學生。
- 職訓班的學員。
- Web 前端開發工程師。
- 巨量資料開發工程師（軟體應用方向）。

目錄

第 1 篇　Web 開發與 Java Web 開發

第 1 章　Java Web 應用程式開發概述

第 2 篇 JSP 語言基礎

第 2 章 JSP 的基本語法

第 3 章 JSP 內建物件

第 4 章 JavaBean 技術

第 5 章 Servlet 技術

第 6 章 篩檢程式和監聽器

第 3 篇 Java Web 整合開發

第 7 章 Java Web 的資料庫操作

第 8 章 EL 運算式語言

第 9 章 JSTL 標籤

第 10 章 Ajax 技術

第 4 篇 SSM 框架

第 11 章 Spring 核心之 IoC

第 12 章 Spring 核心之 AOP

第 13 章 MyBatis 技術

第 14 章 Spring MVC 技術

第 15 章 Maven 入門

第 16 章 SSM 框架整合開發

第 5 篇 專案實戰

第 17 章 學生資訊管理系統

第 1 篇

Web 開發與 Java Web 開發

本篇重點介紹以下內容：

- Web 開發系統介紹。
- Web 開發的工作原理。
- Web 應用技術。
- Java Web 開發。
- JDK 環境架設。
- Tomcat 的安裝與設定。
- IDEA 開發工具的使用。

第 1 章 Java Web 應用程式開發概述

在資訊化時代的今天，Web 已經成為人們日常生活中的重要部分。設想一下，假如我們離開了網際網路，生活會變得怎樣？伴隨著 Web 技術的發展，Web 應用也蓬勃興起。接下來進入 Web 應用的新世界吧。

1.1 程式開發系統結構

在網路技術遍佈全球每個角落的今天，各種 Web 應用已經深入每個人的生活。伴隨著技術發展，程式開發的結構系也在不斷改善、不斷最佳化，由最初的單機軟體發展成為各種分散式、雲端等系統結構。其中較為常用的 Web 應用程式開發系統結構主要有兩類：基於 C/S（用戶端 / 伺服器）的系統結構和基於 B/S（瀏覽器 / 伺服器）的系統結構。

1.1.1 C/S 系統結構介紹

C/S 系統結構即 Client（用戶端）/Server（伺服器）。Server 端通常是高性能的工作站或個人電腦，採用大型態資料庫（Oracle、DB2、SQL Server），Client 端需要安裝特定的用戶端軟體。此結構系的主要特點是具有很強的互動性，充分利用用戶端和伺服器的環境優勢，具有安全的存取模式，回應速度快，合理分配任務，降低網路通訊銷耗，由於它有獨立的用戶端，因此操作介面設計更漂亮、更靈活。C/S 系統結構如圖 1.1 所示。

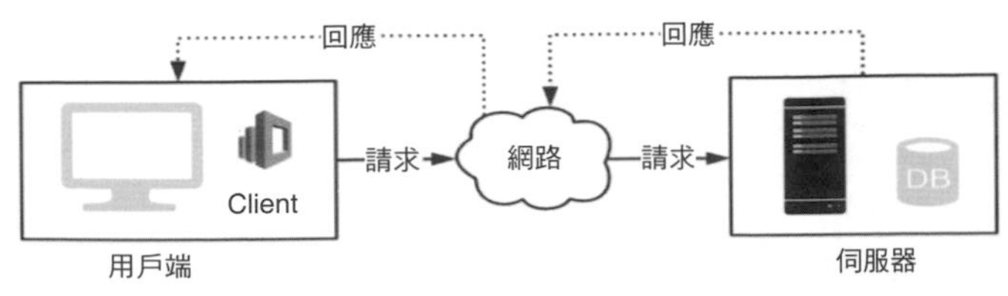

▲ 圖 1.1 C/S 系統結構

1.1.2 B/S 系統結構介紹

B/S 系統結構即 Browser（瀏覽器）/Server（伺服器）。在 B/S 系統結構中，用戶端不需要額外開發專有的用戶端軟體，只需要透過瀏覽器（如 IE、Chrome、Firefox 等）向 Web 伺服器發送請求，由 Server 端進行處理，並將處理結果傳回給 Browser。這種模式統一了用戶端，簡化了系統的開發、維護和使用，極大地節約了成本。B/S 系統結構如圖 1.2 所示。

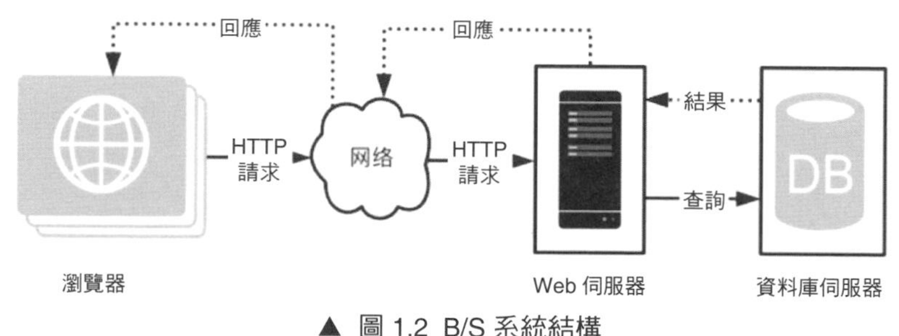

▲ 圖 1.2 B/S 系統結構

說明：C/S 結構是美國 Borland 公司最早研發的，B/S 結構則是美國 Microsoft（微軟）公司研發的。

1.1.3 兩種系統結構的比較

當前網路程式開發比較流行的兩大主流架構：C/S 結構和 B/S 結構。目前這兩種結構都有各自的用武之地，都牢牢佔據著自己的市佔率和客戶群，在回應速度、使用者介面、資料安全等方面，C/S 強於 B/S，但是在共用、業務擴充和適用 WWW 的條件下，B/S 明顯勝過 C/S。透過以下 5 個方面來分析對比它們的異同。

1. 程式架構

C/S 是兩層架構，由用戶端和伺服器組成，更加注重流程，極少考慮執行速度，軟體重複使用性差（重複使用性也稱為重用性）；B/S 是三層架構，由瀏覽器、Web 伺服器和資料庫伺服器組成，B/S 結構對安全性和存取速度有多重考慮，是 Web 程式架構發展的趨勢。

2. 軟體成本

C/S 結構的開發和維護成本都比 B/S 結構高。不論是開發還是維護，C/S 結構都需要大量專業人員調配、安裝、偵錯用戶端，系統升級也需要重新開發調配，並重新提供安裝檔案升級用戶端。B/S 結構則只需要調配瀏覽器，開發升級也只需要在伺服器上升級即可。

3. 負載和性能

C/S 結構的用戶端既要負責互動，收集使用者資訊，又要完成透過網路向伺服器請求對資料庫、試算表或文件等資訊的處理工作。所有複雜的邏輯處理都放在了用戶端，對用戶端負載很高。

B/S 結構的用戶端把交易處理邏輯部分交給了伺服器，由伺服器進行處理，用戶端只需要進行顯示。這樣，重負荷的處理交給了伺服器，用戶端只需要輕便級就能使用。

4. 安全性

C/S 結構由於用戶端處理了核心邏輯，可透過嚴格的管理軟體達到保證系統安全的目的，這樣的軟體相對來說安全性比較高。而 B/S 結構的軟體，由於其共用廣泛，使用的人數較多，相對來說安全性就會低一些（需要做好網路傳輸安全和資訊加密安全）。

5. 共用和擴充

C/S 架構是建立在區域網之上的，面向的是可知的有限使用者，隱私性和安全性較好，因此導致其共用能力較弱。由於安裝升級需要提供安裝軟體，用戶端如果不更新升級，很多新功能就無法使用，擴充性也較弱。B/S 架建構立在廣域網路之上，使用者隨時隨地都可以存取，外部使用者也可以存取，尤其是 Web 技術的不斷發展，B/S 面對的是幾乎無限的使用者群眾，所以資訊共用性很強，而且 B/S 結構只要在伺服器上升級擴充即可，不影響使用者體驗，擴充性高。

1.2 Web 應用程式的工作原理

使用者透過用戶端瀏覽器存取網站或其他網路資源時，通常需要在用戶端瀏覽器的網址列中輸入 URL（Uniform Resource Locator，統一資源定位器），或透過超連結方式連結到相關網頁或網路資源；然後透過域名伺服器進行全球域名解析（DNS 域名解析），並根據解析結果造訪指定 IP 位址的網站或網頁。

為了準確地傳輸資料，TCP 採用了三次交握策略。首先發送一個附帶 SYN（Synchronize）標識的資料封包給接收方，接收方收到後，回傳一個帶有 SYN/ACK（Acknowledgement）標識的資料封包以示傳達確認資訊。最後發送方再回傳一個附帶 ACK 標識的資料封包，代表交握結束。在這個過程中，若出現問題導致傳輸中斷了，TCP 會再次發送相同的資料封包。

在完成 TCP 後，用戶端的瀏覽器正式向指定 IP 位址上的 Web 伺服器發送 HTTP（HyperText Transfer Protocol，超文字傳輸協定）請求；通常 Web 伺服器會很快回應用戶端的請求，將使用者所需的 HTML 文字、圖片和組成該網頁的其他一切檔案發送給使用者。如果需要存取資料庫系統中的資料，Web 伺服器就會將控制權轉給應用伺服器，根據 Web 伺服器的資料請求讀寫資料庫，並進行相關資料庫的存取操作，應用伺服器將資料查詢回應發送給 Web 伺服器，由 Web 伺服器將查詢結果轉發給用戶端的瀏覽器；瀏覽器解析用戶端請求的頁面內容；最終瀏覽器根據解析的內容進行著色，將結果按照預定的頁面樣式呈現在瀏覽器上。概括起來，Web 應用的工作原理如圖 1.3 所示。

▲ 圖 1.3 Web 應用的工作原理

說明：Web 本意是蜘蛛網和網。現廣泛譯作網路、網際網路等技術，表現為三種形式：超文字（HyperText）、超媒體（Hypermedia）、超文字傳輸協定（HTTP）。

1.3 Web 應用技術

經過前面兩節的介紹，讀者應該對 Web 開發有了一定的了解，也應該意識到了 Web 應用中的每一次資訊交換都會涉及用戶端和服務端。因此，Web 應用技術大體上可以分為用戶端技術和服務端技術兩大類。

下面我們對這兩大類 Web 應用技術進行簡介，方便讀者對 Web 應用有一個初步認識。

1.3.1 用戶端應用技術

Web 用戶端主要透過發送 HTTP 請求並接收伺服器回應，最終展現資訊內容。也就是說，只要能滿足這一目的的程式、工具、指令稿，都可以看作是 Web 用戶端。Web 用戶端技術主要包括 HTML 語言、Java Applets、指令稿程式、CSS、DHTML、外掛程式技術以及 VRML 技術。

1. HTML 語言

HTML 語言（Hyper Text Markup Language，超文字標記語言）是 Web 用戶端最主要、最常用的工具。

2. Java Applets

Applet 是採用 Java 程式語言撰寫的小應用程式。Applets 類似於 Application，但是它不能單獨執行，需要依附在支援 Java 的瀏覽器中執行。

3. 指令稿程式

指令稿程式是嵌入 HTML 檔案中的程式，使用指令稿程式可以建立動態頁面，大大提高互動性。比較常用的指令稿程式有 JavaScript 和 VBScript。

JavaScript 由 Netscape 公司開發，好用，靈活，無須編譯。

VBScript 由 Microsoft 公司開發，與 JavaScript 一樣，可用於動態 Web 頁面。

4. CSS

CSS（Cascading Style Sheets，層疊樣式表）是一種用來表現 HTML 或 XML 等檔案樣式的電腦語言。CSS 不僅可以靜態地修飾網頁，還可以配合各種指令碼語言動態地對網頁物件和模型樣式進行編輯。

5. DHTML

DHTML（Dynamic HTML，動態 HTML）是 HTML、CSS 和用戶端指令碼的一種整合。

6. VRML

VRML（Virtual Reality Modeling Language，虛擬實境建模語言）用於建立真實世界的場景模型或人們虛構的三維世界的場景建模語言，具有平臺無關性。

1.3.2 服務端應用技術

服務端首先包括伺服器硬體環境，Web 服務端的開發技術與用戶端技術的演進過程類似，也是由靜態向動態逐步發展、逐步完善起來的。Web 伺服器技術主要包括 CGI、PHP、ASP、ASP.NET、Servlet/JSP 等。

1. CGI

CGI（Common Gateway Interface，公共閘道介面）技術允許服務端的應用程式根據用戶端的請求動態生成 HTML 頁面，這使用戶端和服務端的動態資訊交換成為可能。

2. PHP

PHP 原本是 Personal Home Page（個人主頁）的簡稱，後改名為 PHP：Hypertext Preprocessor（超文字前置處理器）。與以往的 CGI 程式不同，PHP 語言將 HTML 程式和 PHP 指令合成為完整的服務端動態頁面，Web 應用的開發者可以用一種更加簡便、快捷的方式實現動態 Web 功能。

3. ASP

Microsoft 參考 PHP 的思想，在 IIS 3.0 中引入了 ASP（Active Server Pages，動態伺服器頁面）技術。ASP 使用的指令碼語言是 VBScript 和 JavaScript，從而迅速成為 Windows 系統下 Web 服務端的主流開發技術。

4. ASP.NET

ASP.NET 是使用 C# 語言代替 ASP 技術的 JavaScript 指令碼語言，用編譯代替了逐句解釋，提高了程式的執行效率。

5. Servlet/JSP

Servlet 和 JSP（Java Server Page）的組合讓 Java 開發者同時擁有了類似 CGI 程式的集中處理功能和類似 PHP 的 HTML 嵌入功能，Java 的執行時期編譯技術也大大提高了 Servlet 和 JSP 的執行效率。Servlet 和 JSP 被後來的 Java EE 平臺吸納為核心技術。

1.4 Java Web 應用的開發環境

Java Web 是用 Java 技術來解決 Web 領域問題的技術，需要執行在特定的 Web 伺服器上，Java Web 是跨平臺的，可以在不同的平臺上部署執行。

俗話說，工欲善其事，必先利其器。對於 Java Web，4 件利器是我們必須掌握的：JDK、Tomcat、IDEA 和資料庫。

JDK 是 Java 開發環境，Tomcat 是 Web 程式部署的伺服器，IDEA 是開發 Java Web 的整合工具，可以極大地改善和提高開發效率，資料庫負責資料持久化。下面分別講解其安裝過程。

說明：筆者使用的是 Windows 系統，因此介紹安裝過程時以 Windows 系統為主，macOS 和 Linux 系統的安裝過程與之類似。

1.4.1 下載 JDK

這裡選擇的是 Oracle JDK，頁面如圖 1.4 所示。

筆者選擇了 Archive 版本，這個版本只需要解壓縮並設定環境變數即可，如果是 Windows 使用者，建議選擇 Installer 版本，安裝的時候可以選擇設定環境變數。讀者可以選擇適合自己電腦系統的版本。

Windows x64 Compressed Archive	172.93 MB	https://download.oracle.com/java/18/archive/jdk-18.0.2.1_windows-x64_bin.zip (sha256)
Windows x64 Installer	153.45 MB	https://download.oracle.com/java/18/archive/jdk-18.0.2.1_windows-x64_bin.exe (sha256)
Windows x64 msi Installer	152.33 MB	https://download.oracle.com/java/18/archive/jdk-18.0.2.1_windows-x64_bin.msi (sha256)

▲ 圖 1.4 JDK 下載

1.4.2 安裝 JDK 並設定環境變數

按兩下剛剛下載的 jdk-18.0.2.1_windows-x64_bin.msi，按照提示一步一步安裝，注意在安裝的過程中記下安裝的目錄，這裡安裝在 C:\java\jdk-18.0.2.1 目錄下。

JDK 安裝完成之後，需要設定環境變數。這裡安裝好環境變數會自動設定完成，不需要像舊版本一樣自主設定環境變數，此處只需要設定 JAVA_HOME 參數即可。

首先打開「設定」→「系統」→「進階系統設定」→「進階」→「環境變數」，在系統變數中新建變數名稱為 JAVA_HOME，變數值為剛剛安裝的目錄，即 C:\java\jdk-18.0.2.1，按一下「確定」按鈕。

1.4.3 驗證 JDK

重新打開命令列，輸入 java -version，若顯示如圖 1.5 所示的版本資訊，則說明 JDK 安裝設定成功。

```
PS C:\Users\a\Desktop> java -version
java version "18.0.2.1" 2022-08-18
Java(TM) SE Runtime Environment (build 18.0.2.1+1-1)
Java HotSpot(TM) 64-Bit Server VM (build 18.0.2.1+1-1, mixed mode, sharing)
PS C:\Users\a\Desktop>
```

▲ 圖 1.5 JDK 環境驗證

另外，也可以在命令列分別輸入 javac 和 java 命令，如果在命令列看到與圖 1.5 類似的資訊，同樣表示 JDK 安裝設定成功。

注意：JDK 設定完成之後，部分讀者的系統可能會出現「此命令不是內部命令」的提示訊息，此時只需要重新啟動命令列即可。

1.5 Tomcat 的安裝與設定

前面介紹了 Web 相關的技術，我們了解了 Web 伺服器。Web 伺服器是一種軟體伺服器，其主要功能是提供網上資訊瀏覽服務，可以向發出請求的瀏覽器提供文件，也可以放置網站檔案和資料檔案，提供瀏覽下載等服務。

常見的 Web 伺服器如下：

- Tomcat（Apache）：免費。當前應用最廣的 Java Web 伺服器。
- JBoss（Redhat 紅帽）：支援 Java EE，應用比較廣的 EJB 容器。
- GlassFish（Oracle）：Oracle 開發的 Java Web 伺服器，應用不是很廣。
- Resin（Caucho）：支援 Java EE，應用越來越廣。
- WebLogic（Oracle）：收費。支援 Java EE，適合大型專案。
- WebSphere（IBM）：收費。支援 Java EE，適合大型專案。

Tomcat 伺服器是一個免費、開放原始碼的 Web 應用伺服器，常用在中小型系統和併發存取使用者不是很多的場合下，是開發和偵錯 Web 程式的首選。

1.5.1 下載 Tomcat

首先進入官網，頁面如圖 1.6 所示。

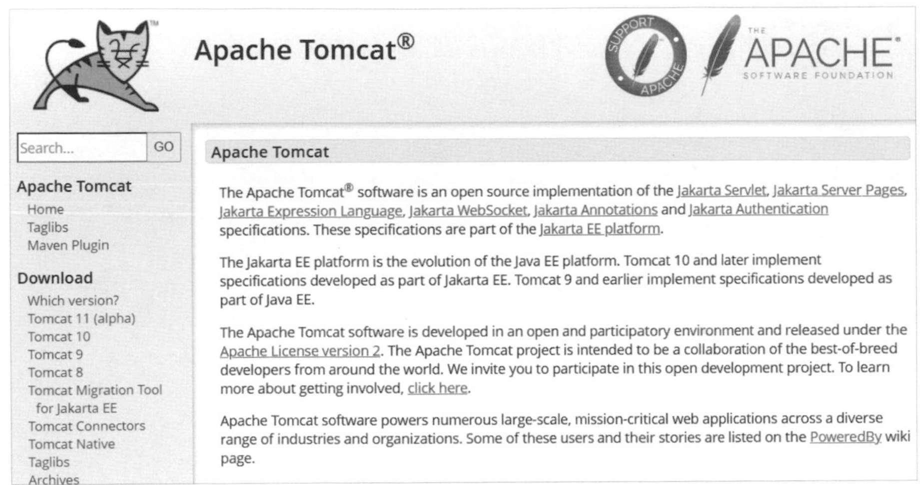

▲ 圖 1.6 下載 Tomcat

筆者這裡下載的是 apache-tomcat-10.0.21，下載的是 ZIP 套件。注意：Windows 使用者下載相應系統版本的 ZIP 套件即可，以方便與 IDEA 整合。如圖 1.7 所示。

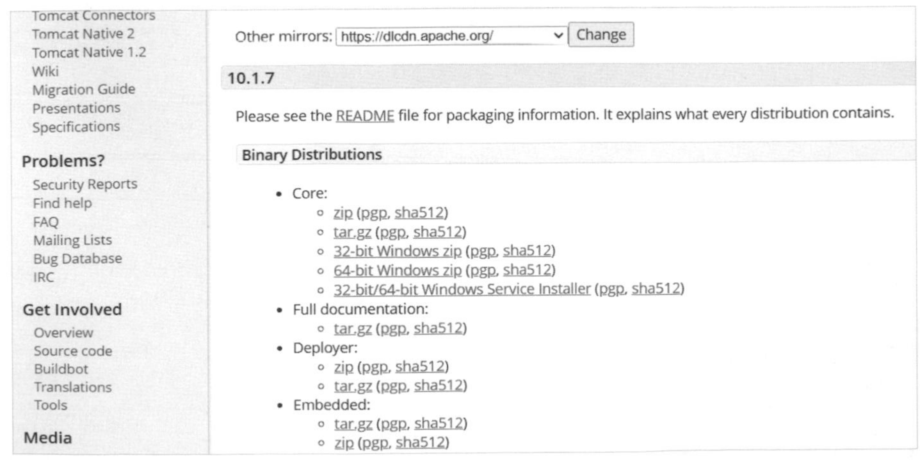

▲ 圖 1.7 Tomcat 版本

下載之後，將 ZIP 套件移到自己設定的目錄下（目錄路徑最好不要有空格和中文，Windows 使用者儘量不要放在 C 磁碟）。

此處可以暫時不需要設定環境變數，我們在開發中會將 Tomcat 整合到 IDEA 開發工具中使用，不設定環境變數不影響開發。

1.5.2 Tomcat 的目錄結構

進入 Tomcat 解壓後的目錄，目錄結構如圖 1.8 所示。

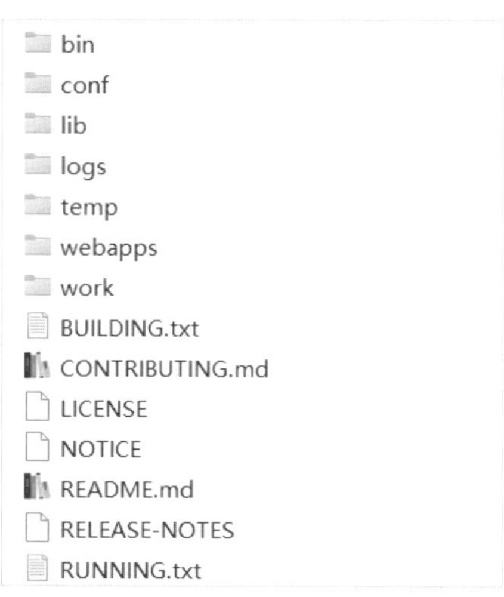

▲ 圖 1.8 Tomcat 目錄結構

Tomcat 各目錄及檔案功能說明如表 1.1 所示。

▼ 表 1.1 Tomcat 各目錄及檔案功能說明

目錄和檔案	說 明
bin	用於存放 Tomcat 的啟動、停止等批次處理指令稿
Bin\startup.sh	啟動 Tomcat 指令稿（適用於 Linux 系統）
Bin\startup.bat	啟動 Tomcat 指令稿（適用於 Windows 系統）
Bin\shutdown.sh	停止 Tomcat 指令稿（適用於 Linux 系統）
bin\shutdown.bat	停止 Tomcat 指令稿（適用於 Windows 系統）
conf	用於存放 Tomcat 設定相關的檔案
Conf\context.xml	用於定義所有 Web 應用均需要載入的 Context 設定，如果 Web 應用指定了自己的 context.xml，那麼該檔案的設定將被覆蓋
conf\logging.properties	Tomcat 日誌設定檔，可透過該檔案修改 Tomcat 日誌等級以及日誌路徑等

目錄和檔案	說 明
conf\server.xml	Tomcat 伺服器核心設定檔，用於設定 Tomcat 的連結器、監聽通訊埠、處理請求的虛擬主機等
conf\tomcat-users.xml	Tomcat 預設使用者及角色映射資訊，Tomcat 的 Manager 模組就是用該檔案中定義的使用者進行安全認證的
conf\web.xml	Tomcat 中所有應用預設的部署描述檔案，主要定義了基礎 Servlet 和 MIME 映射。如果應用中不包含 Web. xml，那麼 Tomcat 將使用此檔案初始化部署描述，反之，Tomcat 會在啟動時將預設部署描述與自訂設定進行合併
Lib	Tomcat 伺服器相依函式庫目錄，包含 Tomcat 伺服器執行環境相依套件
logs	Tomcat 預設的日誌存放路徑
webapps	Tomcat 預設的 Web 應用部署目錄
work	存放 Web 應用編譯後的 Class 檔案和 HTML、JSP 檔案
temp	存放 Tomcat 在執行過程中產生的暫存檔案

1.5.3 修改 Tomcat 的預設通訊埠

上一節的 Tomcat 目錄結構讓我們了解到，通訊埠等相關的設定都在 conf\server.xml 中，下面來看一下這個檔案，如圖 1.9 所示。

```
<Service name="Catalina">

  <!--The connectors can use a shared executor, you can define one or more named thread pools-->
  <!--
  <Executor name="tomcatThreadPool" namePrefix="catalina-exec-"
      maxThreads="150" minSpareThreads="4"/>
  -->


  <!-- A "Connector" represents an endpoint by which requests are received
       and responses are returned. Documentation at :
       HTTP Connector: /docs/config/http.html
       AJP  Connector: /docs/config/ajp.html
       Define a non-SSL/TLS HTTP/1.1 Connector on port 8080
  -->
  <Connector port="8080" protocol="HTTP/1.1"
             connectionTimeout="20000"
             redirectPort="8443" />
  <!-- A "Connector" using the shared thread pool-->
  <!--
  <Connector executor="tomcatThreadPool"
             port="8080" protocol="HTTP/1.1"
             connectionTimeout="20000"
             redirectPort="8443" />
  -->
  <!-- Define an SSL/TLS HTTP/1.1 Connector on port 8443 with HTTP/2
```

▲ 圖 1.9 Tomcat 預設通訊埠資訊

可以看到，這個設定檔中包括 3 個開啟設定的通訊埠和一個註釋的通訊埠，其功能如下：

- 8005：關閉 Tomcat 處理程序所用的通訊埠。當執行 shutdown.sh 關閉 Tomcat 時，連接 8005 通訊埠執行 SHUTDOWN 命令，如果 8005 未開啟，則 shutdown.sh 無法關閉 Tomcat。
- 8009：預設未開啟。HTTPD 等反向代理 Tomcat 時，可用 AJP 反向代理到該通訊埠，雖然我們經常使用 HTTP 反向代理到 8080 通訊埠，但由於 AJP 建立 TCP 連接後一般長時間保持，從而減少了 HTTP 反覆進行 TCP 連接和斷開的銷耗，因此反向代理中 AJP 比 HTTP 高效。
- 8080：預設的 HTTP 監聽通訊埠。
- 8443：預設的 HTTPS 監聽通訊埠。預設未開啟，如果要開啟，由於 Tomcat 不附帶憑證，因此除了取消註釋之外，還要自己生成憑證並在 <Connector> 中指定才可以。

我們通常說的修改通訊埠一般是指修改 HTTP 對應的 8080 通訊埠，將圖 1.9 中 port 的值修改成我們的目標值，如 80，然後重新啟動 Tomcat（通訊埠修改一定要重新啟動 Tomcat 才能生效）。

1.5.4 Tomcat 主控台管理

進入 Tomcat\conf 目錄，打開 tomcat-users.xml。增加一行程式：

```
<user username="admin" password="admin" roles="manager-gui"/>
```

儲存檔案，重新啟動 Tomcat，在瀏覽器輸入：http://localhost:8080/manager/html，頁面提示輸入使用者密碼，輸入上面程式中的使用者密碼，即可得到如圖 1.10 所示的頁面。

Tomcat Web Application Manager

Message:	OK

Manager			
List Applications	HTML Manager Help	Manager Help	Server Status

Path	Version	Display Name	Running	Sessions	Commands
/	None specified	Welcome to Tomcat	true	0	Start Stop Reload Undeploy Expire sessions with idle ≥ 30 minutes
/docs	None specified	Tomcat Documentation	true	0	Start Stop Reload Undeploy Expire sessions with idle ≥ 30 minutes
/examples	None specified	Servlet and JSP Examples	true	0	Start Stop Reload Undeploy Expire sessions with idle ≥ 30 minutes
/host-manager	None specified	Tomcat Host Manager Application	true	0	Start Stop Reload Undeploy Expire sessions with idle ≥ 30 minutes
/manager	None specified	Tomcat Manager Application	true	1	Start Stop Reload Undeploy Expire sessions with idle ≥ 30 minutes

▲ 圖 1.10 Tomcat 主控台

1.5.5 部署 Web 應用

Tomcat 部署 Web 應用程式有 4 種方式。

1. 自動部署

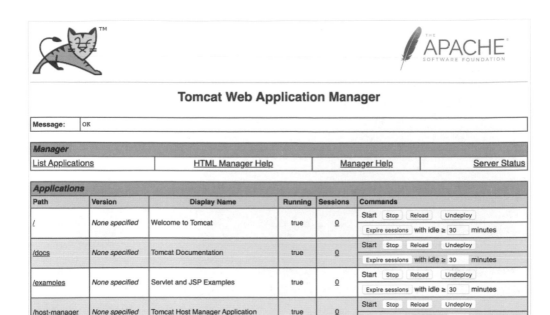

若 Web 應用結構為 ..\AppName\WEB-INF*，只要將一個 Web 應用的 WebContent 級的 AppName 直接放在 %Tomcat_Home%\webapps 資料夾下，系統就會把該 Web 應用直接部署到 Tomcat 中。

2. 主控台部署

若 Web 應用結構為 ..\AppName\WEB-INF*，進入 Tomcat 的 Manager 主控台的 deploy 區域（詳見 1.5.4 節），在 Context path 中輸入 "XXX"（可任意命名，一般是 AppName），在 WAR or Directory URL 中了輸入 AppName 在本機的絕對路徑（表示去尋找此路徑下的 Web 應用），按一下 deploy 按鈕即可。

3. 增加自訂 Web 部署檔案

若 Web 應用結構為 ..\AppName\WEB-INF*，則需要在 %Tomcat_Home%\conf 路徑下新建一個資料夾 Catalina，再在其中新建 localhost 資料夾，最後新建一個 XML 檔案，即增加兩層目錄並新增 XML 檔案：%Tomcat_Home%\conf\Catalina\localhost\xxx.xml，該檔案就是部署 Web 應用的設定檔。該檔案的內容如下：

```
<Context path="/Hello" reloadable="true" docBase="D:\IdeaProjects\HelloWorld"
workDir="D:\IdeaProjects\work"/>
```

說明如下：

- path：表示存取的路徑，如上述範例中，存取該應用程式為 http://localhost:8080/Hello（path 可以隨意修改）。
- reloadable：表示可以在執行時期在 classes 與 lib 資料夾下自動載入類別套件。
- docbase：表示應用程式的位址，注意斜槓的方向「\」或「/」。
- workdir：表示快取檔案的放置位址。

4. 手動修改 %Tomcat_Home%\conf\server.xml 檔案來部署 Web 應用

打開 %Tomcat_Home%/conf/server.xml 檔案並在其中增加以下元素：

```
<Context docBase="D:\IdeaProjects\HelloWorld" path="/Hello" debug="0"
reloadable="false" />
```

然後啟動 Tomcat 即可。

1.6 IDEA 的下載與使用

IntelliJ IDEA 簡稱 IDEA，由 JetBrains 公司開發，是 Java 程式語言開發的整合環境，由於其速度快，高度最佳化，深受廣大 Java 開發者的喜愛。

1.6.1 IDEA 的下載與安裝

官網位址為 https://www.jetbrains.com/idea/，進入 IDEA 官方下載頁面，按一下「下載」按鈕，如圖 1.11 所示。

▲ 圖 1.11 IDEA 官網

IntelliJ IDEA 提供了免費的社區版和付費的旗艦版。免費版只支援 Java 等為數不多的語言和基本的 IDE 特性，而旗艦版還支援 HTML、CSS、PHP、MySQL、Python 等語言和更多的工具特性。這裡我們選擇旗艦版，如圖 1.12 所示。

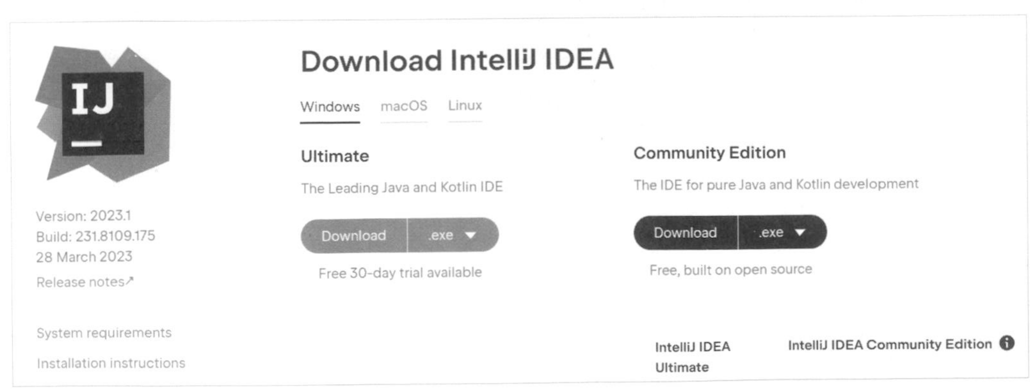

▲ 圖 1.12 IDEA 下載頁面

這裡，作者選了 Windows 版本的，讀者可以根據自己的作業系統選擇相應的版本。下載完成之後，我們會得到一個安裝檔案，按兩下安裝即可。

1.6.2 啟動 IDEA

安裝完成之後，按兩下桌面圖示，啟動 IDEA，會提示 30 天試用或註冊安裝，我們直接按安裝精靈的要求選擇 30 天試用，進入 IDEA 介面，如圖 1.13 所示。

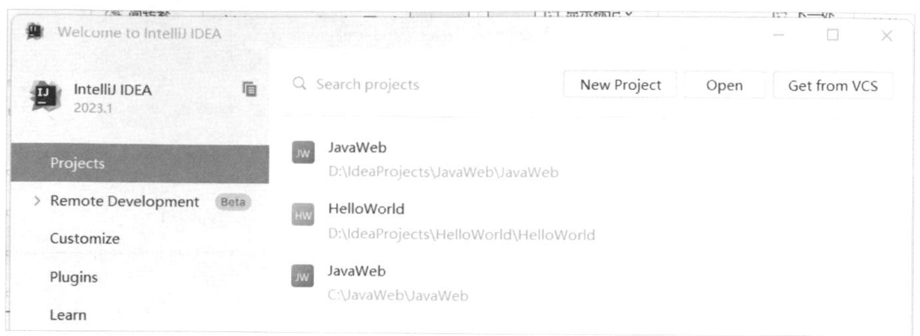

▲ 圖 1.13 IDEA 啟動頁面

說明：IDEA 30 天試用期到期後，我們可以重置，繼續 30 天試用期。

1.6.3 IDEA 工作環境

IDEA 工作環境比較簡潔，主要是專案選單區域和程式編輯區域，最上面是軟體功能選單和工具列，底部是主控台，最右側會有 Maven、Database 等輔助區域。具體功能如圖 1.14 所示。

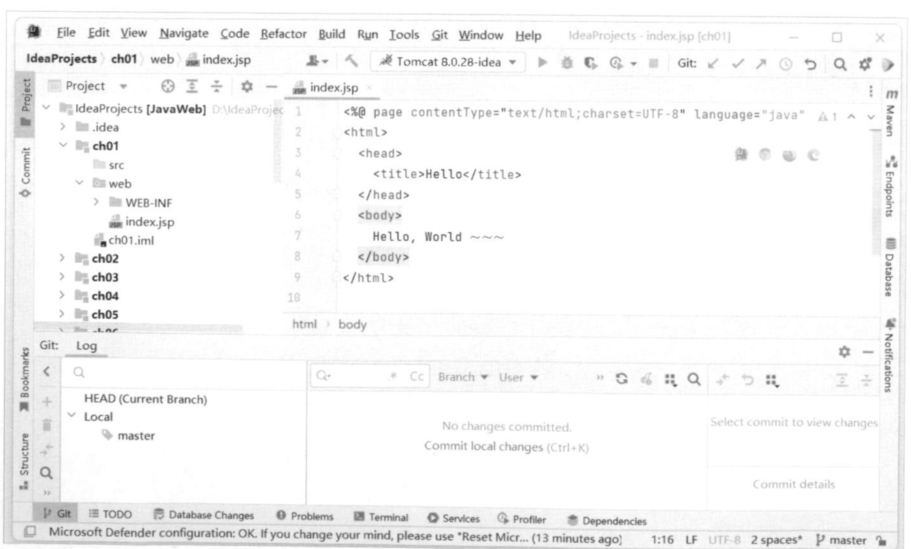

▲ 圖 1.14 IDEA 工作環境

1.6.4 使用 IDEA 開發 Web 應用—HelloWorld

打開IDEA，選擇File→New Project，輸入專案名稱HelloWorld，如圖1.15所示。

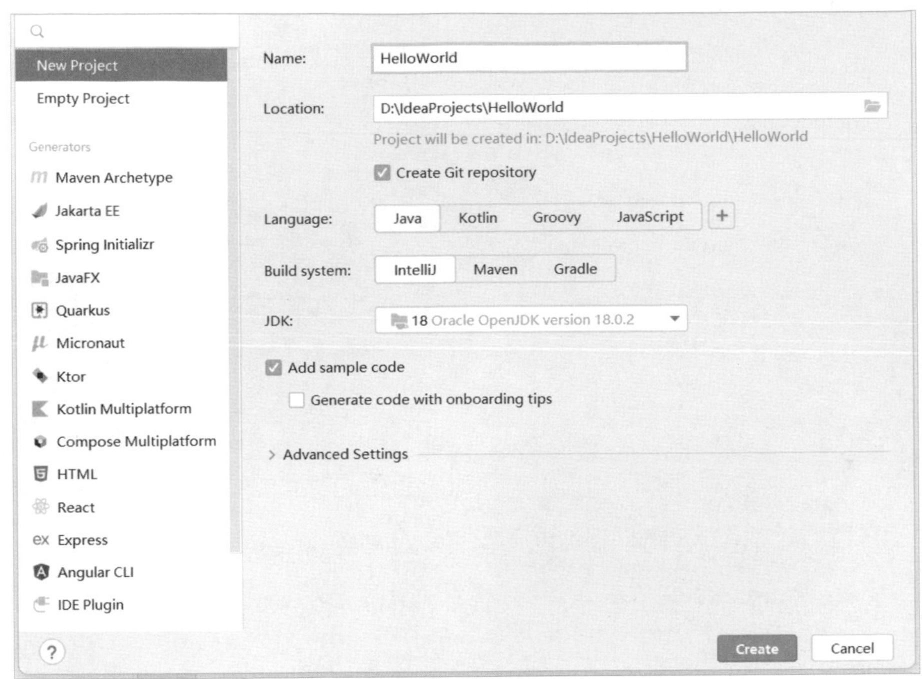

▲ 圖 1.15 建立專案

這裡建立的是普通的 Java 專案，我們要建立 Web 專案，按右鍵專案名稱，選擇 Add Frameworks Support，勾選 Web Application，即可建立成功，如圖 1.16 所示。

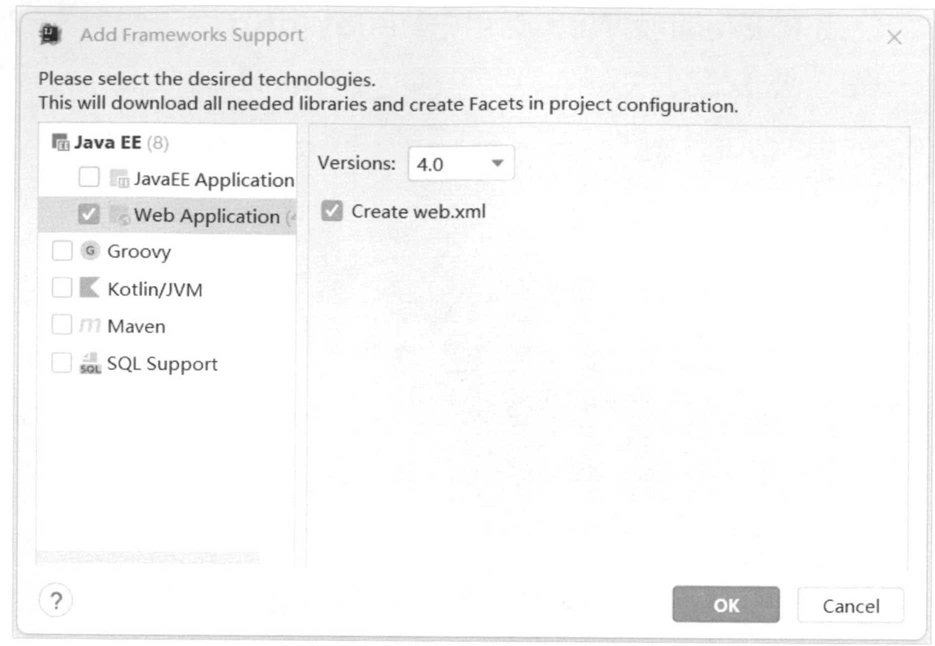

▲ 圖 1.16 增加 Web Application

接下來，我們在 WEB-INF 下建立 classes 和 lib 資料夾，如圖 1.17 所示。

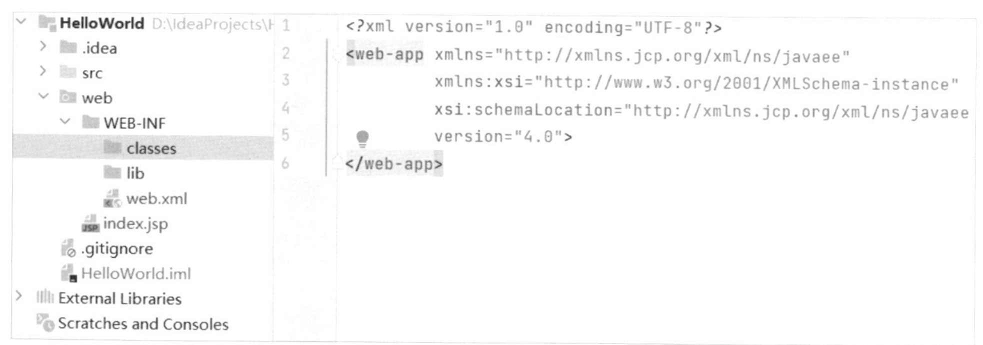

▲ 圖 1.17 建立資料夾

選中專案名稱，按右鍵，選擇 Open Module Settings，如圖 1.18 所示。

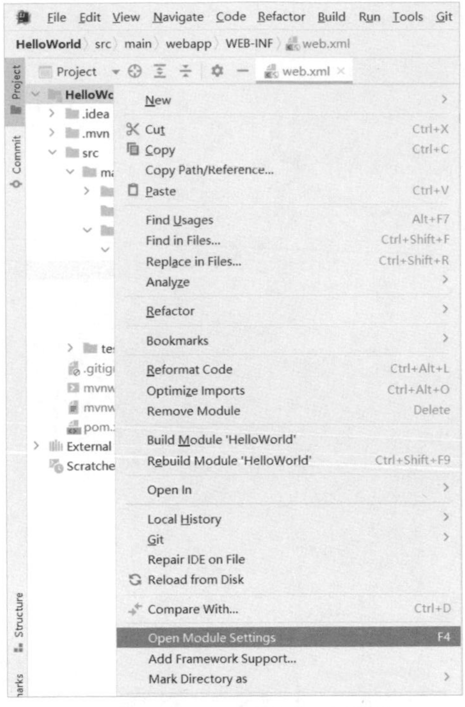

▲ 圖 1.18 打開模組設定選單

選擇 Modules → HelloWorld → Paths，將下面的 Output path 改成剛剛建立的 classes 資料夾，如圖 1.19 所示。

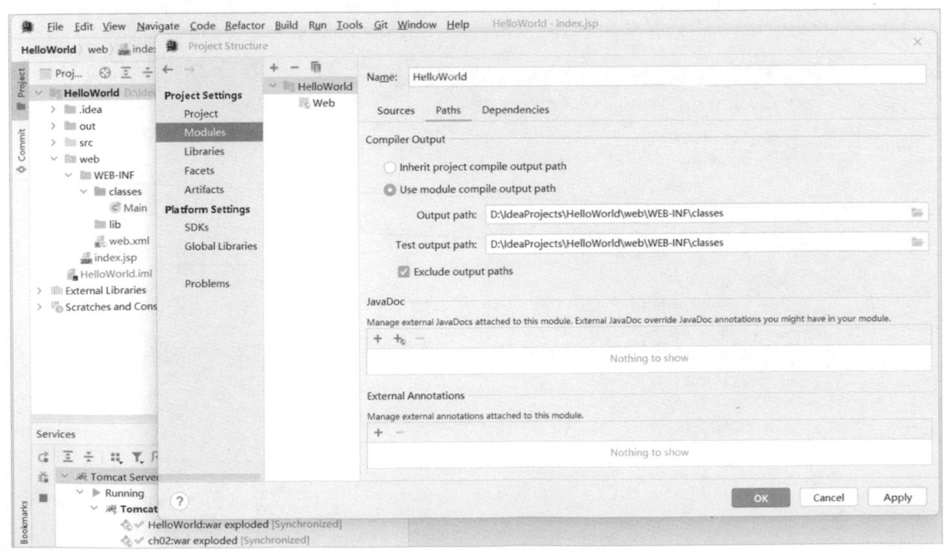

▲ 圖 1.19 設定 classes 目錄

切換至 Dependencies（相依）標籤，按一下「+」，選擇 JARs or Directories，如圖 1.20 所示。

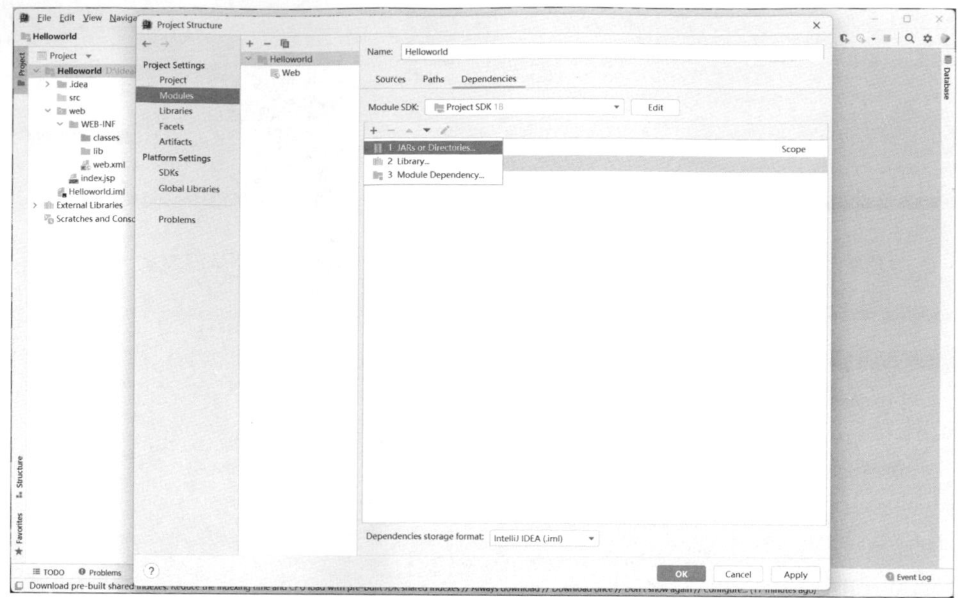

▲ 圖 1.20 選擇設定 JARs 項

選擇剛剛建立的 lib 資料夾，如圖 1.21 所示。

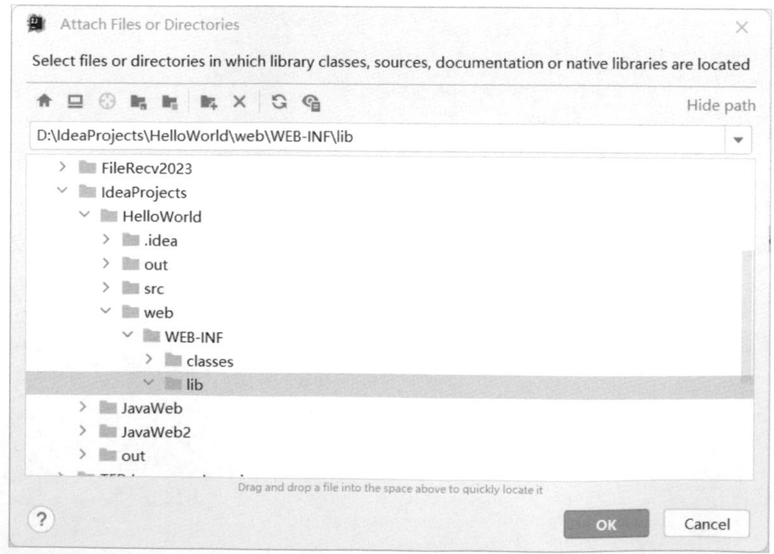

▲ 圖 1.21 設定 lib 目錄

可以看到，相依項中多了剛剛選擇的 lib 目錄，如圖 1.22 所示，把圖示的 JAR 類別檔案加進來，再按一下 OK 按鈕關閉設定視窗。

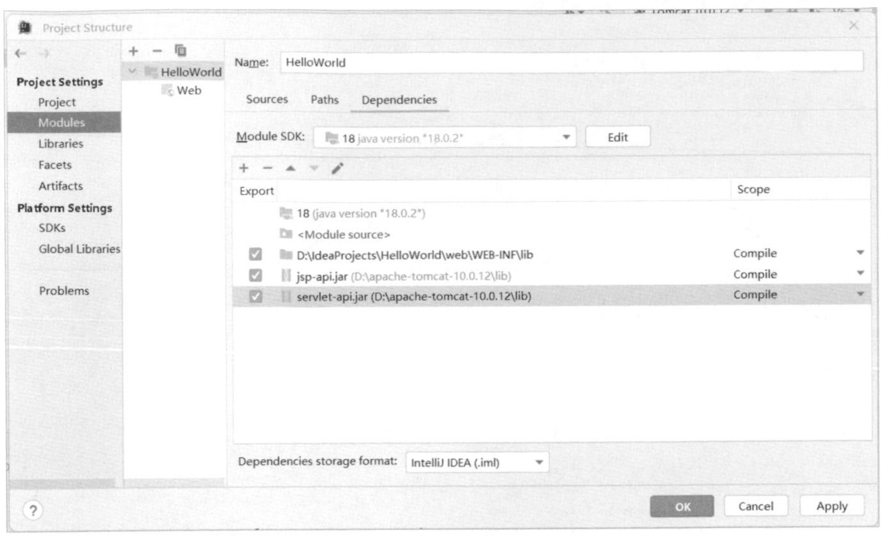

▲ 圖 1.22 lib 目錄設定結果

接下來設定 Web 伺服器。從主選單開始，依次選擇 Run → Edit Configuration → Run/Debug Configurations → + → Tomcat Server → Local 選項，打開 Run/Debug Configurations 視窗設定 Web 伺服器，如圖 1.23 所示。

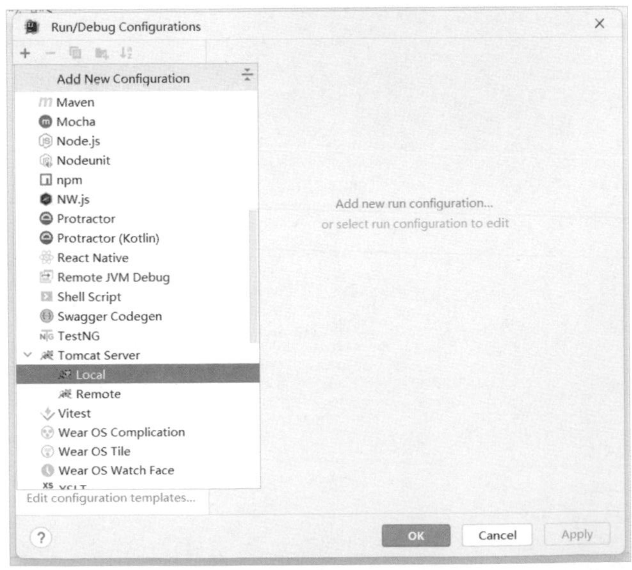

▲ 圖 1.23 設定 Tomcat

按一下「+」，加入 Tomcat 10.0.12，如圖 1.24 所示，在視窗右側單擊 Configure…按鈕，打開如圖 1.25 所示的視窗，在 Tomcat Home 中輸入 Tomcat 解壓縮的路徑，再按一下 OK 按鈕關閉設定視窗。

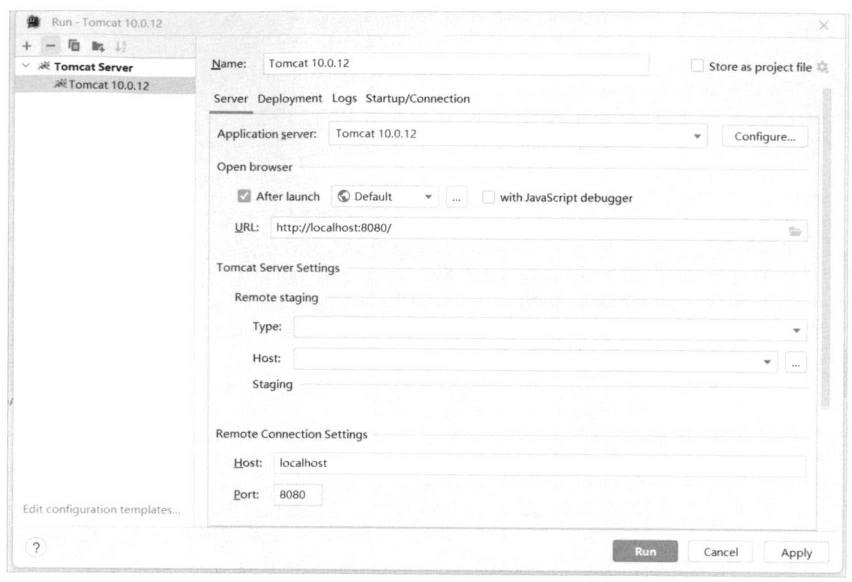

▲ 圖 1.24 設定 Tomcat

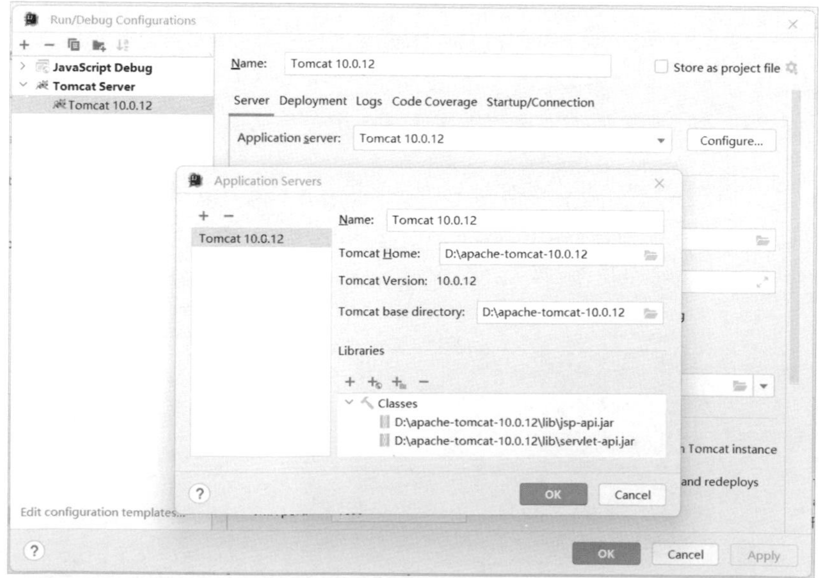

▲ 圖 1.25 設定 Tomcat 根目錄

切換到 Deployment 標籤，按一下「+」，在彈出的選單中選擇 Artifact…，會自動加入本應用的上下文（如圖 1.27 中的「/HelloWorld_war_exploded/」），再按一下 OK 按鈕，如圖 1.26 所示。

Run/Debug Configurations
JavaScript Debug
Tomcat Server
Tomcat 10.0.12
Name:
Tomcat 10.0.12
Store as project file
Server
Deployment
Logs
Code Coverage
Startup/Connection
Deploy at the server startup
HelloWorld:war exploded
Application context:
/HelloWorld_war_exploded
Edit configuration templates...
OK
Cancel
Apply

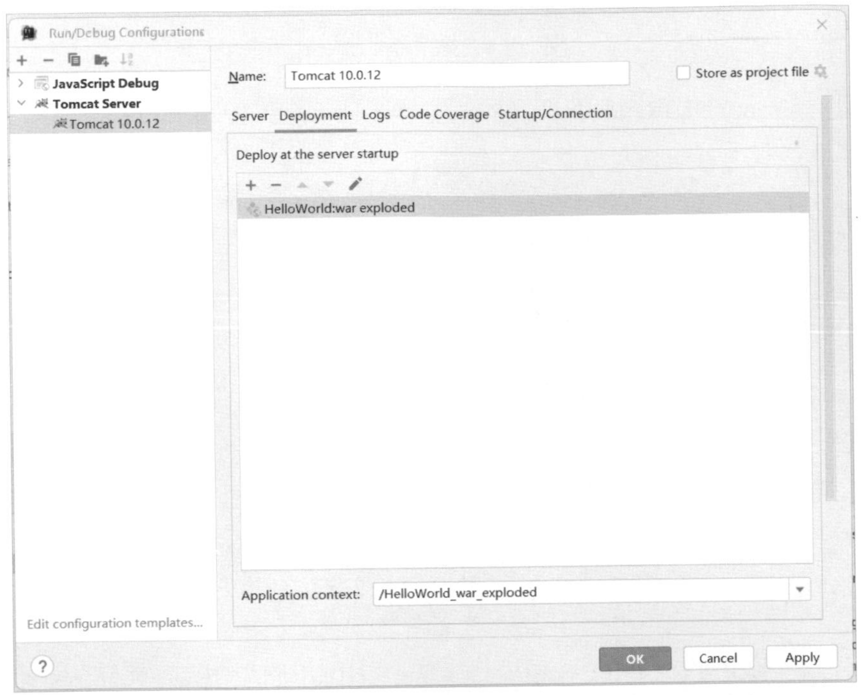

▲ 圖 1.26 部署 Web 專案

注意，在圖 1.26 的 Server 選項卡中的應用 URL，會隨著應用上下文的加入而發生變化，如圖 1.27 所示。同時，這個 URL 可以用來手工設定應用的入口。

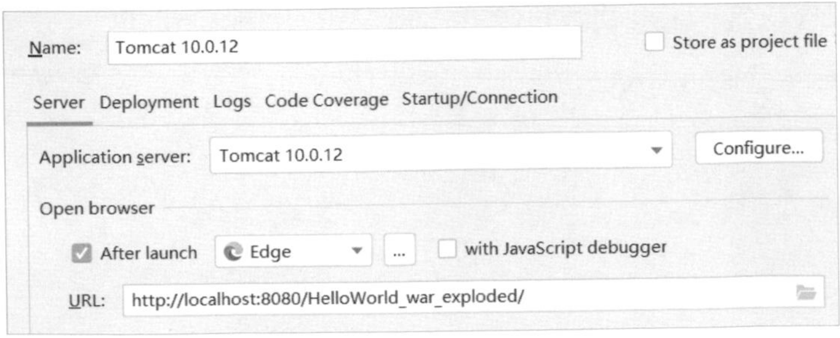

Name:
Tomcat 10.0.12
Store as project file
Server
Deployment
Logs
Code Coverage
Startup/Connection
Application server:
Tomcat 10.0.12
Configure...
Open browser
After launch
Edge
...
with JavaScript debugger
URL:
http://localhost:8080/HelloWorld_war_exploded/

▲ 圖 1.27 存取應用的 URL

接下來，按一下 IDEA 右上角的三角形圖示，啟動 Tomcat，三角形圖示右邊的爬蟲圖示是以 Debug 模式啟動 Tomcat，如圖 1.28 所示。

▲ 圖 1.28 啟動 Tomcat

啟動 Tomcat 後，會自動打開預設瀏覽器，執行結果如圖 1.29 所示。

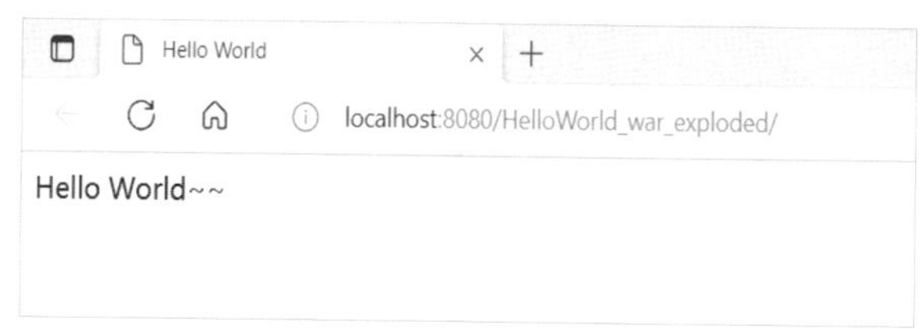

▲ 圖 1.29 執行結果

至此，我們完成了 IDEA 開發部署第一個 Web 應用程式，同時也了解了 IDEA 部署、發佈應用程式的流程和步驟。

1.7 實作與練習

1. 學習並了解 B/S 結構和 C/S 結構，能基本說出這兩個結構系適用的場景。
2. 能獨立安裝並設定 JDK 環境。
3. 能獨立安裝並設定 Tomcat 環境。
4. 能獨立安裝並設定 IDEA 環境。
5. 熟悉 IDEA 軟體，了解軟體整合 Tomcat 操作。
6. 獨立實現一遍 HelloWorld 專案。

第 2 篇

JSP 語言基礎

本篇重點介紹以下內容：

- 掌握 JSP 的基本語法，包括註釋、指令稿、運算式等。
- 掌握 JSP 三大指令和七大動作，並熟練使用指令和動作。
- 深入學習 JSP 九大內建物件，掌握其語法和用法。
- 掌握 JavaBean 技術，了解 JavaBean 的功能和作用。
- 掌握 Servlet 的基本概念，能熟練使用 Servlet API 開發應用。
- 掌握 Servlet、篩檢程式、監聽器技術。
- 了解 Servlet 的進階特性，應用進階特性簡化應用程式開發。

第 2 章 JSP 的基本語法

2.1 了解 JSP 頁面

2.1.1 JSP 的概念

JSP（Java Server Pages）是 Sun 公司開發的一種伺服器端動態頁面生成技術，主要由 HTML 和少量的 Java 程式組成，目的是將表示邏輯從 Servlet 中分離出來，簡化了 Servlet 生成頁面。JSP 部署在伺服器上，可以回應用戶端請求，並根據請求內容動態地生成 HTML、XML 或其他格式文件的 Web 網頁，然後傳回給請求者，因此用戶端只要有瀏覽器就能瀏覽。它使用 JSP 標籤在 HTML 網頁中插入 Java 程式。標籤通常以「<%」開頭，以「%>」結束。

JSP 透過網頁表單獲取使用者輸入資料、存取資料庫及其他資料來源，然後動態地建立網頁。

JSP 標籤有多種功能，比如存取資料庫、記錄使用者選擇資訊、存取 JavaBeans 元件等，還可以在不同的網頁中傳遞控制資訊和共用資訊。

Java Servlet 是 JSP 的技術基礎，大型的 Web 應用程式的開發需要 Java Servlet 和 JSP 配合才能完成。JSP 具備 Java 技術的簡單好用特性，其使用具有以下幾點特徵：

- 跨平臺：JSP 是基於 Java 語言的，它能完全相容 Java API，JSP 最終檔案也會編譯成 .class 檔案，所以它跟 Java 一樣是跨平臺的。
- 預先編譯：預先編譯是指使用者在第一次存取 JSP 頁面時，伺服器將對 JSP 頁面進行編譯，只編譯一次。編譯好的程式碼會儲存起來，使用者下一次存取會直接執行編譯後的程式。這樣不僅減少了伺服器的資源消耗，還大大提升了使用者存取速度。

- 元件重複使用：JSP 可以利用 JavaBean 技術撰寫業務元件、封裝業務邏輯或作為業務模型。這樣其他 JSP 頁面可以重複利用該模型，減少重複開發。
- 解耦合：使用 JSP 開發 Java Web 可以實現介面的開發與應用程式的開發分離，實現顯示與業務邏輯解耦合。介面開發專注介面效果，程式開發專注業務邏輯。最後業務邏輯生成的資料會動態填充到介面進行展示。

2.1.2 第一個 JSP 頁面

打開 IDEA，選擇第 1 章建立的 HelloWorld 專案建立新 Module，按右鍵，彈出的選單如圖 2.1 所示，按一下 New → Module…選單項，打開如圖 2.2 所示的視窗，設定模組名為 ch02，定位模組目錄。最後按一下 Create 按鈕建立 ch02 模組。ch02 模組將在 IDEA 主視窗左側顯示。

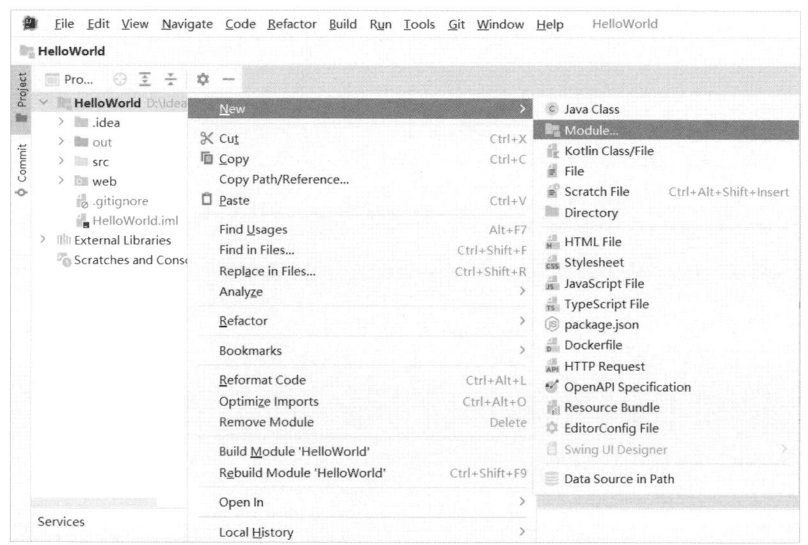

▲ 圖 2.1 建立 Module

在 IDEA 主視窗左側選擇 ch02 並按右鍵，在彈出的選單中選擇 Add Framework Support 選項，彈出如圖 2.3 所示的介面，選擇 Web Application（4.0）選項。接下來的操作基本跟 1.6.4 節講解的專案開發和發佈步驟一致，讀者可以回頭查看一下相關細節，並對 ch02 模組進行設定。

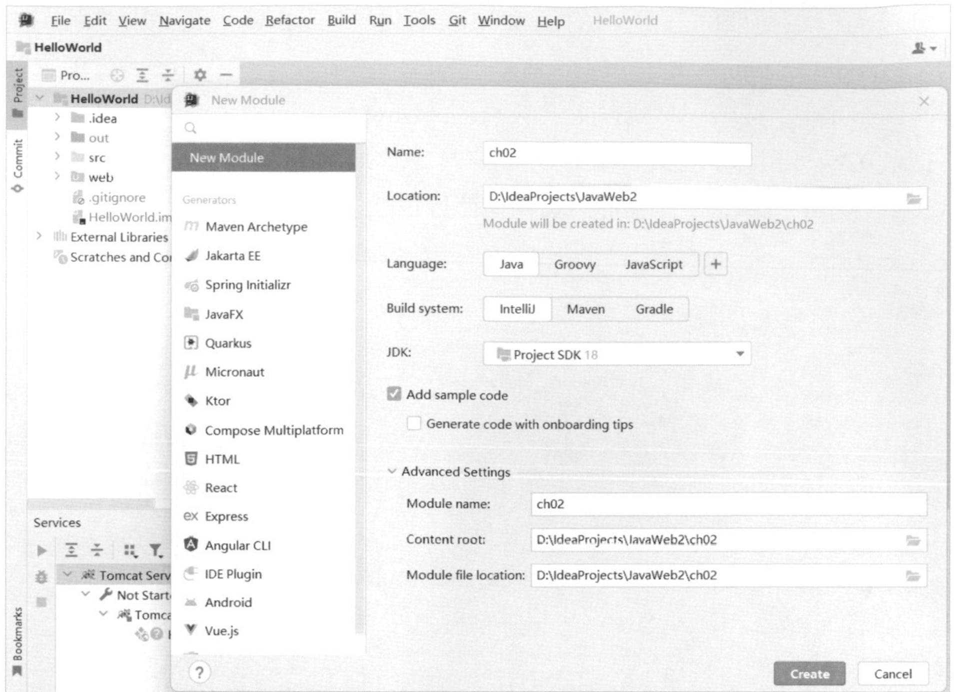

▲ 圖 2.2 設定模組名稱並定位模組目錄

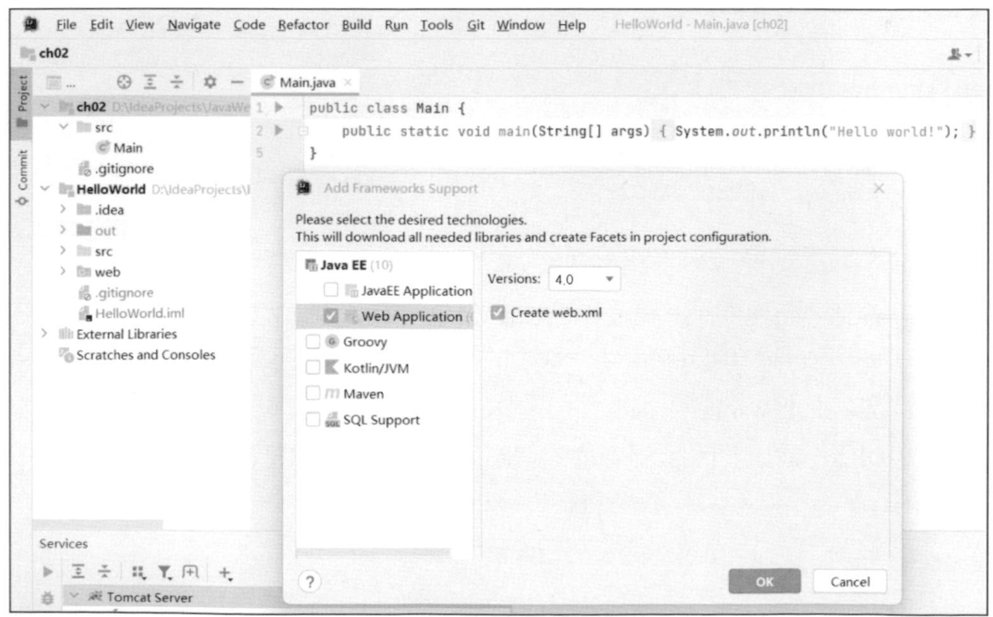

▲ 圖 2.3 增加 Web 支援

注意有一個重要的設定：選擇 ch02 模組名稱並按右鍵，在彈出的選單中選擇 Open Module Settings 選項，打開 Project Structure 視窗，在 Artifacts 選項視窗的 Output Layout 中，按一下 + 號打開選單，選取 Directory Content，打開 Select Path 視窗，把 ch02\web 目錄加進去，結果如圖 2.4 所示。這個用來設定 Web 應用打包時，把 web 目錄下的分頁檔及其他靜態資源檔都打包進去。

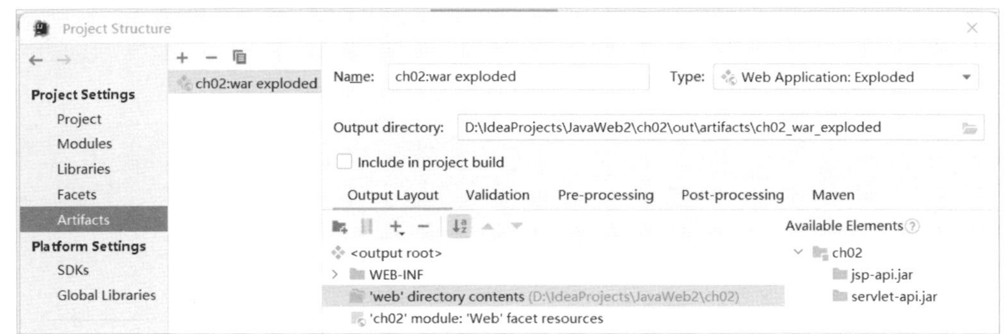

▲ 圖 2.4 增加 web 目錄下的內容

在 ch02 的 web 目錄下，建立 JSP 檔案，並將檔案命名為 jsp_first.jsp，在其中撰寫以下程式：

```
<%@ page contentType="text/html;charset=UTF-8" language="java" %>
<html>
<head>
    <title>Title</title>
</head>
<body>
    My First JSP ～～
</body>
</html>
```

可以看到，新建的 JSP 頁面與 HTML 幾乎沒有區別，只不過最上方多了 page 指令。接下來，打開 Tomcat 設定表單（參看圖 1.26），把 URL 設定為 http://localhost:8080/ch02_war_exploded/ jsp_first.jsp。執行 ch02 模組，把這個應用發佈到 Tomcat，IDEA 自動打開瀏覽器存取這個應用的 URL，可以看到頁面上輸出了 body 的文字內容。

2.1.3 JSP 的執行原理

JSP 的工作模式是請求 / 回應模式，JSP 檔案第一次被請求時，JSP 容器把檔案轉換成 Servlet，然後 Servlet 編譯成 .class 檔案，最後執行 .class 檔案。過程如圖 2.5 所示。

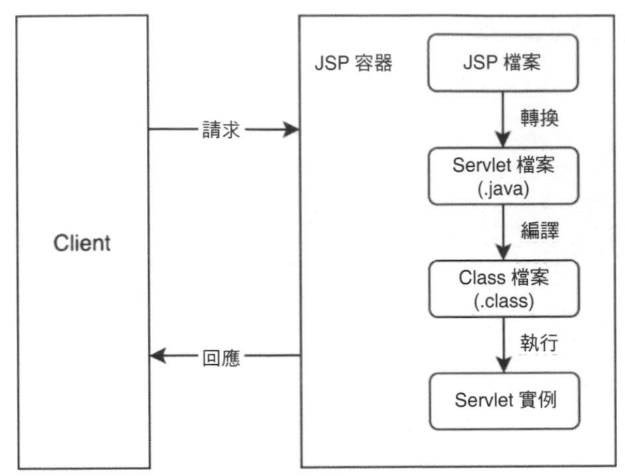

▲ 圖 2.5 JSP 的執行原理

JSP 執行的具體步驟如下：

首先是 Client 發出請求，請求存取 JSP 檔案。

JSP 容器將 JSP 檔案轉為 Java 原始程式碼（Servlet 檔案）。在轉換過程中，如果發現錯誤，則中斷轉換並向服務端和用戶端傳回錯誤資訊，請求結束。

如果檔案轉換成功，JSP 容器會將 Java 原始檔案編譯成 .class 檔案。

Servlet 容器會載入該 .class 檔案並建立 Servlet 實例，然後執行 jspInit() 方法。

JSP 容器執行 jspService() 方法處理用戶端請求，對於每一個請求，JSP 容器都會建立一個執行緒來處理，對於多個用戶端同時請求 JSP 檔案，JSP 容器會建立多個執行緒，使得每一次請求都對應一個執行緒。

由於首次存取需要轉換和編譯，因此可能會產生輕微的延遲。另外，當遇到系統資源不足等情況時，Servlet 實例可能會被移除。

處理完請求後，回應物件由 JSP 容器接收，並將 HTML 格式的回應資訊發送回用戶端。

為了更進一步地理解JSP的執行原理，接下來分析一下JSP生成的Servlet程式。

以第一個 JSP 頁面為例，啟動 Tomcat 過程中附帶參數數：CATALINA_BASE，進入後面的目錄，目錄路徑如圖 2.6 所示。

```
D:\apache-tomcat-10.0.12\bin\catalina.bat run
[2023-04-11 11:09:08,300] Artifact ch02:war exploded: Waiting for server connection to start artifact deployment...
Using CATALINA_BASE:   "C:\Users\xiayu\AppData\Local\JetBrains\IntelliJIdea2023.1\tomcat\be3a5763-b667-4c2e-ba3d-8cd
Using CATALINA_HOME:   "D:\apache-tomcat-10.0.12"
Using CATALINA_TMPDIR: "D:\apache-tomcat-10.0.12\temp"
Using JRE_HOME:        "C:\Program Files\Java\jdk-18.0.2.1"
Using CLASSPATH:       "D:\apache-tomcat-10.0.12\bin\bootstrap.jar;D:\apache-tomcat-10.0.12\bin\tomcat-juli.jar"
Using CATALINA_OPTS:   ""
```

▲ 圖 2.6 Tomcat 部署路徑

進入目錄「CATALINA_BASE/work/Catalina/localhost/ch02_war_exploded/org/apache/jsp」，其目錄結構如圖 2.7 所示，內有 jsp_first.jsp 轉換和編譯的結果檔案。

jsp_005ffirst_jsp.class	2023-04-11 10:59
jsp_005ffirst_jsp.java	2023-04-11 10:59

▲ 圖 2.7 JSP 轉換和編譯後的檔案

可以看出，jsp_first.jsp 被轉換和編譯成 jsp_005ffirst_jsp.java 和 jsp_005ffirst_jsp.class，其中主要看轉化成 Servlet 的程式，如圖 2.8 所示。

jsp_005ffirst_jsp.java

```java
package org.apache.jsp;

import jakarta.servlet.*;
import jakarta.servlet.http.*;
import jakarta.servlet.jsp.*;


public final class jsp_005ffirst_jsp extends org.apache.jasper.runtime.HttpJspBase
    implements org.apache.jasper.runtime.JspSourceDependent,
                 org.apache.jasper.runtime.JspSourceImports {
```

▲ 圖 2.8 JSP 轉換和編譯後的檔案內容

怎麼知道這個類別就是 Servlet 呢？這個類別繼承了 HttpJspBase，接著繼續跟進 HttpJspBase，可以看到這個類別就是 Servlet。由此可見，jsp_005ffirst_jsp.java 就是 Servlet，局部截圖如圖 2.9 所示。

```
public abstract class HttpJspBase extends HttpServlet implements HttpJspPage {

    private static final long serialVersionUID = 1L;

    protected HttpJspBase() {
    }

    @Override
    public final void init(ServletConfig config)
        throws ServletException
    {
        super.init(config);
        jspInit();
        _jspInit();
    }
```

▲ 圖 2.9 HttpJspBase 原始程式部分內容

透過追蹤原始程式，不難發現 JSP 轉換成 Servlet，由 Servlet 容器接管執行頁面顯示程式，最終以 HTML 的形式傳回給用戶端。

2.2 指令標識

JSP 指令用來設定整個 JSP 頁面相關的屬性，如網頁編碼和指令碼語言。JSP 指令只負責告訴 JSP 引擎（如 Tomcat）如何處理 JSP 頁面的其餘部分程式。引擎會根據指令資訊來編譯 JSP，生成 Java 檔案。在生成的 Java 檔案中，指令就不存在了。

通常在程式中會把 JSP 指令放在 JSP 檔案最上方，但這不是必須的。

指令通常以 <%@ 標記開始，以 %> 標記結束，它的具體語法如下：

```
<%@ 指令名稱 屬性 1=" 屬性值 1" 屬性 2=" 屬性值 2" … 屬性 n=" 屬性值 n" %>
```

指令可以有很多個屬性，它們以鍵 - 值對（Key-Value Pair）的形式出現。

2.2.1 page 指令

JSP 的 page 指令是頁面指令，定義在整個 JSP 頁面範圍有效的屬性和相關的功能。page 指令可以指定使用的指令碼語言、匯入需要的類別、輸出內容的類型、處理異常 (又稱例外，本書使用異常，以下同) 的錯誤頁面以及頁面輸出快取的大小，還可以一次性設定多個屬性。

一個 JSP 頁面可以包含多個 page 指令。

其語法格式如下：

```
<%@ page attribute="value" %>
```

表 2.1 所示是 Page 指令的屬性。

▼ 表 2.1 Page 指令的屬性

屬 性	說 明
buffer	指定 out 物件使用緩衝區的大小
autoFlush	控制 out 物件的快取區
contentType	指定當前 JSP 頁面的 MIME 類型和字元編碼
errorPage	指定當 JSP 頁面發生異常時需要轉向的錯誤處理頁面
isErrorPage	指定當前頁面是否可以作為另一個 JSP 頁面的錯誤處理頁面
extends	指定 Servlet 從哪一個類別繼承
import	匯入要使用的 Java 類別
info	定義 JSP 頁面的描述資訊
isThreadSafe	指定對 JSP 頁面的存取是否為執行緒安全的
language	定義 JSP 頁面所用的指令碼語言，預設是 Java
session	指定 JSP 頁面是否使用 Session
isELIgnored	指定是否執行 EL 運算式
isScriptingEnabled	確定指令稿元素能否被使用

可以在一個頁面上使用多個 page 指令，其中的屬性只能使用一次（import 屬性除外）。

範例程式如下：

```
<%@ page contentType="text/html;charset=UTF-8" language="java" %>
<%@ page import="java.util.Date" %>
<%@ page import="java.text.SimpleDateFormat" %>
<html>
<head>
  <title>Title</title>
</head>
<body>
<%
  Date dNow = new Date( );
  out.print( "<h2 >" +dNow.toString()+"</h2>");
  SimpleDateFormat ft = new SimpleDateFormat ("yyyy-MM-dd HH:mm:ss");
  out.print( "<h2 >" + ft.format(dNow) + "</h2>");
%>
</body>
</html>
```

注意：如果 out.print 顯示出錯，需要把 Tomcat 下面的 jsp-api.jar、servlet-api.jar 引入 Modules 下面的 Dependencies 中。

2.2.2 include 指令

JSP 的 include 指令用於通知 JSP 引擎在編譯當前 JSP 頁面時，將其他檔案中的內容引入當前 JSP 頁面轉換成的 Servlet 原始檔案中，這種原始檔案等級引入的方式稱為靜態引入。當前 JSP 頁面與靜態引入的檔案緊密結合為一個 Servlet。這些檔案可以是 JSP 頁面、HTML 頁面、文字檔或一段 Java 程式。

其語法格式如下：

```
<%@ include file="relativeURL|absoluteURL" %>
```

file 屬性指定被包含的檔案，不支援任何運算式，例如下面是錯誤的用法：

```
<% String f="my.html"; %>
<%@ include file="<%=f %>" %>
```

不可以在 file 所指定的檔案後接任何參數，以下用法也是錯誤的：

```
<%@ include file="my.jsp?id=100" %>
```

如果 file 屬性值以「/」開頭，將在當前應用程式的根目錄下查詢檔案；如果是以檔案名稱或資料夾名稱開頭的，則在當前頁面所在的目錄下查詢檔案。

提示：使用 include 指令包含的檔案將原封不動地插入 JSP 檔案中，因此在所包含的檔案中不能使用標記，否則會因為與原有的 JSP 檔案有相同標記而產生錯誤。另外，因為原始檔案和被包含的檔案可以相互存取彼此定義的變數和方法，所以要避免變數和方法的命名衝突。

範例如下：

jsp_include_01.jsp：

```
<%@ page contentType="text/html;charset=UTF-8" language="java" %>
<html>
<head>
  <title>Title</title>
</head>
<body>
    <%@ include file="jsp_included.jsp" %> <!-- 載入 jsp 而非 html 頁面 -->

    This is the main page ～～～～
</body>
</html>
```

jsp_included.jsp：

```
<%@ page contentType="text/html;charset=UTF-8" language="java" %>
<html>
<head>
    <title>Included Page</title>
</head>
<body>
    This is included page ～～
</body>
</html>
```

2.2.3 taglib 指令

taglib 指令可以引入一個自訂標籤集合的標籤函式庫，包括函式庫路徑、自訂標籤。

其語法格式如下：

```
<%@ taglib uri="uri" prefix="prefixOfTag" %>
```

uri 屬性確定標籤函式庫的位置，prefix 屬性指定標籤函式庫的首碼。

將 %TOMCAT_HOME%/webapps/examples/WEB-INF/lib 複製到專案 web/WEB-INF/lib 目錄下。

範例程式如下：

```
<%@ page contentType="text/html;charset=UTF-8" language="java" %>
<%@ taglib prefix="c" uri="http://java.sun.com/jsp/jstl/core" %>
<html>
<head>
    <title>Taglib 標籤函式庫使用 </title>
</head>
<body>
    <c:out value="Hello, Taglib"></c:out>
</body>
</html>
```

此處筆者用了 JSTL 函式庫，詳見第 9 章 JSTL 標籤。

2.3 指令稿標識

JSP 指令稿標識包括 3 部分：JSP 運算式（Expression）、宣告標識（Declaration）和指令稿程式（Scriptlet）。

2.3.1 JSP 運算式

JSP 運算式中包含的指令碼語言先被轉化成 String，然後插入運算式出現的地方。運算式元素中可以包含任何符合 Java 語言規範的運算式，但是不能使用分號來結束運算式。

JSP 運算式的語法格式如下：

```
<%= 運算式 %>
```

注意：「<%」與「=」之間不可以有空格，「=」與其後面的運算式之間可以有空格。

範例程式如下：

```
<%String name="admin";%>
姓名：<%= name %><br />
5 + 6 = <%= 5+6 %><br />
<p>
    <%String url="test.jpg";%>
    <img src="images/<%=url %>">
</p>
<p>
    今天的日期是：<%= (new java.util.Date()).toLocaleString() %>
</p>
```

2.3.2 宣告標識

一個宣告敘述可以宣告一個或多個變數或方法，供後面的 Java 程式使用。在 JSP 檔案中，必須先聲明這些變數和方法，然後才能使用它們。伺服器執行 JSP 頁面時，會將 JSP 頁面轉為 Servlet 類別，在該類別中會把使用 JSP 宣告標識定義的變數和方法轉為類別的成員和方法。

宣告標識語法如下：

```
<%! 宣告變數或方法的程式 %>
```

注意：「<%」與「!」之間不可以有空格，「<%!」與「%>」可以不在同一行。

範例程式如下：

```
<%!
    int number =0;// 宣告全域變數
    int count(){
        number ++;
```

```
        return number;
    }
%>
<p>
    頁面更新的次數：<%= count() %>
</p>
```

2.3.3 指令稿程式 / 程式部分

指令稿程式可以包含任意的 Java 敘述、變數、方法或運算式。

語法如下：

```
<% Java 程式或是指令稿程式 %>
```

注意：程式部分就是在 JSP 頁面中嵌入 Java 程式或指令稿程式。程式部分將在頁面請求的處理期間被執行。

（1）透過 Java 程式可以定義變數或流程控制敘述等。

（2）透過指令稿程式可以應用 JSP 的內建物件在頁面輸出內容、處理請求和回應、存取 Session 階段等。

提示：程式部分與宣告標識的區別是，透過宣告標識建立的變數和方法在當前 JSP 頁面中有效，它的生命週期是從建立開始到伺服器關閉結束；程式部分建立的變數或方法也是在當前 JSP 頁面中有效，但它的生命週期是頁面關閉後就會被銷毀。

範例程式如下：

```
<%
    out.println("Your host is " + request.getRemoteHost());
    out.println("Your IP address is " + request.getRemoteAddr());
%>
```

2.4 JSP 註釋

註釋就是對程式碼的解釋和說明。註釋的地位跟程式同等重要。它能提高程式的可讀性，了解程式的功能機制，從而提高團隊合作開發的效率。對一些複雜的大型系統，沒有註釋會導致異常追蹤非常困難，它是程式開發規範必備的要求，每個初學者必須養成寫註釋的習慣。

JSP 中的註釋有 4 種：

- HTML 中的註釋。
- 帶有 JSP 運算式的註釋。
- 隱藏註釋。
- 指令稿程式中的註釋。

2.4.1 HTML 中的註釋

JSP 檔案中包含大量的 HTML 標記，所以 HTML 中的註釋同樣可以在 JSP 檔案中使用。HTML 註釋語法如下：

```
<!-- 註釋內容 -->
```

HTML 中的註釋內容不會在用戶端瀏覽器中顯示，但可以透過 HTML 原始程式碼看到這些註釋內容。

範例：

```
<!-- 1. HTML 註釋範例 -->
<h1>HTML 註釋範例 </h1>
```

透過查看網頁原始程式，依然能看到註釋資訊，如圖 2.10 所示。

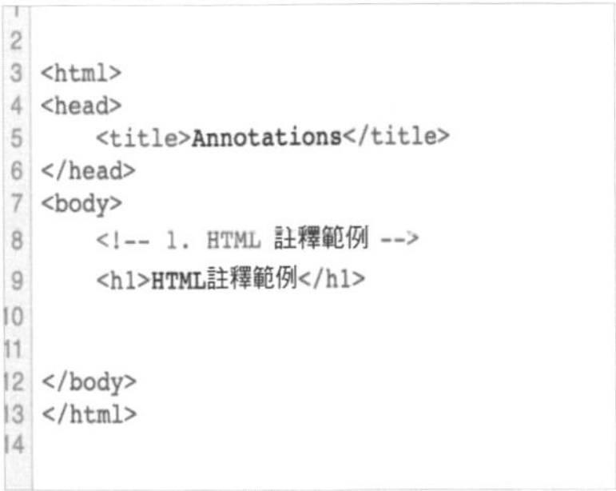

```


<html>
<head>
    <title>Annotations</title>
</head>
<body>
    <!-- 1. HTML 註釋範例 -->
    <h1>HTML註釋範例</h1>


</body>
</html>

```

▲ 圖 2.10 HTML 註釋範例

2.4.2 帶有 JSP 運算式的註釋

透過前面的學習，我們知道 JSP 中常常嵌入運算式，而 JSP 註釋中同樣可以嵌入 JSP 運算式，其語法格式如下：

```
<!-- HTML 註釋內容 <%=JSP 運算式 %>-->
```

JSP 頁面被請求後，伺服器能夠自動辨識並執行註釋中的 JSP 運算式，對於註釋中的其他內容則不做任何操作。當伺服器將執行結果傳回給用戶端瀏覽器後，註釋的內容也不會在瀏覽器中顯示。

範例如下：

```
<!-- 2. 帶有 JSP 運算式的註釋範例 -->
<%
    String name = "admin";
%>
<!-- 當前登入使用者為 :<%=name%> -->
<h1>JSP 歡迎您，<%=name %></h1>
```

查看網頁原始程式碼時，只能看到 JSP 運算式執行後的結果，看不到原來的 JSP 運算式，如圖 2.11 所示。

```
<html>
<head>
    <title>Annotations</title>
</head>
<body>
    <!-- 1. HTML 註釋範例 -->
    <h1>HTML註釋範例</h1>

    <!-- 2. 帶有 JSP 運算式的註釋範例 -->

    <!--當前登入使用者為 admin -->
    <h1>JSP 歡迎您, admin</h1>

```

▲ 圖 2.11 註釋中帶有 JSP 運算式範例

2.4.3 隱藏註釋

無論是 HTML 註釋還是帶有 JSP 運算式的註釋，雖然都不能在用戶端瀏覽器中顯示，但是透過查看網頁原始程式碼還是能看到註釋的內容，因此嚴格來說，這兩種註釋其實並不安全。而下面即將介紹的隱藏註釋可以解決這個問題。

隱藏註釋的內容不會顯示在用戶端的任何位置（包括 HTML 原始程式碼），安全性較高，其註釋格式如下：

```
<%-- 註釋內容 --%>
```

範例如下：

```
<!-- 3. 隱藏註釋 -->
<%
```

```
    Date date = new Date();
    SimpleDateFormat dateFormat = new SimpleDateFormat("yyyy-MM-dd HH:mm:ss");
    String nowTime = dateFormat.format(date);
%>
<%-- 獲取當前時間 --%>
<h1> 當前時間為：<%=nowTime %></h1>
```

查看網頁原始程式碼，如圖 2.12 所示。可以看到，程式裡面的註釋也不顯示。

```
<html>
<head>
    <title>Annotations</title>
</head>
<body>
    <!-- 1. HTML 註釋範例 -->
    <h1>HTML 註釋範例 </h1>

    <!-- 2. 帶有 JSP 運算式的註釋範例 -->

    <!-- 當前登入使用者為 :admin -->
    <h1>JSP 歡迎您 ,admin</h1>

    <!-- 3. 隱藏註釋 -->


    <h1>當前時間為：2022-06-13 20:35:49</h1>

</body>
</html>
```

▲ 圖 2.12 隱藏註釋範例

2.4.4 指令稿程式中的註釋

指令稿註釋略微複雜，一般如果指令稿是 Java 語言，其註釋語法跟 Java 是一樣的。

指令稿程式中的註釋有 3 種：單行註釋、多行註釋和文件註釋。

單行註釋語法如下：

```
// 註釋內容
```

多行註釋語法如下：

```
/*
 * 註釋內容
*/
```

文件註釋語法如下：

```
/*
文件的註釋內容
```

```
*/
```

範例如下：

```
<!-- 4. 指令稿程式（Scriptlet）中的註釋 -->
<%
    // String password = "123456";
    String password = "123654"; // 更換密碼
    String url = "www.javaweb.net";
    /*
    if ("www.javaweb.net".equals(url)) { %>
        <h1>JavaWeb</h1>
    <%} else { %>
        <h1>Others</h1>
    <%}
    */
%>
<%!
    /**
     * @param parsm
     */
    public String hello(String parsm) {
        return "您好：" + parsm + "!";
    }
%>
<h1><% out.println(hello("JSP")); %></h1>
```

其效果圖如圖 2.13 所示。

```
<html>
<head>
    <title>Annotations</title>
</head>
<body>
    <!-- 1. HTML 註釋範例 -->
    <h1>HTML註釋範例</h1>

    <!-- 2. 帶有 JSP 運算式的註釋範例 -->

    <!-- 當前登入使用者為 :admin -->
    <h1>JSP 歡迎您, admin</h1>

    <!-- 3. 隱藏註釋 -->


    <h1>當前時間為: 2022-06-13 20:58:48</h1>

   <!-- 4. 指令稿程式 (Scriptlet) 中的註釋 -->


    <h1>您好: JSP!
</h1>



</body>
</html>
```

▲ 圖 2.13 指令稿註釋範例

程式在編譯過程中，指令碼語言已經自動最佳化，因此指令稿內的 Java 程式註釋在網頁原始程式碼中不顯示。

2.5 動作標識

前面 2.2 節學習的 JSP 三種指令標識稱為編譯指令，而本節將要學習 7 種常用的動作標識。JSP 動作與 JSP 指令的不同之處是，JSP 頁面被執行時首先進入翻譯階段，程式會先查詢頁面中的指令標識，並將它們轉換成 Servlet，這些指令標識會先被執行，從而設定整個 JSP 頁面，所以 JSP 指令是在頁面轉換時期被編譯執行的，且編譯一次，而 JSP 動作是在用戶端請求時按照在頁面中出現的順序被執行的，它們只有被執行的時候才會去實現自己所具有的功能，且基本上是客戶每請求一次，動作標識就會被執行一次。

JSP 動作標識的通用格式如下：

```
<jsp: 動作名稱 屬生 1=" 屬性值 1"... 屬性 n=" 屬性值 n" />
```

或

```
<jsp: 動作名稱 ; 屬性 1=" 屬性值 1"... 屬性 n=" 屬性值 n"> 相關內容 </jsp: 動作名稱 >
```

動作標識基本上都是預先定義的函式，常用的動作標識如表 2.2 所示。

▼ 表 2.2 常用的動作標識

語　法	說　明
jsp:include	在頁面被請求的時候引入一個檔案
jsp:forword	把請求轉到一個新的頁面
jsp:param	實現參數的傳遞
jsp:plugin	在頁面中插入 Java Applet 小程式或 JavaBean，它們能夠在用戶端運行
jsp:useBean	使用 JavaBean
jsp:setProperty	設定 JavaBean 屬性
jsp:getProperty	輸出某個 JavaBean 屬性

下面重點介紹常用的 3 個動作。

2.5.1 引用檔案標識 <jsp:include>

<jsp:include> 動作用來包含靜態和動態的檔案，把指定檔案插入正在生成的頁面。語法格式如下：

```
<jsp:include page=" 相對 URL 位址 " flush="true" />
```

前面介紹 include 指令的時候，也是用來引用檔案的。它們引入檔案的時機不一樣，include 指令是在 JSP 檔案被轉換成 Servlet 的時候引入檔案，而 <jsp:include> 動作是在頁面被請求的時候插入檔案。

<jsp:include> 動作在 JSP 頁面執行時引入的方式稱為動態引入，主頁面程式與被引用檔案是彼此獨立、互不影響的。

<jsp:include> 動作對動態檔案和靜態檔案的處理方式是不同的。

如果包含的是靜態檔案，被引用檔案的內容將直接嵌入 JSP 檔案中，當靜態檔案改變時，必須將 JSP 檔案重新儲存（重新轉譯），然後才能存取變化了的檔案。

如果包含的是動態檔案，則由 Web 伺服器負責執行，把執行後的結果傳回包含它的 JSP 頁面中，若動態檔案被修改，則重新執行 JSP 檔案時會同步發生變化。

範例程式如下：

```
<h2>include 動作範例：</h2>
<jsp:include page="jsp_included.jsp" flush="true" />
```

前面學習的 include 指令和 <jsp:include> 動作都是用來引用檔案的，其作用基本類似。下面介紹一下它們的差異。

1. 屬性不同

include 指令透過檔案屬性來指定被包含的頁面，該屬性不支援任何運算式。<jsp:include> 動作是透過頁面屬性來指定被包含頁面的，該屬性支援 JSP 運算式。

2. 處理方式不同

使用 include 指令，被引用檔案的內容會原封不動地插入包含頁中，JSP 編譯器對合成的新檔案進行編譯，最終編譯後只生成一個檔案。使用 <jsp:include> 動作時，只有當該標記被執行時，程式才會將請求轉發到（注意是轉發而非請求重定向）被包含的頁面，再將其執行結果輸出到瀏覽器，然後重新傳回包含頁來繼續執行後面的程式。因為伺服器執行的是兩個檔案，所以 JSP 編譯器將對這兩個檔案分別編譯。

3. 包含方式不同

include 指令的包含過程為靜態包含，在使用 include 指令引用檔案時，伺服器最終執行的是將兩個檔案合成後由 JSP 編譯器編譯成一個 Class 檔案，所以被引用檔案的內容是固定不變的;如果改變了被包含的檔案，主文件的程式就發生了改變，伺服器會重新編譯主文件。

<jsp:include> 動作的包含過程為動態包含，通常用來包含那些經常需要改動的檔案。因為伺服器執行的是兩個檔案，被引用檔案的改動不會影響主文件，所以伺服器不會對主文件重新編譯，而只需重新編譯被包含的檔案即可。編譯器對被引用檔案的編譯是在執行時才進行的，只有當 <jsp:include> 動作被執行時，使用該標記包含的目的檔案才會被編譯，否則被包含的檔案不會被編譯。

4. 對被引用檔案的約定不同

使用 include 指令引用檔案時，因為 JSP 編譯器是對主文件和被引用檔案進行合成後再翻譯，所以對被引用檔案有約定。舉例來說，被包含的檔案中不能使用「、」標記，被引用檔案要避免變數和方法在命名上與主文件衝突的問題。

注意：include 指令和動作的最終目的是簡化複雜頁面的程式，提高程式的可讀性和可維護性，表現了程式設計中模組化的思想。

2.5.2 請求轉發標識 <jsp:forward>

<jsp:forward> 動作把請求轉到其他的頁面。該動作只有一個屬性 page。語法格式如下：

```
<jsp:forward page="URL 位址 " />
```

讀者一定會有這樣的體驗，在一些需要輸入使用者密碼的網站，登入之後都會有跳躍到歡迎頁面或首頁，<jsp:forward> 動作標記就可以實現頁面的跳躍，將請求轉到另一個 JSP、HTML 或相關的資源檔中。當 <jsp:forward> 動作被執行後，當前的頁面將不再被執行，而是去執行指定的頁面，使用者此時在網址列中看到的仍然是當前網頁的位址，而頁面內容卻已經是轉向的目標頁面的內容了。

範例程式如下：

jsp_action_forword.jsp：

```
<jsp:forward page="jsp_action_forword_b.jsp"></jsp:forward >
```

jsp_action_forword_b.jsp：

```
<%
    out.println("Welcome, Forword～～");
%>
```

2.5.3 傳遞參數標識 <jsp:param>

<jsp:param> 動作以鍵 - 值對的形式為其他標籤提供附加資訊，通俗地說就是頁面傳遞參數，它常和 <jsp:include>、<jsp:forward> 等一起使用，語法如下：

```
<jsp:param name="paramName" value="paramValue" />
```

其中，name 屬性用於指定參數名稱，value 屬性用於指定參數值。

範例程式如下：

jsp_action_param.jsp：

```
<form action="" method="post" name="Form"> <!-- 提交給本頁處理 -->
    使用者名稱 <input name="UserName" type="text" /> <br/>
    密    碼 <input name="UserPwd" type="text" /> <br/>
    <input type="submit" value=" 登入 " />
</form>
<%
    // 當按一下「登入」按鈕時，呼叫 Form.submit() 方法提交表單至本檔案
    // 使用者名稱和密碼均不為空時，跳躍到 jsp_action_forword_b.jsp，並且把使用者名稱和密碼
以參數形式傳遞
    String s1 = request.getParameter("UserName");
    String s2 = request.getParameter("UserPwd");
    if(s1 != null && s2 != null && !"".equals(s1) && !"".equals(s2)) {
%>
<jsp:forward page="jsp_action_forword_b.jsp" >
    <jsp:param name="Title" value="Param" />
    <jsp:param name="Name" value="<%=s1%>" />
    <jsp:param name="Pwd" value="<%=s2%>" />
</jsp:forward >
<%
    }
%>
```

此處，筆者在頁面跳躍處理上與上一小節共用了一個頁面，在之前的程式上增加了部分邏輯處理，程式以下（jsp_action_forword_b.jsp）：

```
<%
    String strName = request.getParameter("UserName");
    String strPwd = request.getParameter("UserPwd");
```

```
    if (!"".equals(strName) && null != strName
        && !"".equals(strPwd) && null != strPwd) {
        out.println(strName + "您好，您的密碼是：" + strPwd);
    } else {
        out.println("Welcome, Forword～～");
    }
%>
```

頁面程式的執行結果如圖 2.14 所示。

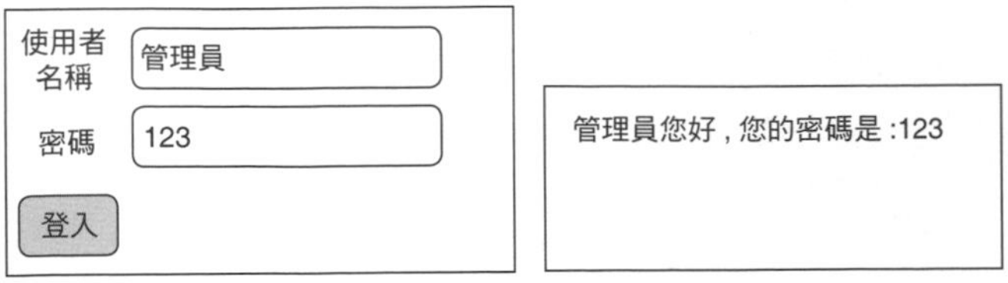

使用者名稱 管理員
密碼 123
登入

管理員您好，您的密碼是 :123

▲ 圖 2.14 程式的參數傳遞執行結果

在參數傳遞過程中，從原始頁面輸入的使用者密碼，經過頁面跳躍，輸入的使用者密碼參數傳遞到新頁面並展示出來。在 Web 開發中，頁面傳參是非常通用的技術。

2.6 實作與練習

1. 加強 IDEA 軟體的使用，用好工具可以極大地提升效率。
2. 簡述 JSP 的執行原理，並獨立畫出 JSP 的執行原理圖。
3. 掌握 JSP 指令的作用，了解三大指令的使用場景，學會使用指令。
4. 掌握指令稿和註釋的使用。
5. 學習並掌握動作標識，並自主學習後面幾種動作的使用語法。
6. 嘗試使用本章學習的指令、運算式、動作完成簡單的登入程式。

第 3 章 JSP 內建物件

3.1 JSP 內建物件概述

JSP 內建物件又稱為隱式物件，是指在 JSP 頁面系統中已經預設內建的 Java 物件，這些物件不需要顯式宣告即可使用，也就是可以直接使用。在 JSP 頁面中，可以透過存取 JSP 內建物件實現與 JSP 頁面和 Servlet 環境的相互存取，極大地提高了程式的開發效率。

JSP 的內建物件主要有以下特點：

- 內建物件是自動載入的，不需要直接實例化。
- 內建物件透過 Web 容器來實現和管理。
- 所有的 JSP 頁面都可以直接呼叫內建物件。
- 只有在指令稿元素的運算式或程式碼部分中才可以使用（<%= 使用內建物件 %> 或 <% 使用內建物件 %>）。

表 3.1 所示為 JSP 的九大內建物件。

▼ 表 3.1　JSP 的內建物件

物件	說　明
request	HttpServletRequest 物件的實例
response	HttpServletResponse 物件的實例
out	JspWriter 物件的實例，用於把結果輸出至頁面
session	HttpSession 物件的實例
application	ServletContext 物件的實例，與應用上下文有關
config	ServletConfig 物件的實例
pageContext	PageContext 物件的實例，提供 JSP 所有物件以及命名空間的存取
page	類似於 Java 類別中的 this 關鍵字
exception	Exception 物件，代表發生錯誤的 JSP 頁面對應的異常物件

下面我們逐步介紹幾個重要的內建物件的使用。

3.2 request 物件

request 物件是 HttpServletRequestWrapper 類別的實例（筆者這裡引入的是 Tomcat 10 版本的 servlet-api.jar）。request 物件的繼承系統如圖 3.1 所示。

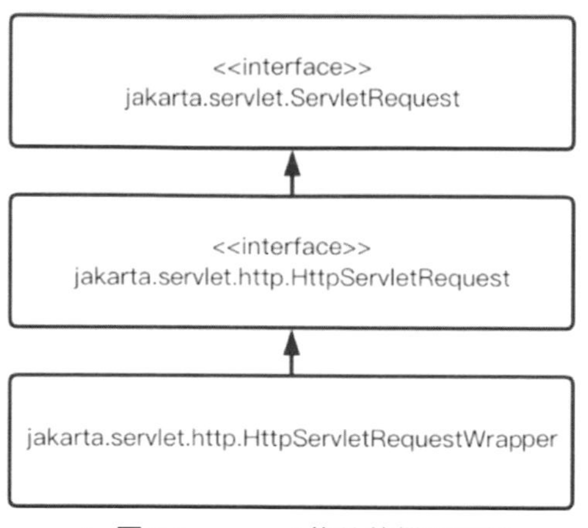

▲ 圖 3.1 request 物件的繼承關係

ServletRequest 介面的唯一子介面是 HttpServletRequest，HttpServletRequest 介面的唯一實現類別是 HttpServletRequestWrapper，可以看出，Java Web 標準類別庫只支援 HTTP 協定。Servlet/JSP 中大量使用了介面而非實現類別，就是介面程式設計導向的最佳應用。

request 內建物件可以用來封裝 HTTP 請求的參數資訊、進行屬性值的傳遞以及完成服務端的跳躍。

3.2.1 存取請求參數

在上一章 JSP 動作標識範例程式中，我們使用 <jsp:param> 傳遞參數，在接收參數頁面，我們其實已經用到了 request 內建物件。本小節我們來學習使用 URL 傳遞參數。

主頁面範例程式如下：

```
<li><a href="jsp_req_param.jsp?name=張三李四&sex=man&id=" rel="external nofol-
low">
```

```
存取請求參數 </a></li>
```

跳躍子頁面的範例程式以下（jsp_req_param.jsp）：

```
name：<%= request.getParameter("name") %><br>
sex：<%= request.getParameter("sex") %><br>
id：<%= request.getParameter("id") %><br>
pwd：<%= request.getParameter("pwd") %><br>
```

程式執行後顯示的頁面如圖 3.2 所示。

name：張三
sex：man
id：
pwd：null

▲ 圖 3.2 程式執行結果

如果指定的參數不存在，則傳回 null（如 pwd 參數）；如果指定了參數名稱，但未指定參數值，則傳回空的字串 "（如 id 參數）。

3.2.2 在作用域中管理屬性

在進行請求轉發時，需要把一些資料傳遞到轉發後的頁面進行處理，這時需要呼叫 request 物件的 setAttribute 方法將資料儲存在 request 範圍內的變數中，轉發後的頁面則呼叫 getAttribute 方法接收資料。

具體程式以下（jsp_req_attr.jsp）：

```
<%
    try {
        int number = 0;
        request.setAttribute("stat", "good");
        request.setAttribute("result", 100 / number);
    } catch (Exception e) {
        request.setAttribute("stat", "bad");
        request.setAttribute("result", "page error!");
    }
%>
<jsp:forward page="jsp_req_attr_b.jsp"></jsp:forward>
```

接收資訊的頁面程式以下（jsp_req_attr_b.jsp）：

```
request 作用域中的屬性值：<%= request.getAttribute("result") %>
```

getAttribute 方法的傳回值是 Object，需要呼叫 toString 方法轉為字串。

提示：把敘述 <jsp:forward page="jsp_req_attr_b.jsp"/> 改成 response.sendRedirect ("jsp_req_attr_b.jsp") 或跳躍，將得不到 request 範圍內的屬性值，頁面會出現異常。

3.2.3 獲取 Cookie

Cookie 是網路服務器上生成併發送給瀏覽器的小段文字資訊。透過 Cookie 可以標識一些常用的資訊（比如使用者身份，記錄使用者名稱和密碼等），以便追蹤重複的使用者。Cookie 以鍵 - 值對的形式儲存在用戶端的某個目錄下。

透過呼叫 request.getCookies() 方法來獲得一個 jakarta.servlet.http.Cookie 物件的陣列，然後遍歷這個陣列，呼叫 getName() 方法和 getValue() 方法來獲取每一個 Cookie 的名稱和值。

範例程式如下：

```
<%
    // 獲取 Cookies 的資料，是一個陣列
    Cookie[] cookies = request.getCookies();
    if( cookies != null ){
        out.println("<h2> 獲取 Cookie</h2>");
        for (int i = 0; i < cookies.length; i++){
            Cookie cookie = cookies[i];
            out.print(" 參數名稱 : " + cookie.getName() + "<br>");
            out.print(" 參數值 : " + URLDecoder.decode(cookie.getValue(), "utf-8")
+" <br>");
            out.print("------------------------------------<br>");
            out.print("<br>");
        }
    } else {
        out.println("<p> 沒有發現 Cookie</p>");
    }
%>
```

程式執行結果如圖 3.3 所示。

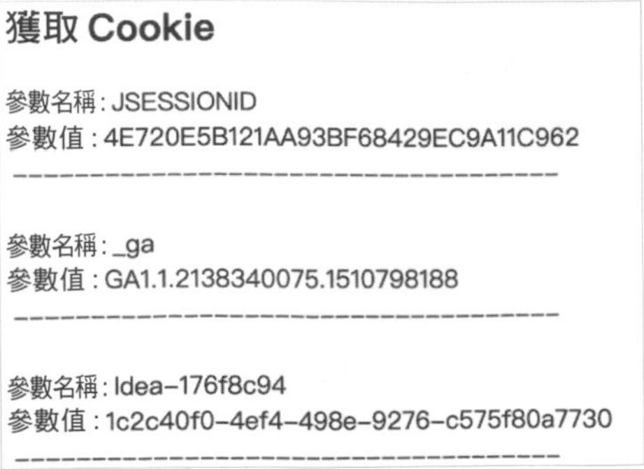

獲取 Cookie

參數名稱：JSESSIONID
參數值：4E720E5B121AA93BF68429EC9A11C962

參數名稱：_ga
參數值：GA1.1.2138340075.1510798188

參數名稱：Idea-176f8c94
參數值：1c2c40f0-4ef4-498e-9276-c575f80a7730

▲ 圖 3.3 獲取 Cookie

3.2.4 獲取用戶端資訊

request 物件提供了很多方法獲取用戶端資訊，具體範例如下：

- 客戶使用的協定：<%=request.getProtocol() %>
。
- 客戶提交資訊的方式：<%=request.getMethod() %>
。
- 用戶端位址：<%=request.getRequestURL() %>
。
- 用戶端 IP 位址：<%=request.getRemoteAddr() %>
。
- 用戶端主機名稱：<%=request.getRemoteHost() %>
。
- 用戶端所請求的指令檔的檔案路徑：<%=request.getServletPath() %>
。
- 伺服器通訊埠編號：<%=request.getServerPort() %>
。
- 伺服器名稱：<%=request.getServerName() %>
。
- HTTP 標頭檔中 Host 的值：<%=request.getHeader("host") %>
。
- HTTP 標頭檔中 User-Agent 的值：<%=request.getHeader("user-agent") %>
。
- HTTP 標頭檔中 accept 的值：<%=request.getHeader("accept") %>
。
- HTTP 標頭檔中 accept-language 的值：<%=request.getHeader("accept-language")%>
。

執行結果如圖 3.4 所示。

```
使用者使用的協定 :HTTP/1.1
使用者提交資訊的方式 :GET
用戶端位址： http://localhost:8080/ch03_war_exploded/jsp_req_client.jsp
用戶端 ip 位址 :0:0:0:0:0:0:0:1
用戶端主機名稱 :0:0:0:0:0:0:0:1
用戶端所請求的指令檔的檔案路徑： /jsp_req_client.jsp
伺服器通訊埠編號 :8080
伺服器名稱： localhost
Http 標頭檔中 Host 的值： localhost:8080
Http 標頭檔中 User-Agent 的值： Mozilla/5.0 (Macintosh; Intel Mac OS X 10_15_7) AppleWebKit/537.36 (KHTML, like Gecko) Chrome/99.0.4844.74 Safari/537.36
Http 標頭檔中 accept 的值： text/html,application/xhtml+xml,application/xml;q=0.9,image/avif,image/webp,image/apng,*/*;q=0.8,application/signed-exchange;v=b3;q=0.9
Http 標頭檔中 accept-language 的值： zh-CN,zh;q=0.9,en;q=0.8
```

▲ 圖 3.4 獲取用戶端資訊

3.2.5 顯示國際化資訊

JSP 國際化是指能同時應對世界不同地區和國家的存取請求，並針對不同地區和國家的存取請求提供符合來訪者閱讀習慣的頁面或資料。

我們先了解幾個相關的概念：

- 國際化（I18N）：一個頁面根據存取者的語言或國家來呈現不同的語言版本。
- 當地語系化（L10N）：向網站增加資源，以使它適應不同的地區和文化。
- 區域：指特定的區域、文化和語言，通常是一個地區的語言標識和國家標識，透過底線連接起來，比如 "en_US" 代表美國英文地區。

瀏覽器可以透過 accept-language 的 HTTP 標頭向 Web 伺服器指明它所使用的本地語言。java.util.Local 類型物件封裝了一個國家或地區所使用的一種語言。範例如下：

```
<%
    Locale locale = request.getLocale();
    String str = "Other language!";
    if (locale.equals(Locale.US)) {
        str = "Welcome to my HomePage!";
    }
    if (locale.equals(Locale.CHINA)) {
        str = "歡迎光臨我的個人主頁！";
    }
%>
<%= str %>
```

透過語言設定，可以在不同的語言地區，在頁面上顯示不同的資訊提示，因此，比較大型的網站都會對不同地區的客戶進行語言調配，從而更加當地語系化、國際化。

提示：不少初學者在中文處理過程中都會碰到中文亂碼的情況，這個主要是檔案（JSP 檔案）、工具（IDEA）和伺服器（Tomcat）三者編碼的問題。目前筆者架設的 Tomcat 10 + IDEA 2022.1.1 沒有出現過中文亂碼的情況。建議讀者在建立專案初期，所有的工具和伺服器統一使用 UTF-8 編碼。

3.3 response 物件

response 物件用於回應客戶請求，向用戶端輸出資訊。與 request 物件類似，response 物件是 HttpServletResponseWrapper 類別的實例，它封裝了 JSP 產生的回應用戶端請求的有關資訊（如回應的 Header、HTML 的內容以及伺服器的狀態碼等），以提供給用戶端。請求的資訊可以是各種資料型態的資訊，甚至可以是檔案。response 物件的繼承系統如圖 3.5 所示。

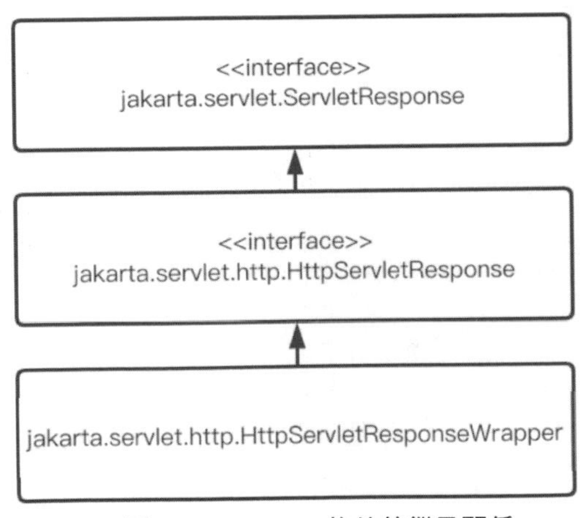

▲ 圖 3.5 response 物件的繼承關係

3.3.1 重定向網頁

在很多情況下，當客戶要進行某些操作時，需要將客戶引導至另一個頁面。舉例來說，當客戶輸入正確的登入資訊時，就需要被引導到登入成功頁面，否則被引導到錯誤顯示頁面。此時，可以呼叫 response 物件的 sendRedirect(URL) 方法將客戶請求重定向到一個不同的頁面。重定向會遺失所有的請求參數，使用重定向的效果與在網址列重新輸入新位址再按確認鍵的效果完全一樣，即發送了第二次請求。

下面我們透過簡單的登入頁面來演示重定向：

```
<form action="jsp_rsp_redirect_check.jsp" method="post">
    username: <input type="text" name="username" ><br>
    password: <input type="password" name="password"><br>
    <input type="submit" value="提交"><br>
</form>
```

jsp_rsp_redirect_check.jsp：

```
<%
    request.setCharacterEncoding("UTF-8");
    String name = request.getParameter("username");
    String pawd = request.getParameter("password");
    if ("admin".equals(name) || "admin".equals(pawd)) {
        response.sendRedirect("jsp_rsp_redirect_promp.jsp");
    } else {
        out.println("使用者名稱或密碼錯誤！");
    }
%>
```

jsp_rsp_redirect_promp.jsp：

```
登入成功，歡迎您
<%
    String name = request.getParameter("username");
    out.print(name);
%>
```

3.3.2 處理 HTTP 檔案標頭

response 物件的 setHeader() 方法的作用是設定指定名稱的 HTTP 檔案標頭的值，如果該值已經存在，則新值會覆蓋舊值。比較常用的標頭資訊有快取設定，頁面自動更新或頁面定時跳躍。

1. 禁用快取

瀏覽器通常會對網頁進行快取，目的是提高網頁的顯示速度。但是很多安全性要求較高的網站（比如支付和個人資訊網站）通常需要禁用快取。

```
<%
  response.setHeader("Cache-Control", "no-store");
  response.setDateHeader("Expires", 0);
%>
```

2. 自動更新

實現頁面一秒更新一次，程式如下：

```
<%
    // 每隔 1 秒自動更新一次
    response.setHeader("refresh", "1");
    // 獲取當前時間
    SimpleDateFormat sdf = new SimpleDateFormat("yyyy-MM-dd HH:mm:ss");
    String now = sdf.format(new Date());
    out.println("當前時間："+ now);
%>
```

3. 定時跳躍

實現頁面定時跳躍，如 10 秒後自動跳躍到 URL 所指的頁面，設定敘述如下：

```
<!-- 3. 設定頁面定時跳躍 -->
<% response.setHeader("refresh", "10;URL=index.jsp");%>
```

3.3.3 設定輸出緩衝區

一般來說，伺服器要輸出到用戶端的內容不會直接寫到用戶端，而是先寫到輸出緩衝區。當滿足以下 3 種情況之一時，就會把緩衝區的內容寫到用戶端：

- JSP 頁面的輸出資訊已經全部寫入緩衝區。
- 緩衝區已經滿了。
- 在 JSP 頁面中呼叫了 response 物件的 flushBuffer() 方法或 out 物件的 flush() 方法。

response 物件提供了對緩衝區進行設定的方法，如表 3.2 所示。

▼ 表 3.2 response 緩衝區設定說明

方 法	說 明
flushBuffer()	強制將緩衝區的內容輸出到用戶端
getBufferSize()	獲取回應所使用的緩衝區的實際大小。如果沒有使用緩衝區，則傳回 0
setBufferSize(int size)	設定緩衝區的大小
reset()	清除緩衝區的內容，同時清除狀態碼和標頭
isCommitted()	檢測服務端是否已經把資料寫入用戶端

3.3.4 轉發和重定向

從表面上看，轉發（Forward）動作和重定向（Redirect）動作有些相似：它們都可以將請求傳遞到另一個頁面。但實際上它們之間存在較大的差異。

執行轉發動作後依然是上一次的請求；執行重定向動作後生成第二次請求。注意網址列的變化，執行重定向動作時，網址列的 URL 會變成重定向的目標 URL。

轉發的目標頁面可以存取所有原請求的請求參數，轉發後是同一次請求，所有原請求的請求參數、request 範圍的屬性全部存在；重定向的目標頁面不能存取原請求的請求參數，因為發生了第二次請求，所有原請求的請求參數全部都會失效。

轉發網址列請求的 URL 不會變；重定向網址列改為重定向的目標 URL，相當於在瀏覽器網址列輸入新的 URL。

3.4 session 物件

Session（階段）表示用戶端與伺服器的一次對話。從用戶端打開瀏覽器並連接伺服器開始，到用戶端關閉瀏覽器離開這個伺服器結束，被稱為一個階段。設定 Session 是為了伺服器辨識客戶。由於 HTTP 是一種無狀態協定，即當用戶端向伺服器發出請求，伺服器接收請求，並傳回回應後，該連接就結束了，而伺服器不儲存相關的資訊。透過 Session 可以在的 Web 頁面進行跳躍時儲存使用者的狀態，使整個階段一直存在下去，直到伺服器關閉。

session 物件是 HttpSession 類別的實例。

3.4.1 建立及獲取客戶的階段

session 物件提供了 setAttribute() 和 getAttribute() 方法建立和獲取客戶的階段。

setAttribute() 方法用於設定指定名稱的屬性值，並將它儲存在 session 物件中（用於獲取修改輸出）。

其語法格式如下：

```
session.setAttribute(String name, Object value);
```

其中，name 為屬性名稱，value 為屬性值（可以是類別，也可以是值）。

呼叫 getAttribute() 方法獲取與指定屬性名稱 name 相連結的屬性值，傳回值為 Object 類型（所以可能需要轉為 String 或 Integer 類型）。

其語法格式如下：

```
session.getAttribute(String name);
```

建立 Session 的範例程式如下：

```
session.setAttribute("name","建立 Session");
session.setAttribute("info","向 Session 中儲存資料");
```

獲取 Session 的範例程式如下：

```
<h3>Session 範例：</h3>
<%
    out.println(session.getAttribute("info") + "<br>");
    out.println(session.getAttribute("name") + "<br>");
    out.println("SessionId:" + session.getId() + "<br>");
%>
```

程式執行的結果如圖 3.6 所示。

Session範例：

向 Session 中儲存資料
建立 Session
SessionId:A8E4F6A95D053FC6639FE342E52C030A

▲ 圖 3.6 獲取 Session

3.4.2 從階段中移除指定的綁定物件

呼叫 removeAttribute() 方法將指定名稱的物件移除，即從這個階段中刪除與指定名稱綁定的物件。其語法格式如下：

```
session.removeAttribute(String name);
```

範例程式如下：

```
<h3>Session 範例：</h3>
<%
    session.removeAttribute("info");
    out.println("測試移除物件 info：" + session.getAttribute("info") + "<br>");
    out.println("name：" + session.getAttribute("name") + "<br>");
    out.println("SessionId:" + session.getId() + "<br>");
%>
```

移除物件之後，透過 getAttribute() 獲取的值是 null，表示物件已經不存在了。

3.4.3 銷毀階段

雖然 session 物件經歷一段時間後會自動消失，但是有時我們也需要手動銷毀階段（比如使用者登入之後資訊儲存在階段物件中，退出的時候應該銷毀階段物件以儲存的使用者資料）。

銷毀階段有 3 種方式：

- 呼叫 session.invalidate() 方法。
- 階段過期（逾時）。
- 伺服器重新啟動。

通常我們會呼叫 session.invalidate() 方法銷毀階段。

3.4.4 階段逾時的管理

在 session 物件中提供了設定階段生命週期的方法，分別說明如下：

- getLastAccessedTime()：傳回用戶端最後一次與階段相連結的請求時間。
- getMaxInactiveInterval()：以秒為單位傳回一個階段內兩個請求之間的最大時間間隔。
- setMaxInactiveInterval()：以秒為單位設定階段的有效時間。

舉例來說，設定階段的有效期為 1000 秒，超出這個範圍階段將失效。

3.4.5 session 物件的應用

本例透過對 session 物件的綜合學習，使用 session 物件統計頁面的建立時間和存取量。

範例程式如下：

```
<%
    SimpleDateFormat df = new SimpleDateFormat("yyyy-MM-dd HH:mm:ss");
    df.setTimeZone(TimeZone.getDefault());
    // 獲取階段的建立時間
    Date createTime = new Date(session.getCreationTime());
    // 獲取最後存取頁面的時間
    Date lastAccessTime = new Date(session.getLastAccessedTime());
    String title = " 歡迎再次存取我的個人主頁 ";
    int visitCount = 0;
    String visitCountKey = "visitCount";
```

```
        String userIDKey = "userId";
        String userID = "admin";
        // 檢測網頁是否有新的存取使用者，也可用 session.isNew() 方法檢測，但該方法在子頁面的傳回
值不對
        if (session.getAttribute(userIDKey) == null){
            title = "歡迎存取我的個人主頁";
            session.setAttribute(userIDKey, userID);
            session.setAttribute(visitCountKey,  visitCount);
        } else {
            Object obj = session.getAttribute(visitCountKey);
            visitCount = null == obj ? 0 : (int) obj;
            visitCount += 1;
            userID = (String)session.getAttribute(userIDKey);
            session.setAttribute(visitCountKey,  visitCount);
        }
    %>
```

顯示資訊的程式如下：

```
    <h3>Session 頁面存取統計</h3>
    <table border="1">
        <tr bgcolor="#949494">
            <th>Session 資訊</th>
            <th>值</th>
        </tr>
        <tr>
            <td>id</td>
            <td><% out.print( session.getId()); %></td>
        </tr>
        <tr>
            <td>建立時間</td>
            <td><% out.print(df.format(createTime)); %></td>
        </tr>
        <tr>
            <td>最後存取時間</td>
            <td><% out.print(df.format(lastAccessTime)); %></td>
        </tr>
        <tr>
            <td>使用者 ID</td>
            <td><% out.print(userID); %></td>
        </tr>
        <tr>
            <td>存取次數</td>
            <td><% out.print(visitCount); %></td>
        </tr>
    </table>
```

本範例應用的執行結果如圖 3.7 所示。

Session 頁面存取統計

Session 資訊	值
id	34A8418B91A36BCB29B04D1D5DB101E1
建立時間	2022-06-19 21:20:29
最後存取時間	2022-06-19 21:20:48
使用者 ID	admin
存取次數	7

▲ 圖 3.7 Session 頁面存取次數

3.5 application 物件

伺服器啟動後就產生了 application 物件，當客戶在同一個網站的各個頁面瀏覽時，這個 application 物件都是同一個，它在伺服器啟動時自動建立，在伺服器停止時銷毀。與 session 物件相比，application 物件的生命週期更長，類似於系統的全域變數。

一個 Web 應用程式啟動後，會自動建立一個 application 物件，而且在整個應用程式的執行過程中只有一個 application 物件，即所有造訪該網站的客戶都共用一個 application 物件。

3.5.1 存取應用程式初始化參數

在 web.xml 檔案中，可利用 context-param 元素來設定系統範圍內的初始化參數。

context-param 元素應該包含 param-name、param-value 以及可選的 description 子元素，如圖 3.8 所示。

```xml
<?xml version="1.0" encoding="UTF-8"?>
<web-app xmlns="http://xmlns.jcp.org/xml/ns/javaee"
         xmlns:xsi="http://www.w3.org/2001/XMLSchema-instance"
         xsi:schemaLocation="http://xmlns.jcp.org/xml/ns/javaee http://xmlns.jcp.org/xml/ns/javaee/w
         version="4.0">

    <context-param>
        <param-name>contextConfigLocation</param-name>
        <param-value>classpath:applicationContext.xml</param-value>
    </context-param>
    <context-param>
        <param-name>emailAddr</param-name>
        <param-value>star2008wang@gmail.com</param-value>
    </context-param>
    <context-param>
        <param-name>webVersion</param-name>
        <param-value>V0.101</param-value>
    </context-param>

</web-app>
```

▲ 圖 3.8 application 應用程式設定圖

使用 application 物件獲取初始化參數：

```
<%
    Enumeration<String> e = application.getInitParameterNames();
    while (e.hasMoreElements()) {
        String name = e.nextElement();
        String value = application.getInitParameter(name);
        out.println(name + " " + value + "<br>");
    }
%>
```

3.5.2 管理應用程式環境屬性

application 物件設定的屬性在整個程式範圍內都有效，即使所有的使用者都不發送請求，只要不關閉伺服器，在其中設定的屬性仍然是有效的。

application 物件的環境屬性範例程式如下：

```
<h3> 獲取 Web 應用程式的環境資訊 </h3>
獲取當前 Web 伺服器的版本資訊：<% out.println(application.getServerInfo()); %><br>
獲取 Servlet API 的主版本編號：<% out.println(application.getMajorVersion()); %><br>
獲取 Servlet API 的次版本編號：<% out.println(application.getMinorVersion()); %><br>
獲取當前 Web 應用程式的名稱：<% out.println(application.getContext("").
getServletContextName()); %><br>
獲取當前 Web 應用程式的上下文路徑：<% out.println(application.getContextPath());
%><br>
```

3.5.3 session 物件和 application 物件的比較

1. 作用範圍不同

session 物件是使用者級的物件，而 application 物件是應用程式級的物件。

一個使用者對應一個 session 物件（用戶端物件），每個使用者的 session 物件不同，在使用者所存取網站的多個頁面之間共用同一個 session 物件。

一個 Web 應用程式對應一個 application 物件（服務端物件），每個 Web 應用程式的 application 物件不同，但一個 Web 應用程式的多個使用者之間共用同一個 application 物件。

在同一網站下，每個使用者的 session 物件不同，每個使用者的 application 物件相同。

在不同網站下，每個使用者的 session 物件不同，每個使用者的 application 物件也不同。

2. 生命週期不同

session 物件的生命週期：使用者首次存取網站建立，使用者離開該網站（不一定要關閉瀏覽器）消毀。

application 物件的生命週期：啟動 Web 伺服器就被建立，關閉 Web 伺服器就被銷毀。

3.6 out 物件

out 物件是一個輸出串流，用來向用戶端輸出各種資料型態的內容。同時它還可以管理應用伺服器上的輸出緩衝區，緩衝區大小的預設值為 8KB，可以透過頁面指令 page 來改變這個預設值。out 物件繼承自抽象類別 jakarta.servlet.jsp.JspWriter 的實例，在實際應用中，out 物件會透過 JSP 容器變換為 java.io.PrintWriter 類別的物件。

在使用 out 物件輸出資料時，可以對資料緩衝區操作，及時清除緩衝區中的殘餘資料，為其他的輸出騰出緩衝空間。資料輸出完畢後要及時關閉輸出串流。

3.6.1 向用戶端輸出資料

out 物件呼叫 print() 或 println() 方法向用戶端輸出資料。由於用戶端是瀏覽器，因此可以使用 HTML 中的一些標記控制輸出格式。例如：

```
<%
    out.println("Hello!<br/>");
    out.println("<input type='button' value=' 提交 '/><br>");
%>
```

其輸出結果與 HTML 標記一樣。

3.6.2 管理輸出緩衝區

預設情況下，服務端要輸出到用戶端的內容不直接寫到用戶端，而是先寫到一個輸出緩衝區中。呼叫 out 物件的 getBufferSize() 方法獲取當前緩衝區的大小（單位是 KB），呼叫 getRemaining() 方法獲取當前尚剩餘的緩衝區的大小（單位是 KB）。

```
<h2> 管理輸出緩衝區 </h2>
<%out.println("out 物件緩衝區內容 :");%><br>
緩衝大小：<%=out.getBufferSize()%><br>
剩餘快取大小：<%=out.getRemaining()%><br>
是否自動更新：<%=out.isAutoFlush()%><br>
```

程式執行結果如圖 3.9 所示。

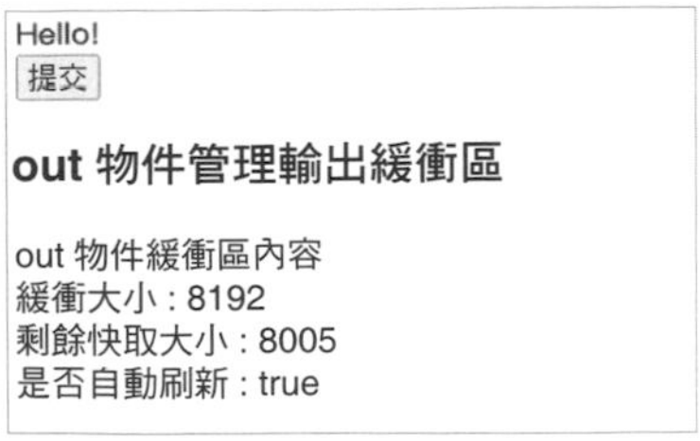

Hello!
提交

out 物件管理輸出緩衝區

out 物件緩衝區內容
緩衝大小 : 8192
剩餘快取大小 : 8005
是否自動刷新 : true

▲ 圖 3.9 out 物件緩衝輸出結果

3.7 其他內建物件

3.7.1 獲取階段範圍的 pageContext 物件

pageContext 物件是 jakarta.servlet.jsp.PageContext 類別的實例物件。它代表頁面上下文，主要用於存取 JSP 之間的共用資料，使用 pageContext 可以存取 page、request、session、application 範圍的變數。

1. 獲得其他物件

獲得其他物件的幾個重要方法說明如下：

- forward(String relativeUrlPath)：將當前頁面轉發到另一個頁面或 Servlet 元件上。
- getRequest()：傳回當前頁面的 request 物件。
- getResponse()：傳回當前頁面的 response 物件。
- getServetConfig()：傳回當前頁面的 servletConfig 物件。
- getServletContext()：傳回當前頁面的 ServletContext 物件，這個物件是所有頁面共用的。
- getSession()：傳回當前頁面的 session 物件。
- findAttribute()：按照頁面、請求、階段以及應用程式範圍的屬性實現對某個屬性的搜索。
- setAttribute()：設定預設頁面範圍或特定物件範圍中的物件。
- removeAttribute()：刪除預設頁面物件或特定物件範圍中已命名的物件。

下面用 pageContext 完成一次頁面跳躍功能，程式如下：

```
<% pageContext.forward("jsp_pagecontext2.jsp?info=張三 zhangsan@gmail.com"); %>
```

jsp_pagecontext2.jsp 程式如下：

```
<h3>info=<%=pageContext.getRequest().getParameter("info")%></h3>
<h3>realpath=<%=pageContext.getServletContext().getRealPath("/")%></h3>
```

執行結果如圖 3.10 所示。

info=張三zhangsan@gmail.com

realpath=D:\IdeaProjects\HelloWorld\web\WEB-INF\classes\artifacts\ch03_war_exploded\

/ch03_war_exploded

▲ 圖 3.10 pageContext 執行結果

2. 操作作用域物件

pageContext 物件可以操作所有作用域物件（4 個域，request、session、application 和 pageContext），在 getAttribute()、setAttribute()、removeAttribute() 三個方法中增加一個參數 scope 來指定作用域（即範圍）。

在 PageContext 類別中包含 4 個 int 類型的常數表示 4 個作用域：

- PAGE_SCOPE：pageContext 作用域。
- REQUEST_SCOPE：request 作用域。
- SESSION_SCOPE：session 作用域。
- APPLICATION_SCOPE：application 作用域。

範例程式如下：

jsp_pagecontext.jsp：

```
//pageContext 只在本頁面有效，在其他頁面使用 pageContext 是取不到值的
pageContext.setAttribute("value1", "11", PageContext.PAGE_SCOPE);
pageContext.setAttribute("value2", "22", PageContext.REQUEST_SCOPE);
pageContext.setAttribute("value3", "33", PageContext.SESSION_SCOPE);
pageContext.setAttribute("value4", "44", PageContext.APPLICATION_SCOPE);

pageContext.forward("jsp_pagecontext2.jsp?info=張三 zhangsan@gmail.com");
// response.sendRedirect("jsp_pagecontext2.jsp");
```

jsp_pagecontext2.jsp：

```
<h3>PageContext 作用域：</h3>
<%=pageContext.getAttribute("value1") %><!-- 能得到 jsp_pagecontext.jsp 頁面 p 的
值嗎？ -->
<%=application.getAttribute("value4") %><!-- 這裡能取得到上一頁面的值嗎？ -->
<%=pageContext.findAttribute("value1") %>
```

findAttribute(String name)：依次按照 page、request、session、application 作用域查詢指定名稱的物件，直到找到為止。

3.7.2 讀取 web.xml 設定資訊的 config 物件

config 物件是 ServletConfig 的實例，它主要用於讀取設定的參數，很少在 JSP 頁面使用，常用於 Servlet 中，因為 Servlet 需要在 web.xml 檔案中進行設定。

先看一下 config 內建物件獲取 servlet 名稱，程式如下：

```
<!-- 直接輸出 config 的 getServletName 的值 -->
<%=config.getServletName()%>
```

上面的程式碼輸出了 config 的 getServletName() 的傳回值，所有的 JSP 都有相同的名稱：jsp，所以此行程式將輸出 jsp。

獲取初始化資訊範例（web.xml）如下：

```
<!-- 設定 config 物件參數 -->
<servlet>
    <!-- 指定 Servlet 名稱 -->
    <servlet-name>myconfig</servlet-name>
    <!-- 指定將哪個 JSP 頁面設定成 Servlet -->
    <jsp-file>/jsp_config.jsp</jsp-file>
    <!-- 設定名為 name 的參數，值為 crazyit.org -->
    <init-param>
        <param-name>name</param-name>
        <param-value>vincent</param-value>
    </init-param>
    <!-- 設定名為 age 的參數，值為 30 -->
    <init-param>
        <param-name>age</param-name>
        <param-value>30</param-value>
    </init-param>
</servlet>
<servlet-mapping>
    <!-- 指定將 config Servlet 設定到 /config URL-->
    <servlet-name>myconfig</servlet-name>
    <url-pattern>/myconfig</url-pattern>
</servlet-mapping>
```

跳躍程式如下：

```
<li><a href="myconfig">config 物件 </a></li>
```

顯示程式如下：

```
<!-- 直接輸出 config 的 getServletName 的值 -->
ServletName：<%=config.getServletName() %><br>
<!-- 輸出該 JSP 中名為 name 的參數設定資訊 -->
name 設定參數的值：<%=config.getInitParameter("name")%><br>
```

```
<!-- 輸出該 JSP 中名為 age 的參數設定資訊 -->
age 設定參數的值：<%=config.getInitParameter("age")%><br>
```

程式執行結果如圖 3.11 所示。

ServletName: myconfig
name 設定參數的值: vincent
age 設定參數的值: 30

▲ 圖 3.11 config 物件輸出結果

3.7.3 應答或請求的 page 物件

page 物件是 java.lang.Object 類別的實例。它指向當前 JSP 頁面本身，有點像類別中的 this 指標，用於設定 JSP 頁面的屬性，這些屬性將用於和 JSP 通訊，控制所生成的 Servlet 結構。page 物件很少使用，我們呼叫 Object 類別的一些方法來了解這個物件。

範例程式如下：

```
當前 page 頁面物件的字串描述： <%= page.toString() %><br>
當前 page 頁面物件的 class 描述： <%= page.getClass() %><br>
page 跟 this 是否等值： <%= page.equals(this) %><br>
```

程式執行結果如圖 3.12 所示。

當前 page 頁面物件的字串描述: org.apache.jsp.jsp_005fpage_jsp@1f2f42bc
當前 page 頁面物件的 class 描述: class org.apache.jsp.jsp_005fpage_jsp
page 跟 this 是否等值: true

▲ 圖 3.12 page 物件輸出結果

提示：page 物件雖然是 this 的引用，但是 page 的類型是 java.lang.Object，所以無法透過 page 呼叫執行個體變數、方法等，只能呼叫 Object 類型的一些方法。

3.7.4 獲取異常資訊的 exception 物件

JSP 引擎在執行過程中可能會拋出種種例外。exception 物件表示的就是 JSP 引擎在執行程式過程中拋出的種種例外。exception 物件的作用是顯示異常資訊，只有在包含 isErrorPage="true" 的頁面中才可以使用，在一般的 JSP 頁面中使用該物件將無法編譯 JSP 檔案。

在 Java 程式中，可以使用 try/catch 關鍵字來處理異常情況；如果在 JSP 頁面中出現沒有捕捉到的異常，就會生成 exception 物件，並把 exception 物件傳送到在 page 指令設定的錯誤頁面中，然後在錯誤頁面中處理相應的 exception 物件。

範例程式如下：

```
<%@ page contentType="text/html;charset=UTF-8" language="java" %>
<%@ page errorPage="jsp_exception_err.jsp" %>
<html>
<head>
    <title>Title</title>
</head>
<body>
    <%
        int age = Integer.parseInt("age");
        out.println("age is " + age);
    %>
</body>
</html>
```

jsp_exception_err.jsp 程式如下：

```
<%@ page contentType="text/html;charset=UTF-8" language="java"
isErrorPage="true" %>
<html>
<head>
    <title>Title</title>
</head>
<body>
    錯誤訊息為：<%=exception.getMessage() %><br>
    錯誤資訊是：<%=exception.toString() %><br>
</body>
</html>
```

3.8 實作與練習

1. 自主學習並嘗試增加和刪除 Cookie。
2. 利用階段完成一個猜數字的遊戲。
3. 應用 JSP 內建物件，設計並實現登入框架，登入之後使用者資訊可以在任何頁面顯示。
4. 掌握 request 和 response 物件的使用，使用 config 物件包裝 URL 位址。

第 4 章 JavaBean 技術

JavaBean 是一個遵循特定寫法的 Java 類別。在 Java 模型中，透過 JavaBean 可以無限擴充 Java 程式的功能，透過 JavaBean 的組合可以快速生成新的應用程式。JavaBean 技術使 JSP 頁面中的業務邏輯變得更加清晰，程式中的實體物件及業務邏輯可以單獨封裝到 Java 類別中。這樣不僅提高了程式的可讀性和易維護性，還提高了程式的重複使用性。

本章主要介紹 JavaBean 的組成，以及不同類型屬性的使用和 JavaBean 的應用，並詳細介紹不同作用域中 JavaBean 的生命週期。

4.1 JavaBean 介紹

4.1.1 JavaBean 概述

JavaBean 本質上是一個 Java 類別，一個遵循特定規則的類別。當在 Web 程式中使用時，會以元件的形式出現，並完成特定的邏輯處理功能。

使用 JavaBean 的最大優點在於它可以提高程式的重複使用性。撰寫一個成功的 JavaBean 的宗旨為「一次性撰寫，任何地方執行，任何地方重複使用」。

1. 一次性撰寫

一個成功的 JavaBean 元件重複使用時不需要重新撰寫，開發者只需要根據需求修改和升級程式即可。

2. 任何地方執行

一個成功的 JavaBean 元件可以在任何平臺上執行，JavaBean 是基於 Java 語言撰寫的，所以它易於移植到各種執行平臺上

3. 任何地方重複使用

一個成功的 JavaBean 元件能夠用於多種方案，包括應用程式、其他元件、Web 應用等。

4.1.2 JavaBean 的種類

JavaBean 按功能可分為視覺化 JavaBean 和不可視 JavaBean 兩類。視覺化 JavaBean 就是具有 GUI（圖形化使用者介面）的 JavaBean；不可視 JavaBean 就是沒有 GUI 的 JavaBean，最終對使用者是不可見的，它更多地被應用在 JSP 中。

不可視 JavaBean 又分為值 JavaBean 和工具 JavaBean。

值 JavaBean 嚴格遵循了 JavaBean 的命名規範，通常用來封裝表單資料，作為資訊的容器，以下面的 JavaBean 類別：

```
public class User {
    private String username;
    private String password;
    public String getUsername() {
        return username;
    }
    public void setUsername(String username) {
        this.username = username;
    }
    public String getPassword() {
        return password;
    }
    public void setPassword(String password) {
        this.password = password;
    }
}
```

工具 JavaBean 可以不遵循 JavaBean 規範，通常用於封裝業務邏輯、資料操作等。舉例來說，連接資料庫，對資料庫進行增、刪、改、查，解決中文亂碼等操作。工具 JavaBean 可以實現業務邏輯與頁面顯示的分離，提高了程式的可讀性與易維護性，以下面的程式：

```
public class ToolsBean {
    public String change(String source) {
        source = source.replace("<","&lt;");
        source = source.replace(">","&gt;");
        return source;
    }
}
```

4.1.3 JavaBean 的規範

通常一個標準的 JavaBean 類別需要遵循以下規範。

1. 實現可序列介面

JavaBean 應該直接或間接實現 java.io.Serializable 介面，以支援序列化機制。

2. 公有的無參建構方法

一個 JavaBean 物件必須擁有一個公有類型以及預設的無參建構方法，從而可以透過 new 關鍵字直接對它進行實例化。

3. 類別的宣告是非 final 類型的

當一個類別宣告為 final 類型時，它是不可以更改的，所以 JavaBean 物件的宣告應該是非 final 類型的。

4. 為屬性宣告存取器

JavaBean 中的屬性應該設定為私有類型（private），可以防止外部直接存取，它需要提供對應的 setXXX() 和 getXXX() 方法來存取類別中的屬性，方法中的 XXX 為屬性名稱，屬性的第一個字母應大寫。若屬性為布林類型，則可用 isXXX() 方法代替 getXXX() 方法。

JavaBean 的屬性是內部核心的重要資訊，當 JavaBean 被實例化為一個物件時，改變它的屬性值也就等於改變了這個 Bean 的狀態。這種狀態的改變常常伴隨著許多資料處理操作，使得其他相關的屬性值也跟著發生變化。

實現 java.io.Serializable 介面的類別實例化的物件被 JVM（Java 虛擬機器）轉化為一個位元組序列，並且能夠將這個位元組序列完全恢復為原來的物件，序列化機制可以彌補網路傳輸中不同作業系統的差異問題。作為 JavaBean，物件的序列化也是必需的。使用一個 JavaBean 時，一般情況下是在設計階段對它的狀態資訊進行設定，並在程式啟動後期恢復，這種具體工作是由序列化完成的。

4.2 JavaBean 的應用

4.2.1 在 JSP 中存取 JavaBean

相信很多開發者都有這樣的經歷，比如在開發中經常碰到要在網頁輸入大量資訊（如人力資源管理系統、客戶關係管理系統），導致 JSP 頁面程式容錯複雜。此時引入 JavaBean 技術，可以實現 HTML 程式和 Java 程式的分離，可以對程式進行重複使用和封裝，極大地提升開發效率，簡化 JSP 頁面，使 JSP 更易於開發和維護。因此，JavaBean 成為 JSP 程式設計師必備的利器。下面具體來說明如何在 JSP 中使用 JavaBean。

1. 匯入 JavaBean 類別

透過 <%@ page import> 指令匯入 JavaBean 類別，例如：

```
<%@ page import="com.vincent.bean.UserBean" %>
```

2. 宣告 JavaBean 物件

JSP 定義了 < jsp:useBean> 標籤用來宣告 JavaBean 物件，例如：

```
<jsp:useBean id="user" class="com.vincent.bean.UserBean"
scope="session"></jsp:useBean>
```

說明：屬性 id 的值定義了 Bean 變數，使之能在後面的程式中使用此變數名稱來分辨不同的 Bean，這個變數名稱對有大小寫區分（區分字母大小寫），必須符合所使用的指令碼語言的規定。如果 Bean 已經在別的 < jsp:useBean> 標記中建立，當使用這個已經建立過的 Bean 時，id 的值必須與原來的 id 值一致；否則表示建立了同一個類別的兩個不同的物件。

定義 JavaBean 的範例如下：

```
package com.vincent.bean;
import java.io.Serializable;
public class UserBean implements Serializable {
    private int id = 123;
    private String username = "Andy";
    private String password = "test";
    private String email = "Andy@gmail.com";
    private String mobile = "987654321";
    private int gender = 1;
```

```
    private boolean role = true;

    public UserBean() {
    }
    public int getId() {
        return id;
    }
    public void setId(int id) {
        this.id = id;
    }
    public String getUsername() {
        return username;
    }
    public void setUsername(String username) {
        this.username = username;
    }
    public String getPassword() {
        return password;
    }
    public void setPassword(String password) {
        this.password = password;
    }
    public String getEmail() {
        return email;
    }
    public void setEmail(String email) {
        this.email = email;
    }
    public String getMobile() {
        return mobile;
    }
    public void setMobile(String mobile) {
        this.mobile = mobile;
    }
    public int getGender() {
        return gender;
    }
    public void setGender(int gender) {
        this.gender = gender;
    }
    public boolean isRole() {
        return role;
    }
    public void setRole(boolean role) {
        this.role = role;
    }
}
```

4.2.2 獲取 JavaBean 的屬性資訊

JSP 提供了存取 JavaBean 屬性的標籤，如果要將 JavaBean 的某個屬性輸出到頁面，可以使用 <jsp:getProperty> 標籤，範例程式如下：

```
<%@ page contentType="text/html;charset=UTF-8" language="java" %>
<!-- 經測試，不匯入套件 JavaBean 也能辨識 -->
<%@ page import="com.vincent.bean.UserBean" %>
<html>
<head>
    <title> 獲取 JavaBean 的屬性資訊 </title>
</head>
<body>
    <!--
        1. class 檔案必須位於某個套件內
        2. Bean 檔案必須有預設無參建構元
        3. class 檔案必須在 WEB-INF/classes 目錄下
    -->
    <jsp:useBean id="user" class="com.vincent.bean.UserBean"
scope="session"></jsp:useBean>
    <ul>
        <li>
            編號 :<jsp:getProperty property="id" name="user"/>
        </li>
        <li>
            名稱 :<jsp:getProperty property="username" name="user"/>
        </li>
        <li>
            電子郵件 :<jsp:getProperty property="email" name="user"/>
        </li>
        <li>
            手機 :<jsp:getProperty property="mobile" name="user"/>
        </li>
        <li>
            性別 :<jsp:getProperty property="gender" name="user"/>
        </li>
    </ul>
</body>
</html>
```

有 3 點需要重點注意的事項：

- class 檔案必須位於某個套件內。
- Bean 檔案必須有預設無參建構元。
- class 檔案必須在 WEB-INF/classes 目錄下。

不然頁面會出現 UserBean 無法解析的錯誤。

4.2.3 給 JavaBean 屬性賦值

與獲取 JavaBean 屬性類似，JSP 也提供了給 JavaBean 屬性賦值的標籤 <jsp:setProperty>，範例程式如下：

```
<%@ page contentType="text/html;charset=UTF-8" language="java" %>
<!-- 經測試，不匯入套件 JavaBean 也能辨識 -->
<%@ page import="com.vincent.bean.UserBean" %>
<html>
<head>
    <title> 獲取 JavaBean 的屬性資訊 </title>
</head>
<body>
    <%
        String uname = request.getParameter("username");
    %>
    <!--
        1. class 檔案必須位於某個套件內
        2. Bean 檔案必須有預設無參建構元
        3. class 檔案必須在 WEB-INF/classes 目錄下
    -->
    <jsp:useBean id="user" class="com.vincent.bean.UserBean"
scope="session"></jsp:useBean>
    <h3>JavaBean 屬性變更前 </h3>
    <ul>
        <li>
            編號 :<jsp:getProperty property="id" name="user"/>
        </li>
        <li>
            名稱 :<jsp:getProperty property="username" name="user"/>
        </li>
        <li>
            電子郵件 :<jsp:getProperty property="email" name="user"/>
        </li>
        <li>
            手機 :<jsp:getProperty property="mobile" name="user"/>
        </li>
        <li>
            性別 :<jsp:getProperty property="gender" name="user"/>
        </li>
    </ul>
    <jsp:include page="jsp_properties_2.jsp"></jsp:include>
</body>
</html>
```

讀者可以思考一下，此處為什麼要使用 include 標籤，頁面載入的順序是什麼？如果使用 include 指令，會是什麼結果？

jsp_properties_2.jsp 範例程式如下：

```
<%
    String uname = request.getParameter("username");
%>
<jsp:useBean id="user" class="com.vincent.bean.UserBean"
scope="session"></jsp:useBean>
<jsp:setProperty property="username" name="user" value="<%=uname%>"/>
<jsp:setProperty property="mobile" name="user" value="11122223333"/>
<h3>JavaBean 屬性變更後 </h3>
<ul>
    <li>
        編號 :<jsp:getProperty property="id" name="user"/>
    </li>
    <li>
        名稱 :<jsp:getProperty property="username" name="user"/>
    </li>
    <li>
        電子郵件 :<jsp:getProperty property="email" name="user"/>
    </li>
    <li>
        手機 :<jsp:getProperty property="mobile" name="user"/>
    </li>
    <li>
        性別 :<jsp:getProperty property="gender" name="user"/>
    </li>
</ul>
```

程式執行結果如圖 4.1 所示。

JavaBean 屬性變更前

- 編號 :123
- 名稱 :Andy
- 電子郵件 :Andy@gmail.com
- 手機 :987654321
- 性別 :1

JavaBean 屬性變更後

- 編號 :123
- 名稱 : 小馬哥
- 電子郵件 :Andy@gmail.com
- 手機：11122223333
- 性別 :1

▲ 圖 4.1 B/S 系統結構

4.3 在 JSP 中應用 JavaBean

4.3.1 解決中文亂碼的 JavaBean

在 JSP 頁面中，中文經常會出現亂碼的現象，特別是透過表單傳遞中文資料時。解決辦法有很多，如將 request 的字元集指定為中文字元集，撰寫 JavaBean 對亂碼字元進行轉碼等。下面透過實例撰寫 JavaBean 物件來解決中文亂碼問題。

```
<%@ page contentType="text/html;charset=GBK" language="java" %>
<%
    // 下面這行敘述用於解決中文亂碼問題，註釋起來這行敘述，程式執行時若在名稱框中輸入中文，
顯示出的中文就是亂碼
    request.setCharacterEncoding("GBK");
%>
<html>
<head>
    <title>Title</title>
</head>
<jsp:useBean id="userbean" scope="session" class="com.vincent.bean.UserBean"/>
<body>
    <%
        String username = request.getParameter("username");
        if(null != username) {
            userbean.setUsername(username);
        }
    %>
    <form method="post" action="jsp_javabean_encoding.jsp">
        請輸入名稱：
        <input type="text" name="username" size=20>
        <input type="submit" name="msubmit" value=" 提交 ">
    </form>
    <br>
    Bean 的 username 屬性值是：<br>
    <font color=red size=5><%=userbean.getUsername() %></font>
</body>
</html>
```

如果註釋起來程式中用粗體標記的那行敘述，程式執行時輸入中文再顯示中文就會出現亂碼，如圖 4.2 所示。

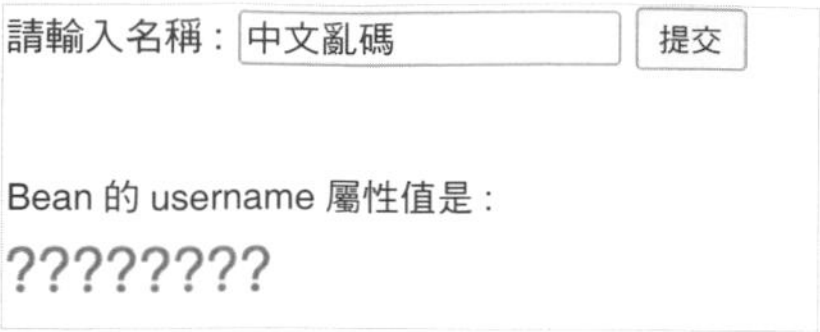

請輸入名稱：中文亂碼 提交

Bean 的 username 屬性值是：

????????

▲ 圖 4.2 JavaBean 中文亂碼

解決中文亂碼問題的關鍵在於設定字元集時保持一致，也就是將 request 請求字元集和頁面字元集保持統一。在系統中，我們常用 UTF-8 字元集來設定頁面和類別，以避免出現中文亂碼的情況。

4.3.2 在 JSP 頁面中用來顯示時間的 JavaBean

JavaBean 是用 Java 語言所寫的可重複使用元件，它可以是一個實體類別物件，也可以是一個業務邏輯的處理。下面透過實例在 JSP 頁面中呼叫獲取當前時間的 JavaBean，實現在網頁中建立一個簡易的電子時鐘。

建立名稱為 DateBean 的類別，主要對當前時間、星期進行封裝。關鍵程式如下：

```
package com.vincent.bean;
import java.text.SimpleDateFormat;
import java.util.Calendar;
import java.util.Date;
public class DateBean {
    private String dateTime;
    private String week;
    private Calendar calendar = Calendar.getInstance();
    /**
     * 獲取當前日期及時間
     * @return 日期及時間的字串
     */
    public String getDateTime() {
        //獲取當前時間
        Date currDate = Calendar.getInstance().getTime();
        SimpleDateFormat sdf = new SimpleDateFormat("yyyy年MM月dd日 HH點mm分ss秒");
        //格式化日期時間
        dateTime = sdf.format(currDate);
        return dateTime;
    }
    /**
     * 獲取星期幾
     * @return 傳回星期字串
     */
```

```
        public String getWeek() {
            String[] weeks = {" 星期日 "," 星期一 "," 星期二 "," 星期三 "," 星期四 "," 星期五 ",
" 星期六 "};
            int index = calendar.get(Calendar.DAY_OF_WEEK);
            week = weeks[index-1];
            return week;
        }
    }
```

建立名稱為 jsp_clock.jsp 的頁面，在頁面中實例化 DateBean 物件，並獲取當前日期時間及星期實現電子時鐘效果。關鍵程式如下：

```
    <jsp:useBean id="bean" class="com.vincent.bean.DateBean"
scope="application"></jsp:useBean>
    <div align="center">
        <div id="clock">
            <div id="time">
                <jsp:getProperty property="dateTime" name="bean"/>
            </div>
            <div id="week">
                <jsp:getProperty property="week" name="bean"/>
            </div>
        </div>
    </div>
```

執行效果如圖 4.3 所示。

2022年06月21日 20點25分40秒 星期二

▲ 圖 4.3 JavaBean 顯示時間

我們看到，實際上頁面顯示了時間，但是最後發現頁面上的時間不會變化，讀者可以思考一下怎樣實現時間會不斷更新的電子時鐘功能。

4.3.3 陣列轉換成字串

在程式開發中，我們經常會碰到需要將陣列轉換成字串的情況，如表單中的核取方塊按鈕，在提交之後就是一個陣列物件，由於陣列物件在業務處理中不方便，因此在實際應用中先將它轉換成字串再進行處理。

建立 JavaBean，並封裝將陣列轉換成字串的方法，程式如下：

```
    package com.vincent.bean;
    import java.io.Serializable;
    public class VitaeBean implements Serializable {
```

```
    // 定義儲存程式語言的字串陣列
    private String[] languages;
    // 定義儲存要掌握的技術的字串陣列
    private String[] technics;
    // 定義儲存求職意向的字串陣列
    private String[] intentions;

    public VitaeBean(){

    }
    public String[] getLanguages() {
        return languages;
    }
    public void setLanguages(String[] languages) {
        this.languages = languages;
    }
    public String[] getTechnics() {
        return technics;
    }
    public void setTechnics(String[] technics) {
        this.technics = technics;
    }
    public String[] getIntentions() {
        return intentions;
    }
    public void setIntentions(String[] intentions) {
        this.intentions = intentions;
    }
    // 將陣列轉換成為字串
    public String arrToString(String[] arr) {
        StringBuffer sb = new StringBuffer();
        if(arr != null && arr.length > 0) {
            for(String s : arr) {
                sb.append(s);
                sb.append(",");
            }
            if(sb.length() > 0) {
                sb = sb.deleteCharAt(sb.length() - 1);
            }
        }
        return sb.toString();
    }
}
```

建立 JSP 表單，程式如下：

```
<form action="jsp_to_string2.jsp" method="post">
    <div>
        <h1>個人簡歷</h1>
```

```
            <hr/>
            <ul>
                <li>您擅長的技術是：</li>
                <li>
                    <input type="checkbox" name="languages" value="JAVA"/>JAVA
                    <input type="checkbox" name="languages" value="PHP"/>PHP
                    <input type="checkbox" name="languages" value=".NET"/>.NET
                    <input type="checkbox" name="languages" value="C++"/>C++
                    <input type="checkbox" name="languages" value="C"/>C
                </li>
            </ul>
            <ul>
                <li>您常用的開發工具是：</li>
                <li>
                    <input type="checkbox" name="technics" value="IDEA"/>IDEA
                    <input type="checkbox" name="technics" value="Eclipse"/>Eclipse
                    <input type="checkbox" name="technics" value="Visual
Studio"/>Visual Studio
                    <input type="checkbox" name="technics" value="Tomcat"/>Tomcat
                </li>
            </ul>
            <ul>
                <li>您的求職意向是：</li>
                <li>
                  <input type="checkbox" name="intentions" value="技術專家"/>技術專家
                  <input type="checkbox" name="intentions" value="架構師"/>架構師
                  <input type="checkbox" name="intentions" value="技術主管"/>技術主管
                  <input type="checkbox" name="intentions" value="CTO"/>CTO
                </li>
            </ul>
            <input type="submit" value="提交"/>
        </div>
    </form>
```

最後，展示轉換後的頁面程式如下：

```
    <jsp:useBean id="bean" class="com.vincent.bean.VitaeBean"></jsp:useBean>
    <jsp:setProperty property="*" name="bean"/>
    <div>
        <h1>個人簡歷</h1><hr/>
        <ul>
            <li>
                您擅長的技術是：<%=bean.arrToString(bean.getLanguages()) %>
            </li>
            <li>
                您常用的開發工具是：<%=bean.arrToString(bean.getTechnics()) %>
            </li>
            <li>
                您的求職意向是：<%=bean.arrToString(bean.getIntentions()) %>
```

```
        </li>
    </ul>
</div>
```

4.4 實作與練習

1. 建立一個簡單的 JavaBean 類別 Student，該類別中包含屬性 name、age 和 sex，分別表示學生的姓名、年齡和性別。
2. 為 Student 類別增加一個屬性 id，表示學號，在 JSP 頁面中設定一個表單，輸入 Student 類別的資訊，提交並顯示輸入的資訊。
3. 完善 4.3.2 節中時鐘不更新的問題。
4. 在輸入 Student 資訊的頁面增加學生的興趣愛好和課程選項，提交並顯示輸入的資訊。

第 5 章 Servlet 技術

Servlet 是基於 Java 語言的 Web 伺服器端程式設計技術，是一種實現動態網頁的解決方案，其作用是擴充 Web 伺服器的功能。

Servlet 是執行在 Servlet 容器中的 Java 類別，它能處理 Web 用戶端的 HTTP 請求，並產生 HTTP 回應。當瀏覽器發送一個請求到伺服器後，伺服器會把請求交給一個特定的 Servlet，該 Servlet 對請求進行處理後會建構一個合適的回應（通常以 HTML 網頁形式）傳回給用戶端。

Servlet 對請求的處理和回應過程可進一步細分為以下幾個步驟：

（1）接收 HTTP 請求。

（2）獲取請求資訊，包括請求標頭和請求參數資料。

（3）呼叫其他 Java 類別方法完成具體的業務功能。

（4）實現到其他 Web 元件的跳躍（包括重定向或請求轉發）。

（5）生成 HTTP 回應（包括 HTTP 或非 HTTP 回應）。

瀏覽器存取 Servlet 的互動過程如圖 5.1 所示。

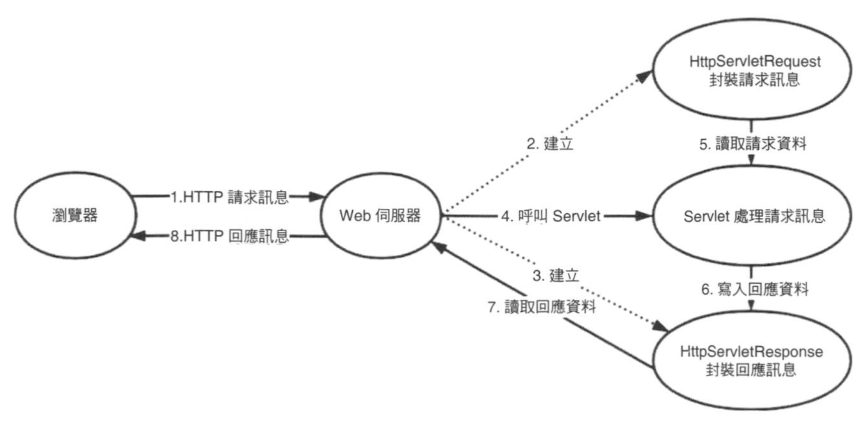

▲ 圖 5.1 瀏覽器存取 Servlet 的過程

首先瀏覽器向 Web 伺服器發送了一個 HTTP 請求，Web 伺服器根據收到的請求會先建立一個 HttpServletRequest 和 HttpServletResponse 物件，然後呼叫相應的 Servlet 程式。在 Servlet 程式執行時期，它首先會從 HttpServletRequest 物件中讀取資料資訊，然後透過 service() 方法處理請求訊息，並將處理後的回應資料寫入 HttpServletResponse 物件中。最後，Web 伺服器會從 HttpServletResponse 物件中讀取回應資料，併發送給瀏覽器。

5.1 Servlet 基礎

Servlet 是執行在伺服器端的小程式（Server Applet）由 Servlet 容器管理。

Servlet 容器也叫 Servlet 引擎，是 Web 伺服器或應用伺服器的一部分，用於在發送請求和回應時提供網路服務、解碼基於 MIME 的請求、格式化基於 MIME 的回應。Servlet 容器是為 Servlet 提供執行環境的一種程式，並且具有管理 Servlet 生命週期的功能。一般來說，實際的 Servlet 容器同時也具有 Web 伺服器的功能。

5.1.1 Servlet 的系統結構

Servlet是使用 Servlet API（應用程式設計介面）及相關類別和方法的 Java 程式。它包含兩個軟體套件：jakarta.servlet 套件和 jakarta.servlet.http 套件。

其系統結構圖如圖 5.2 所示。

▲ 圖 5.2 Servlet 的系統結構

筆者會在 5.3 節詳細介紹 Servlet 系統結構中的主要類別和介面。

5.1.2 Servlet 的技術特點

Servlet 技術在 Java Web 應用中是一個繞不開的門檻，它牢牢佔據了絕大部分 Web 應用，在功能、性能和安全等方面都很不錯，技術特點明顯。其技術特點主要表現如下：

- 功能強大：Servlet 採用 Java 語言撰寫，可以呼叫 Java API 的物件和方法，同時 Servlet 封裝了 Servlet API 的程式設計介面，在業務功能方面相當強大。
- 可攜性強：繼承了 Java 語言的可攜性，Servlet 也是可移植的，不受作業系統平臺的限制，可以做到一次編碼，多平臺執行。
- 性能高：Servlet 物件在容器啟動時初始化並在第一次請求時實例化，實例化之後儲存在記憶體中，當有多個請求時不用反覆實例化，從而達到每個請求是一個獨立的執行緒而非一個處理程序。
- 擴充性強：Servlet 能夠透過封裝、繼承等來拓展實際的業務需要。
- 安全性高：Servlet 使用了 Java 的安全框架，同時 Servlet 容器還為 Servlet 提供額外的安全功能，因此安全性也相當高。

5.1.3 Servlet 與 JSP 的區別

Servlet 是使用 Java Servlet API 執行在 Web 伺服器上的 Java 程式，而 JSP 是一種在 Servlet 上的動態網頁技術，Servlet 和 JSP 存在本質上的區別，其區別主要表現在以下 3 個方面。

1. 承擔的角色不同

Servlet 承擔著客戶請求和業務處理的中間角色，處理負責業務邏輯，最後將客戶請求內容傳回給 JSP；而 JSP 頁面 HTML 和 Java 程式可以共存，主要負責顯示請求結果。

2. 程式設計方法不同

使用 Servlet 的 Web 應用程式需要遵循 Java 標準，需要呼叫 Servlet 提供的相關 API 介面才能對 HTTP 請求及業務進行處理，在業務邏輯方面的處理功能更為強大；JSP 需要遵循一定的指令碼語言規範，透過 HTML 程式和 JSP 內建物件實現對 HTTP 請求和頁面的處理，在顯示介面方面功能強大。

3. 執行方式不同

Servlet 需要在 Java 編譯器編譯後才能執行，如果 Servlet 在撰寫完成或修改後沒有重新編譯，則不能執行或應用修改後的內容；而 JSP 由 JSP 容器進行管理，也由 JSP 容器自動編輯，JSP 無論是建立或修改，都無須對它進行編譯便可以執行。

5.1.4 Servlet 程式結構

Servlet 是指 HttpServlet 物件，宣告一個物件為 Servlet 時需要繼承 HttpServlet 類別，然後根據需要重寫方法對 HTTP 請求進行處理，範例如下：

```
    public class HttpServletDemo extends HttpServlet {
        @Override
        public void init() throws ServletException {
            //TODO 初始化方法
        }
        @Override
        protected void doGet(HttpServletRequest req, HttpServletResponse resp)
throws ServletException, IOException {
            //TODO http get 請求
        }
        @Override
        protected void doPost(HttpServletRequest req, HttpServletResponse resp)
throws ServletException, IOException {
            //TODO http post 請求
        }
        @Override
        public void destroy() {
            super.destroy();
            //TODO 銷毀
        }
    }
```

主要方法說明如下：

- init() 方法為 Servlet 初始化的呼叫方法。
- destroy() 方法為 Servlet 的生命週期結束的呼叫方法。
- doGet()、doPost() 這兩個方法分別用來處理 Get、Post 請求，如表單物件宣告的 method 屬性為 post，把資料提交到 Servlet，由 doPost() 方法進行處理，Android 用戶端向 Servlet 發送 Get 請求，則由 doGet() 方法進行處理。

5.2 開發 Servlet 程式

前面我們了解了 Servlet 的基本概念和系統架構，本節先來看如何開發一個 Servlet 程式，有了基本的了解之後，再逐一介紹 Servlet 相關的 API 介面。

5.2.1 Servlet 的建立

建立 Servlet 有 3 種方法，基於上一節我們了解的系統結構以及範例程式，這 3 種建立 Servlet 的方法分別是：

（1）建立自訂 Servlet 實現 jakarta.servlet.Servlet 介面，實現裡面的方法。

（2）建立自訂 Servlet 繼承 jakarta.servlet.GenericServlet 類別，重寫 service() 方法。

（3）建立自訂 Servlet 繼承 jakarta.servlet.http.HttpServlet 類別，重寫業務方法。

在實際工作中，我們主要還是繼承 HttpServlet，因此筆者在講解 Servlet 開發的時候主要以第 3 種方法為主來講解。具體步驟如下：

（1）新建一個 Java 類別，繼承 HttpServlet。

（2）重寫 Servlet 生命週期的方法。一般重寫 doGet()、doPost()、destroy() 和 service() 方法。

（3）撰寫業務功能程式。

5.2.2 Servlet 的設定

建立 Servlet 之後，還需要設定 Servlet 執行環境，否則無法在專案中使用。這裡講解兩種設定方式。

1. 設定 web.xml 檔案

在 web.xml 中需要設定兩個類型：servlet 和 servlet-mapping，範例如下：

```
<!-- 設定 Servlet -->
<servlet>
    <servlet-name>quickstart</servlet-name>
    <servlet-class>com.vincent.servlet.ServletQuickStart</servlet-class>
    <init-param>
        <param-name>key</param-name>
        <param-value>value</param-value>
    </init-param>
```

```
</servlet>
<!-- 設定servlet的url -->
<servlet-mapping>
    <servlet-name>quickstart</servlet-name>
    <url-pattern>/quickstart</url-pattern>
</servlet-mapping>
```

設定好之後，我們可以透過頁面存取，存取方式如下：

```
<li><a href="quickstart">Web.xml 設定 Servlet</a></li>
```

瀏覽器中顯示的 URL：http://localhost:8080/ 專案部署的名稱 /quickstart。

2. 使用註解設定

使用註解方式非常簡單，只需要寫上註解的屬性即可：

```
@WebServlet(name = "quickstart", urlPatterns = "/quickstart")
```

或

```
@WebServlet("/quickstart")
```

使用註解效果跟 XML 設定是一樣的，其主要作用是簡化 XML 設定。

5.3 Servlet API 程式設計常用的介面和類別

5.3.1 Servlet 介面

所有的 Servlet 都必須直接或間接地實現 jakarta.servlet.Servlet 介面。Servlet 介面規定了必須由 Servlet 類別實現，並且由 Servlet 引擎辨識和管理的方法集。

我們來看 Servlet 的原始程式：

```
public interface Servlet {
    void init(ServletConfig config) throws ServletException;
    ServletConfig getServletConfig();
    void service(ServletRequest req, ServletResponse resp) throws
ServletException, IOException;
    String getServletInfo();
    void destroy();
}
```

Servlet 介面中的主要方法及說明如下：

（1）init(ServletConfig config)：Servlet 的初始化方法。在 Servlet 實例化後，容器呼叫該方法進行 Servlet 的初始化。ServletAPI 規定對於任何 Servlet 實例，init() 方法只能被呼叫一次，如果此方法沒有正常結束，就會拋出一個 ServletException 例外，一旦拋出異常，Servlet 將不再執行，而隨後對它進行再次呼叫會導致容器重新載入並再次執行 init() 方法。

（2）service(ServiceRequest req, ServletResponse resp)：Servlet 的服務方法。當使用者對 Servlet 發出請求時，容器會呼叫該方法處理使用者的請求。

（3）destroy()：Servlet 的銷毀方法。容器在終止 Servlet 服務前呼叫此方法，容器呼叫此方法前必須給 service() 執行緒足夠的時間來結束執行，因此介面規定當 service() 正在執行時，destroy() 不被執行。

（4）getServletConfig()：此方法可以讓 Servlet 在任何時候獲得 ServletConfig 物件。

（5）getServletInfo()：此方法傳回一個 String 物件，該物件包含 Servlet 的資訊，例如開發者、建立日期和描述資訊等。

在實現 Servlet 介面時必須實現它這 5 個方法。

5.3.2 ServletConfig 介面

初始化 Servlet 時，Servlet 容器會為這個 Servlet 建立一個 ServletConfig 物件，並將它作為參數傳遞給 Servlet。透過 ServletConfig 物件即可獲得當前 Servlet 的初始化參數資訊。一個 Web 應用中可以存在多個 ServletConfig 物件，一個 Servlet 只能對應一個 ServletConfig 物件。

獲取 ServletConfig 物件一般有兩種方式：

- 直接從附帶參數的 init() 方法中提取。
- 呼叫 GenericServlet 提供的 getServletConfig() 方法獲得。

ServletConfig 介面提供了如表 5.1 所示的方法。

▼ 表 5.1 ServletConfig 介面的方法

傳回數值型態	方 法	說 明
String	getInitParameter(String name)	根據初始化參數名稱 name 傳回對應的初始化參數值
Enumeration<String>	getInitParameterNames()	傳回 Servlet 所有的初始化參數名稱的列舉集合，如果該 Servlet 沒有初始化參數，則傳回一個空的集合
ServletContext	getServletContext()	傳回一個代表當前 Web 應用的 ServletContext 物件
String	getServletName()	傳回 Servlet 的名稱，即 web.xml 中 <servlet-name> 元素的值

範例程式（web.xml）如下：

```
<!-- 設定 Servlet -->
<servlet>
    <servlet-name>quickstart</servlet-name>
    <servlet-class>com.vincent.servlet.ServletQuickStart</servlet-class>
    <init-param>
        <param-name>key</param-name>
        <param-value>value</param-value>
    </init-param>
</servlet>
<servlet-mapping>
    <servlet-name>quickstart</servlet-name>
    <url-pattern>/quickstart</url-pattern>
</servlet-mapping>
```

ServletQuickStart.java 程式如下：

```
public class ServletQuickStart implements Servlet {
    private ServletConfig config;
    @Override
    public void init(ServletConfig servletConfig) throws ServletException {
        this.config = servletConfig;
    }
    @Override
    public ServletConfig getServletConfig() {
        return config;
    }
    @Override
    public void service(ServletRequest servletRequest, ServletResponse 
servletResponse) throws ServletException, IOException {
        System.out.println("quick start~~~~~");
        String initKey = config.getInitParameter("key");
        System.out.println(initKey);
```

```
    }
    @Override
    public String getServletInfo() {
        return null;
    }
    @Override
    public void destroy() {
    }
}
```

5.3.3 HttpServletRequest 介面

在 Servlet API 中定義了一個 HttpServletRequest 介面，它繼承自 ServletRequest 介面。它專門用於封裝 HTTP 請求訊息，簡稱 request 物件。

HTTP 請求訊息分為請求行、請求訊息標頭和請求訊息本體 3 部分，所以 HttpServletRequest 介面中定義了獲取請求行、請求訊息標頭和請求訊息本體的相關方法。

1. 獲取請求行資訊

HTTP 請求的請求行中包含請求方法、請求資源名稱、請求路徑等資訊，HttpServletRequest 介面定義了一系列獲取請求行資訊的方法。

範例程式（RequestDemo.java）如下：

```
writer.println(
        "<h3> 獲取請求行資訊 </h3>" +
        " 請求方式 :" + req.getMethod() + "<br/>" +
        " 用戶端的 IP 位址 :" + req.getRemoteAddr() + "<br/>" +
        " 應用名稱 ( 上下文 ):" + req.getContextPath() + "<br/>" +
        "URI:" + req.getRequestURI() + "<br/>" +
        " 請求字串 :" + req.getQueryString() + "<br/>" +
        "Servlet 所映射的路徑 :" + req.getServletPath() + "<br/>" +
        " 用戶端的完整主機名稱 :" + req.getRemoteHost() + "<br/>"
);
```

2. 獲取請求標頭資訊

當瀏覽器發送請求時，需要透過請求標頭向伺服器傳遞一些附加資訊，例如用戶端可以接收的資料型態、壓縮方式、語言等。為了獲取請求標頭中的資訊，HttpServletRequest 介面定義了一系列用於獲取 HTTP 請求標頭欄位的方法。

範例程式（RequestDemo.java）如下：

```
writer.write("<h3> 獲取請求標頭資訊 </h3>");
// 獲取所有請求標頭欄位的列舉集合
Enumeration<String> headers = req.getHeaderNames();
while (headers.hasMoreElements()) {
    // 獲取請求標頭欄位的值
    String value = req.getHeader(headers.nextElement());
    writer.write(headers.nextElement() + ":" + value + "<br/>");
}
```

3. 獲取 form 表單的資料

在實際開發中，我們經常需要獲取使用者提交的表單資料，例如使用者名稱和密碼等。為了方便獲取表單中的請求參數，ServletRequest 定義了一系列獲取請求參數的方法。

範例程式（RequestDemo.java）如下：

```
writer.write(
        "<h3> 獲取 form 表單的資料 </h3>" +
        " 使用者名稱：" + req.getParameter("username") + "<br/>" +
        " 密碼：" + req.getParameter("password") + "<br/>" +
        " 性別：" + req.getParameter("sex") + "<br/>" +
        " 城市：" + req.getParameter("city") + "<br/>" +
        " 使用過的語言：" + Arrays.toString(req.getParameterValues("language")) +
"<br/>"
);
```

5.3.4 HttpServletResponse 介面

HttpServletResponse 介面繼承自 ServletResponse 介面，主要用於封裝 HTTP 回應訊息。由於 HTTP 回應訊息分為回應狀態碼、回應訊息標頭、回應訊息本體 3 部分。因此，在 HttpServletResponse 介面中定義了向用戶端發送回應狀態碼、回應訊息標頭、回應訊息本體的方法。

在 Servlet API 中，ServletResponse 介面被定義為用於建立回應訊息，ServletResponse 物件由 Servlet 容器在使用者每次請求時建立並傳入 Servlet 的 service() 方法中。

HttpServletResponse 介面繼承自 ServletResponse 介面，是專門用於 HTTP 的子介面，用於封裝 HTTP 回應訊息。在 HttpServlet 類別的 service() 方法中，傳入的 ServletResponse 物件被強制轉為 HttpServletResponse 物件進行 HTTP 回應資訊的處理。

1. 設定回應狀態

HttpServletResponse 介面提供了以下設定狀態碼和生成回應狀態行的方法：

- setStatus(int sc)：以指定的狀態碼將回應傳回給用戶端。
- setError(int sc)：使用指定的狀態碼向用戶端傳回一個錯誤回應。
- sendError(int sc, String msg)：使用指定狀態碼和狀態描述向用戶端傳回一個錯誤回應。
- sendRedirect(String location)：請求重定向，會設定回應 location 標頭及改變狀態碼。

透過設定資源暫時轉移狀態碼和 location 回應標頭，實現 sendRedirect() 方法的重定向功能。

2. 建構回應訊息標頭

回應標頭有兩種方法：一種是 addHeader() 方法；另一種是 setHeader() 方法。addHeader() 方法會增加屬性，不會覆蓋原來的屬性；setHeader() 會覆蓋原來的屬性。

3. 建立回應正文

在 Servlet 中，用戶端輸出的回應資料是透過輸出串流物件來完成的，HttpServletResponse 介面提供了兩個獲取不同類型輸出串流物件的方法：

- getOutputStream()：傳回位元組輸出串流物件 ServletOutputStream。
- getWriter()：傳回字元輸出串流物件 PrintWriter。

ServletOutputStream 物件主要用於輸出二進位位元組資料，如配合 setContentType() 方法回應輸出一個影像、視訊等。

PrintWriter 物件主要用於輸出字元文字內容，但其內部實現仍是將字串轉換成某種字元集編碼的位元組陣列後再進行輸出 。

當向 ServletOutputStream 或 PrintWriter 物件中寫入資料後，Servlet 容器會將這些資料作為回應訊息的正文，然後與回應狀態行和各回應標頭組合成完整的回應封包輸出到用戶端。在 Servlet 的 service() 方法結束後，容器還將檢查 getWriter() 或 getOutputStream() 方法傳回的輸出串流物件是否已經呼叫過 close() 方法，如果沒有，容器將呼叫 close() 方法關閉該輸出串流物件。

透過下面的範例程式，我們一次性學習 HttpServletResponse 介面中向用戶端發送響應狀態碼、回應訊息標頭、回應訊息本體的方法。

servlet_response.jsp 程式如下：

```
<li><a href="responsedemo?type=1"> 設定回應狀態碼 </a></li>
<li><a href="responsedemo?type=2"> 建構回應訊息標頭 </a></li>
<li><a href="responsedemo?type=3"> 建立回應正文 </a></li>
```

Servlet 程式如下：

```
@WebServlet("/responsedemo")
public class ResponseDemo extends HttpServlet {
    @Override
    protected void doGet(HttpServletRequest req, HttpServletResponse resp)
throws ServletException, IOException {
        String type = req.getParameter("type");
        if ("1".equals(type)) {
            // 設定回應狀態碼
            resp.sendError(406, " 設定回應狀態碼：錯誤資訊 ");
        } else if ("2".equals(type)) {
            // 建構回應訊息標頭
            resp.setContentType("text/html;charset=utf-8");
            resp.setHeader("refresh", "1");
            PrintWriter out = resp.getWriter();
            SimpleDateFormat sdf = new SimpleDateFormat("yyyy-MM-dd hh:mm:ss");
            out.print(" 現在時間是：" + sdf.format(new Date()));
            out.flush();
        } else {
            // 回應正文輸出圖片
            resp.setContentType("image/jpeg");
            ServletContext context = getServletContext();
            InputStream is = context.getResourceAsStream("/images/javaweb.png");
            ServletOutputStream os = resp.getOutputStream();
            int i = 0;
            while ((i = is.read()) != -1) {
                os.write(i);
            }
            is.close();
            os.close();
        }
    }

    @Override
    protected void doPost(HttpServletRequest req, HttpServletResponse resp)
throws ServletException, IOException {
        doGet(req, resp);
    }
}
```

透過請求 type 的不同，分別為 response 物件回應不同的處理邏輯。

5.3.5 GenericServlet 類別

GenericServlet 是 Servlet 介面的實現類別，但它是一個抽象類別，它唯一的抽象方法就是 service() 方法，我們可以透過繼承 GenericServlet 來撰寫自己的 Servlet。Servlet 每次被存取的時候，Tomcat 傳遞給它一個 ServletConfig 物件。在所有的方法中，第一個被呼叫的是 init()。

在 GenericServlet 中定義了一個 ServletConfig 實例物件，並在 init(ServletConfig) 方法中以參數方式把 ServletConfig 賦給了執行個體變數 config。GenericServlet 類別的很多方法中使用了執行個體變數 config。如果子類別覆蓋了 GenericServlet 的 init(StringConfig) 方法，那麼 this.config=config 這一行敘述就會被覆蓋，也就是說 GenericServlet 的執行個體變數 config 的值為 null，那麼所有相依 config 的方法都不能使用了。如果真的希望完成一些初始化操作，那麼就需要覆蓋 GenericServlet 提供的 init() 方法，它是沒附帶參數數的 init() 方法，會在 init(ServletConfig) 方法中被呼叫。

GenericServlet 還實現了 ServletConfig 介面，所以可以直接呼叫 getInitParameter()、getServletContext() 等 ServletConfig 的方法。

使用 GenericService 的優點如下：

- 通用 Servlet 很容易寫。
- 有簡單的生命週期方法。
- 寫通用 Servlet 只需要繼承 GenericServlet，重寫 service() 方法。

使用 GenericServlet 的缺點如下：

- 使用通用 Servlet 並不是很簡單，因為沒有類似於 HttpServlet 中的 doGet()、doPost() 等方法。

5.3.6 HttpServlet 類別

透過前面的基礎知識和 Servlet 結構的講解，我們知道 HttpServlet 繼承了 GenericServlet，它包含 GenericServlet 的所有功能點，同時它也有自己的特殊性。

HttpServlet 首先必須讀取 HTTP 請求的內容。Servlet 容器負責建立 HttpServlet 物件，並把 HTTP 請求直接封裝到 HttpServlet 物件中，大大簡化了 HttpServlet 解析請求資料的工作量。HttpServlet 容器回應 Web 客戶請求的流程如下：

（1）Web 客戶向 Servlet 容器發出 HTTP 請求。

（2）Servlet 容器解析 Web 客戶的 HTTP 請求。

（3）Servlet 容器建立一個 HttpRequest 物件，在這個物件中封裝 HTTP 請求資訊。

（4）Servlet 容器建立一個 HttpResponse 物件。

（5）Servlet 容器呼叫 HttpServlet 的 service() 方法，把 HttpRequest 和 HttpResponse 物件作為 service() 方法的參數傳給 HttpServlet 物件。

（6）HttpServlet 呼叫 HttpRequest 的有關方法獲取 HTTP 請求資訊。

（7）HttpServlet 呼叫 HttpResponse 的有關方法生成回應資料。

（8）Servlet 容器把 HttpServlet 的回應結果傳給 Web 客戶。

5.4 實作與練習

1. 掌握 Servlet 系統結構，能自己畫出系統結構圖，同時讀者可以考慮如何在系統結構圖中納入 ServletConfig、HttpServletRequest、HttpServletResponse 物件。
2. 掌握 JSP 和 Servlet 的區別，能獨立建立 Servlet 開發並嘗試把第 3 章的登入頁面及其功能用 Servlet 技術實現。
3. 加深對 Servlet 介面和類別的使用，自主研究 Servlet 的生命週期。
4. 掌握 Servlet 的設定，學會使用註解。

第 6 章 篩檢程式和監聽器

上一章我們初步認識了 Servlet 及其系統結構，整體上對 Servlet 有了一個初步的認識，本章我們來重點學習 Servlet 幾個重要的特性及其用法。

6.1 Servlet 篩檢程式

6.1.1 什麼是篩檢程式

篩檢程式是處於用戶端和服務端目標資源之間的一道過濾網，在用戶端發送請求時，會先經過篩檢程式再到 Servlet，回應時會根據執行流程再次反向執行篩檢程式。

其執行流程如圖 6.1 所示。

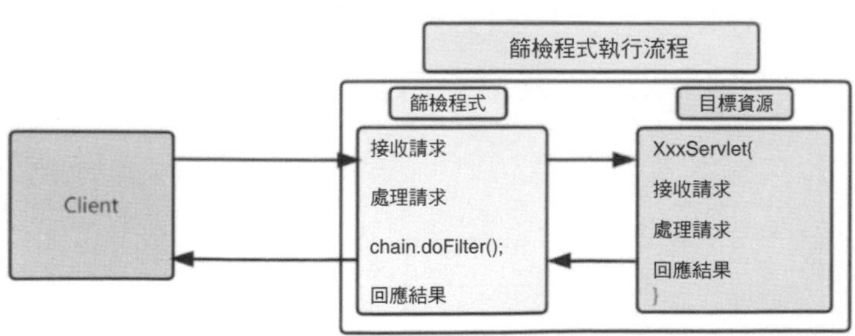

▲ 圖 6.1 Servlet 篩檢程式的執行流程

篩檢程式的主要作用是將請求進行過濾處理，然後將過濾後的請求交給下一個資源。其本質是 Web 應用的組成部件，承擔了 Web 應用安全的部分功能，阻止不合法的請求和非法的存取。一般用戶端發出請求後會交給 Servlet，如果篩檢程式存在，則用戶端發出的請求都先交給篩檢程式，然後交給 Servlet 處理。

如果一個 Web 應用中使用一個篩檢程式不能解決實際的業務需求，那麼可以部署多個篩檢程式對業務請求多次處理，這樣做就組成了一個篩檢程式鏈，Web 容器在處理篩檢程式時，將按篩檢程式的先後順序對請求進行處理，在第一個篩檢程式處理請求後，會傳遞給第二個篩檢程式進行處理。依此類推，直到傳遞到最後一個篩檢程式為止，再將請求交給目標資源進行處理，目標資源在處理經過過濾的請求後，其回應資訊再從最後一個篩檢程式依次傳遞到第一個篩檢程式，最後傳送到用戶端。

篩檢程式的使用場景有登入許可權驗證、資源存取權限控制、敏感詞彙過濾、字元編碼轉換等，其優勢在於程式重複使用，不必每個 Servlet 中還要進行相應的操作。

6.1.2 篩檢程式的核心物件

篩檢程式物件 jakarta.servlet.Filter 是介面，與其相關的物件還有 FilterConfig 與 FilterChain，分別作為篩檢程式的設定物件與篩檢程式的傳遞工具。在實際開發中，定義篩檢程式物件只需要直接或間接地實現 Filter 介面即可。

Servlet 篩檢程式的整體工作流程如圖 6.2 所示。

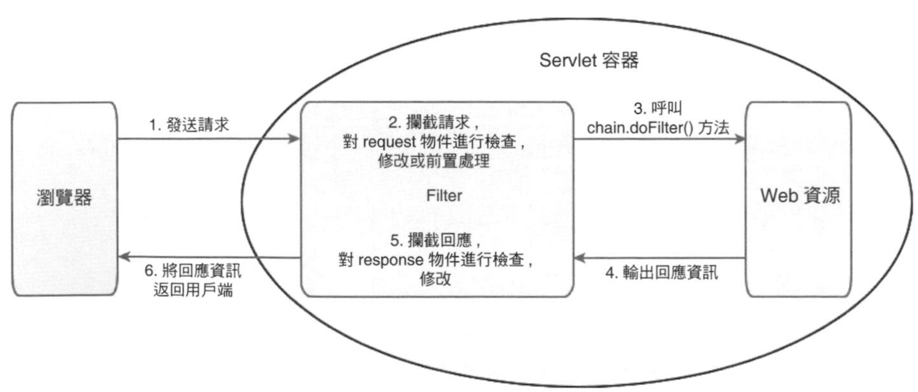

▲ 圖 6.2 Servlet 篩檢程式的整體工作流程

用戶端請求存取容器內的 Web 資源。Servlet 容器接收請求，並針對本次請求分別建立一個 request 物件和 response 物件。請求到達 Web 資源之前，先呼叫 Filter 的 doFilter() 方法檢查 request 物件，修改請求標頭和請求正文，或對請求進行前置處理操作。在 Filter 的 doFilter() 方法內，呼叫 FilterChain.doFilter() 方法將請求傳遞給下一個篩檢程式或目標資源。在目標資源生成回應資訊傳回用戶端之前，處理控制權會再次回到 Filter 的 doFilter() 方法，執行 FilterChain.doFilter() 後的敘述，檢查 response 物件，修改回應標頭和回應正文。回應資訊傳回用戶端。

6.1.3 篩檢程式的建立與設定

建立一個篩檢程式物件需要實現 Filter 介面，同時實現 Filter 的 3 個方法。

- init() 方法：初始化篩檢程式。
- destroy() 方法：篩檢程式的銷毀方法，主要用於釋放資源。
- doFilter() 方法：過濾處理的業務邏輯，在請求過濾處理後，需要呼叫 chain 參數的 doFilter() 方法將請求向下傳遞給下一個篩檢程式或目標資源。

範例程式如下：

```
public class FilterDemo implements Filter {
    @Override
    public void init(FilterConfig filterConfig) throws ServletException {
        Filter.super.init(filterConfig);
        System.out.println("init 初始化方法......");
    }
    @Override
    public void doFilter(ServletRequest servletRequest, ServletResponse
servletResponse, FilterChain filterChain) throws IOException, ServletException {
        // 過濾處理
        System.out.println("doFilter 過濾處理前......");
        filterChain.doFilter(servletRequest, servletResponse);
        System.out.println("doFilter 過濾處理後......");
    }
    @Override
    public void destroy() {
        Filter.super.destroy();
        // 釋放資源
        System.out.println("destroy 銷毀處理.......");
    }
}
```

篩檢程式的設定主要分為兩個步驟，分別是宣告篩檢程式和建立篩檢程式映射。

範例程式（web.xml）如下：

```
<!-- 篩檢程式宣告 -->
<filter>
    <!-- 篩檢程式名稱 -->
```

```
        <filter-name>demo</filter-name>
        <!-- 篩檢程式的完整類別名稱 -->
        <filter-class>com.vincent.servlet.FilterDemo</filter-class>
        <init-param>
            <param-name>count</param-name>
            <param-value>10</param-value>
        </init-param>
    </filter>
    <!-- 篩檢程式的映射 -->
    <filter-mapping>
        <!-- 篩檢程式名稱 -->
        <filter-name>demo</filter-name>
        <url-pattern>/index.jsp</url-pattern>
    </filter-mapping>
```

<filter> 標籤用於宣告篩檢程式的物件，在這個標籤中必須設定兩個元素：<filter-name> 和 <filter-class>，其中 <filter-name> 為篩檢程式的名稱，<filter-class> 為篩檢程式的完整類別名稱。

<filter-mapping> 標籤用於建立篩檢程式的映射，其主要作用是指定 Web 應用中 URL 應用對應的篩檢程式處理，在 <filter-mapping> 標籤中需要指定篩檢程式的名稱和篩檢程式的 URL 映射，其中 <filter-name> 用於定義篩檢程式的名稱，<url-pattern> 用於指定篩檢程式應用的 URL。

注意：</filter-mapping> 標籤中的 <filter-name> 用於指定已定義的篩檢程式的名稱，必須和 <filter> 標籤中的 <filter-name> 一一對應。

6.1.4 字元編碼篩檢程式

字元編碼篩檢程式，顧名思義就是用於解決字元編碼的問題，通俗地講就是解決 Web 應用中的中文亂碼問題。

前面我們大致提到過解決中文亂碼的方法：設定 URIEncoding、設定 CharacterEncoding、設定 ContentType 等。這幾種解決方案都需要按照一定的規則去設定或撰寫程式，一旦出現程式遺漏或字元設定不一樣，都會出現中文亂碼問題，所以為了應對這種情況，字元集篩檢程式應運而生。

範例程式如下：

```
public class CharacterEncodingFilter implements Filter {
    @Override
    public void init(FilterConfig filterConfig) throws ServletException {
        Filter.super.init(filterConfig);
```

```
        }
        @Override
        public void doFilter(ServletRequest servletRequest, ServletResponse 
servletResponse, FilterChain filterChain) throws IOException, ServletException {
            // 因為這個篩檢程式是基於 HTTP 請求來進行的，所以需要將 ServletRequest 轉換成 
HttpServletRequest
            HttpServletRequest request = (HttpServletRequest) servletRequest;
            request.setCharacterEncoding("UTF-8");
            HttpServletResponse response = (HttpServletResponse) servletResponse;
            response.setContentType("text/html;charset=UTF-8");
            filterChain.doFilter(request, response);
        }
        @Override
        public void destroy() {
            Filter.super.destroy();
        }
    }
```

透過範例可以看出，篩檢程式的作用不侷限於攔截和篩查，它還可以完成很多其他功能，即篩檢程式可以在攔截一個請求（或回應）後，對這個請求（或回應）進行其他的處理後再予以放行。

6.2 Servlet 監聽器

在 Servlet 技術中定義了一些事件，可以針對這些事件來撰寫相關的事件監聽器，從而對事件做出相應的處理。舉例來說，想要在 Web 應用程式啟動和關閉時執行一些任務（如資料庫連接的建立和釋放），或想要監控 Session 的建立和銷毀，就可以透過監聽器來實現。

6.2.1 Servlet 監聽器簡介

監聽器就是一個 Java 程式，專門用於監聽另一個 Java 物件的方法呼叫或屬性改變，當被監聽物件發生上述事件後，監聽器某個方法將立即被執行。

詳細地說，就是監聽器用於監聽觀察某個事件（程式）的發生情況，當被監聽的事件真的發生了，事件發生者（事件來源）就會給註冊該事件的監聽者（監聽器）發送訊息，告訴監聽者某些資訊，同時監聽者也可以獲得一份事件物件，根據這個物件可以獲得相關屬性和執行相關操作，並做出適當的回應。

監聽器可以看成是觀察者模式的一種實現。監聽器程式中有 4 種角色：

（1）監聽器（監聽者）：負責監聽發生在事件來源上的事件，它能夠註冊在對應的事件來源上，當事件發生後會觸發執行對應的處理方法（事件處理器）。

（2）事件來源（被監聽物件，可以產生某些事件的物件）：提供訂閱與取消監聽器的方法，並負責維護監聽器列表，以及發送對應的事件給對應的監聽器。

（3）事件物件：事件來源發生某個動作時，比如某個增、刪、改、查的動作，該動作將封裝為一個事件物件，並且事件來源在通知事件監聽器時會把這個事件物件傳遞過去。

（4）事件處理器：可以作為監聽器的成員方法，也可以獨立出來註冊到監聽器中，當監聽器接收到對應的事件時，將呼叫對應的方法或事件處理器來處理該事件。

6.2.2 Servlet 監聽器的原理

Servlet 實現了特定介面的類別為監聽器，用來監聽另一個 Java 類別的方法呼叫或屬性改變，當被監聽的物件發生方法呼叫或屬性改變後，監聽器的對應方法就會立即執行。

其工作原理圖如圖 6.3 所示。

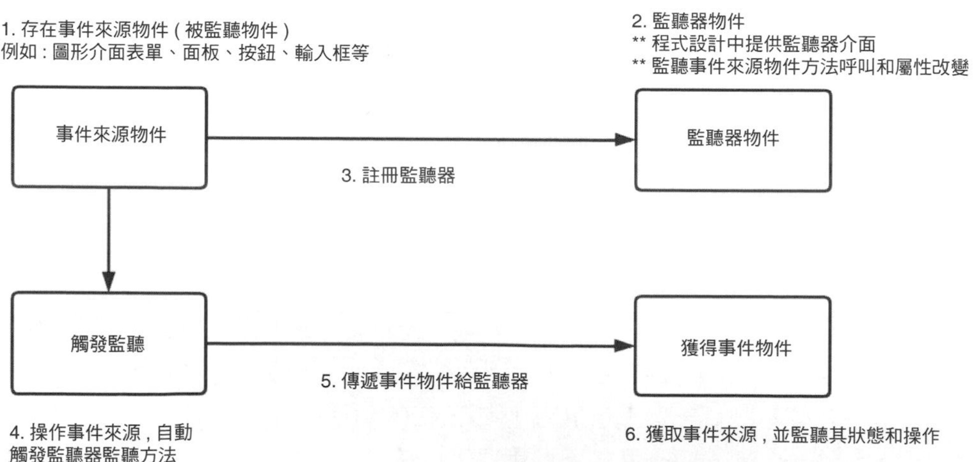
1. 存在事件來源物件 (被監聽物件)
例如 : 圖形介面表單、面板、按鈕、輸入框等
2. 監聽器物件
** 程式設計中提供監聽器介面
** 監聽事件來源物件方法呼叫和屬性改變
事件來源物件
監聽器物件
3. 註冊監聽器
觸發監聽
獲得事件物件
5. 傳遞事件物件給監聽器
4. 操作事件來源 , 自動
觸發監聽器監聽方法
6. 獲取事件來源 , 並監聽其狀態和操作

▲ 圖 6.3 Servlet 監聽器的工作原理

6.2.3 Servlet 上下文監聽器

Servlet 上下文監聽器可以監聽 ServletContext 物件的建立、刪除以及屬性增加、刪除和修改操作，該監聽器需要用到以下兩個介面。

1. ServletContextListener 介面

該介面主要實現監聽 ServletContext 的建立和刪除。ServletContextListener 介面提供了 2 個方法，它們也被稱為 Web 應用程式的生命週期方法。下面分別介紹。

- contextInitialized(ServletContextEvent event) 方法：通知正在監聽的物件，應用程式已經被載入及初始化。
- contextDestroyed(ServletContextEvent event) 方法：通知正在監聽的物件，應用程式已經被銷毀，即關閉。

2. ServletAttributeListener 介面

該介面主要實現監聽 ServletContext 屬性的增加、刪除和修改。ServletAttributeListener 介面提供了以下 3 個方法。

- attributeAdded(ServletContextAttributeEvent event) 方法：當有物件加入 application 作用域時，通知正在監聽的物件。
- attributeReplaced(ServletContextAttributeEvent event) 方法：當在 application 作用域內有物件取代另一個物件時，通知正在監聽的物件。
- attributeRemoved(ServletContextAttributeEvent event) 方法：當有物件從 application 作用域內移除時，通知正在監聽的物件。

範例程式（MyServletContextListener.java）如下：

```
/**
 * MyServletContextListener 類別實現了 ServletContextListener 介面
 * 因此可以對 ServletContext 物件的建立和銷毀這兩個操作進行監聽
 */
public class MyServletContextListener implements ServletContextListener {
    @Override
    public void contextInitialized(ServletContextEvent sce) {
        ServletContextListener.super.contextInitialized(sce);
        System.out.println("============ServletContext 物件建立");
    }
    @Override
    public void contextDestroyed(ServletContextEvent sce) {
```

```
            ServletContextListener.super.contextDestroyed(sce);
            System.out.println("===========ServletContext 物件銷毀 ");
        }
    }
```

web.xml 中的註冊監聽器程式如下：

```
    <listener>
        <listener-class>com.vincent.servlet.MyServletContextListener</listener-
class>
    </listener>
```

6.2.4 HTTP 階段監聽

HTTP 階段監聽（HttpSession）資訊有 4 個介面。

1. HttpSessionListener 介面

HttpSessionListener 介面實現監聽 HTTP 階段的建立和銷毀。HttpSessionListener 介面提供了 2 個方法。

- sessionCreated(HttpSessionEvent event) 方法：通知正在監聽的物件，階段已經被載入及初始化。
- sessionDestroyed(HttpSessionEvent event) 方法：通知正在監聽的物件，階段已經被銷毀（HttpSessionEvent 類別的主要方法是 getSession()，可以使用該方法回傳一個階段物件）。

2. HttpSessionActivationListener 介面

HttpSessionActivationListener 介面實現監聽 HTTP 階段的 active 和 passivate。HttpSessionActivationListener 介面提供了以下 3 個方法。

- attributeAdded(HttpSessionBindingEvent event) 方法：當有物件加入 Session 的作用域時，通知正在監聽的物件。
- attributeReplaced(HttpSessionBindingEvent event) 方法：當在 Session 的作用域內有物件取代另一個物件時，通知正在監聽的物件。
- attributeRemoved(HttpSessionBindingEvent event) 方法：當有物件從 Session 的作用域內移除時，通知正在監聽的物件（HttpSessionBindingEvent 類別主要有 3 個方法：getName()、getSession() 和 getValues()）。

3. HttpBindingListener 介面

HttpBindingListener 介面實現監聽 HTTP 階段中物件的綁定資訊。它是唯一不需要在 web.xml 中設定監聽器的。HttpBindingListener 介面提供以下 2 個方法。

- valueBound(HttpSessionBindingEvent event) 方法：當有物件加入 Session 的作用域內時會被自動呼叫。
- valueUnBound(HttpSessionBindingEvent event) 方法：當有物件從 Session 的作用域內移除時會被自動呼叫。

4. HttpSessionAttributeListener 介面

HttpSessionAttributeListener 介面實現監聽 HTTP 階段中屬性的設定請求。HttpSessionAttributeListener 介面提供以下 2 個方法。

- sessionDidActivate(HttpSessionEvent event) 方法：通知正在監聽的物件，它的階段已經變為有效狀態。
- sessionWillPassivate(HttpSessionEvent event) 方法：通知正在監聽的物件，它的階段已經變為無效狀態。

6.2.5 Servlet 請求監聽

服務端能夠在監聽程式中獲取用戶端的請求，然後對請求進行統一處理。要實現用戶端的請求和請求參數設定的監聽，需要實現兩個介面。

1. ServletRequestListener 介面

ServletRequestListener 介面提供了以下 2 個方法。

- requestInitalized(ServletRequestEvent event) 方法：通知正在監聽的物件，ServletRequest 已經被載入及初始化。
- requestDestroyed(ServletRequestEvent event) 方法：通知正在監聽的物件，ServletRequest 已經被銷毀，即關閉。

2. ServletRequestAttributeListener 介面

ServletRequestAttribute 介面提供了以下 3 個方法。

- attributeAdded(ServletRequestAttributeEvent event) 方法：當有物件加入 request 的作用域時，通知正在監聽的物件。

- attributeReplaced(ServletRequestAttributeEvent event) 方法：當在 request 的作用域內有物件取代另一個物件時，通知正在監聽的物件。
- attributeRemoved(ServletRequestAttributeEvent event) 方法：當有物件從 request 的作用域移除時，通知正在監聽的物件。

6.2.6 AsyncListener 非同步監聽

AsyncListener 介面負責管理非同步事件，AsyncListener 介面提供了 4 個方法。

- onStartAsync(AsyncEvent event) 方法：當非同步執行緒開始時，通知正在監聽的物件。
- onError(AsyncEvent event) 方法：當非同步執行緒出錯時，通知正在監聽的物件。
- onTimeout(AsyncEvent event) 方法：當非同步執行緒執行逾時時，通知正在監聽的物件。
- onComplete(AsyncEvent event) 方法：當非同步執行緒執行完畢時，通知正在監聽的物件。

6.2.7 應用 Servlet 監聽器統計線上人數

監聽器的作用是監聽 Web 容器的有效事件，它由 Servlet 容器管理，利用 Listener 介面監聽某個執行程式，並根據該程式的需求做出適當的回應。下面介紹一個應用 Servlet 監聽器實現統計線上人數的實例。

當一個使用者登入後，顯示歡迎資訊，同時顯示出當前線上人數和使用者名單。當使用者退出登入或 階段（Session）過期時，從線上使用者名單中刪除該使用者，同時將線上人數減 1。

使用 HttpSessionListener 和 HttpSessionAttributeListener 實現。

監聽程式（LoginOnlineListener.java）如下：

```
    public class LoginOnlineListener implements HttpSessionListener,
HttpSessionAttributeListener {
        @Override
        public void attributeAdded(HttpSessionBindingEvent event) {
            ServletContext cx = event.getSession().getServletContext();// 根據 session
物件獲取當前容器的 ServletContext 物件
            List<String> userlist = (List<String>) cx.getAttribute("userlist");
            if(userlist == null) {
                userlist = new ArrayList<>();
```

```
        }
        String username =(String) event.getSession().getAttribute("username");
        // 向已登入集合中增加當前帳號
        userlist.add(username);
        System.out.println("使用者："+username+" 成功加入線上使用者列表 ");
        for (int i = 0; i < userlist.size(); i++) {
            System.out.println(userlist.get(i));
        }
        cx.setAttribute("userlist", userlist);
        System.out.println("當前登入的人數為 :" + userlist.size());
    }

    @Override
    public void sessionDestroyed(HttpSessionEvent se) {
        HttpSession session = se.getSession();
        ServletContext application = session.getServletContext();
        List<String> userlist = (List<String>) application.
getAttribute("userlist");
        // 取得登入的使用者名稱
        String username = (String) session.getAttribute("username");
        if (!"".equals(username) && username != null && userlist != null &&
userlist.size() > 0) {
            // 從線上列表中刪除使用者名稱
            userlist.remove(username);
            System.out.println(username + "已經退出！");
            System.out.println("當前線上人數為" + userlist.size());
        } else {
            System.out.println("階段已經銷毀！");
        }
    }
}
```

Web.xml 設定如下：

```
<listener>
    <listener-class>com.vincent.servlet.LoginOnlineListener</listener-class>
</listener>
```

登入頁面程式（listener_online.jsp）如下：

```
<head>
    <title>線上人數統計</title>
    <script style="language: javascript">
        function checkEmpty(form) {
            for (i = 0; i < form.length; i++) {
                if (form.elements[i].value == "") {
                    alert("表單資訊不能為空");
                    return false;
                }
```

```
            }
        }
    </script>
</head>
<body>
  <form name="form" method="post" action="login" onSubmit="return
checkEmpty(form)">
        username：<input type="text" name="username"><br>
        password：<input type="password" name="password"><br>
        <input type="submit" name="Submit" value=" 登入 ">
  </form>
</body>
```

登入處理（ListenerLoginServlet.java）如下：

```
@WebServlet("/login")
public class ListenerLoginServlet extends HttpServlet {
    @Override
    protected void doGet(HttpServletRequest req, HttpServletResponse resp)
throws ServletException, IOException {
        String username = req.getParameter("username");
        String pwd = req.getParameter("password");
        System.out.println(username + ":" + pwd);
        PrintWriter writer = resp.getWriter();
        String logined = (String) req.getSession().getAttribute("username");
        if ("".equals(username) || username == null) {
            System.out.println(" 非法操作，您沒有輸入使用者名稱 ");
            resp.sendRedirect("listener_online.jsp");
        } else {
            if (!"".equals(logined) && logined != null) {
                System.out.println(" 您已經登入，重複登入無效，請先退出當前帳號重新登入！ ");
                writer.write("<h3> 您好，您已經登入了帳戶：" + logined + "</h3>"
                        + " 如要登入其他帳號，請先退出當前帳號重新登入！ ");
            } else {
                req.getSession().setAttribute("username", username);
                writer.write("<h3>" + username + "：歡迎您的到來 </h3>");
            }
            // 從上下文中獲取已經登入帳號的集合
            List<String> onLineUserList = (List<String>)
req.getServletContext().getAttribute("onLineUserList");
            if (onLineUserList != null) {
                // 向頁面輸出結果
                writer.write(
                        "<h3> 當前線上人數為：" + onLineUserList.size() + "</h3>" +
"<table border=\"1\" width=\"50%\">");
                for (int i = 0; i < onLineUserList.size(); i++) {
                    writer.write("<tr>\r\n" + "<td align=\"center\">" + onLineU
serList.get(i) + " </td>\r\n" + "</tr>");
                }
```

```
            }
            writer.write("</table><br/>" + "<a href=\"logout\">退出登入</a>");
        }
    }

    @Override
    protected void doPost(HttpServletRequest req, HttpServletResponse resp)
throws ServletException, IOException {
        doGet(req, resp);
    }
}
```

退出處理（ListenerLogoutServlet.java）如下：

```
@WebServlet("/logout")
public class ListenerLogoutServlet extends HttpServlet {
    @Override
    protected void doGet(HttpServletRequest req, HttpServletResponse resp)
throws ServletException, IOException {
        req.getSession().invalidate();
        resp.sendRedirect("listener_online.jsp");
    }

    @Override
    protected void doPost(HttpServletRequest req, HttpServletResponse resp)
throws ServletException, IOException {
        doGet(req, resp);
    }
}
```

程式執行結果如圖 6.4 所示。

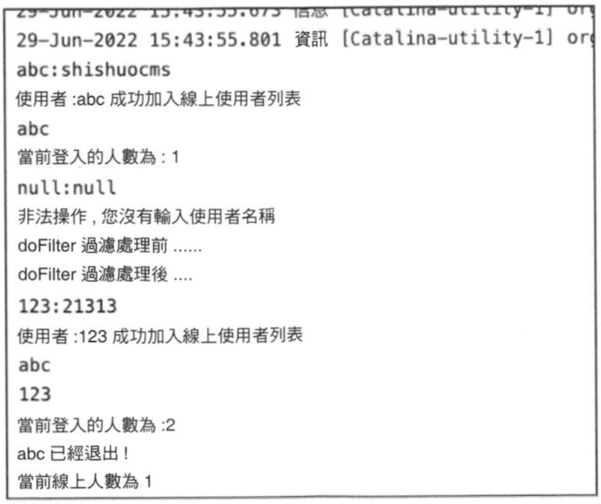

```
29-Jun-2022 15:43:55.801 資訊 [Catalina-utility-1] or
abc:shishuocms
使用者 :abc 成功加入線上使用者列表
abc
當前登入的人數為 : 1
null:null
非法操作，您沒有輸入使用者名稱
doFilter 過濾處理前 ......
doFilter 過濾處理後 ....
123:21313
使用者 :123 成功加入線上使用者列表
abc
123
當前登入的人數為 :2
abc 已經退出！
當前線上人數為 1
```

▲ 圖 6.4 應用 Servlet 監聽器統計線上人數結果圖

提示：如果在本機測試，則需要用不同瀏覽器測試才能看到結果。

6.3 Servlet 的進階特性

6.3.1 使用註解

Servlet 3.0 規範中允許在定義 Servlet、Filter 與 Listener 三大元件時使用註解，而不再用 web.xml 進行註冊。Servlet 規範允許 Web 專案沒有 web.xml 設定檔。

Servlet 註解方式與傳統設定 web.xml 檔案的方式等值，但與之相比，註解方式更清晰、更便利。

1. Servlet 註解

Servlet 註解用 @WebServlet 表示，該註解將在部署時被容器處理，容器將根據具體的屬性設定將相應的類別部署為 Servlet。該註解具有表 6.1 列出的一些常用屬性（以下所有屬性均為可選屬性，但是 value 或 urlPatterns 通常是必需的，且二者不能共存，如果同時指定，通常會忽略 value 的設定值）。

▼ 表 6.1 @WebServlet 的主要屬性

屬性名稱	類　型	說　明
name	String	指定 Servlet 的 name 屬性，等值於 <servlet-name> 標籤。如果沒有顯式指定，則該 Servlet 的設定值為類別的全限定名
value	String[]	該屬性等值於 urlPatterns 屬性。兩個屬性不能同時使用
urlPatterns	String[]	指定一組 Servlet 的 URL 匹配模式，等值於 <url-pattern> 標籤
loadOnStartup	int	指定 Servlet 的載入順序，等值於 <servlet--on-startup> 標籤
initParams	WebInitParam[]	指定 Servlet 的初始化參數，等值於 <init-param> 標籤
asyncSupported	boolean	是否支援非同步作業，等值於 <async-supported> 標籤
description	String	描述資訊，等值於 <description> 標籤
displayName	String	Servlet 顯示名稱，等值於 <display-name> 標籤

2. Filter 註解

Filter 註解用 @WebFilter 表示，該註解將在部署時被容器處理，容器將根據具體的屬性設定將相應的類別部署為篩檢程式。該註解具有表 6.2 列出的一些常用屬性（以下所有屬性均為可選屬性，但是 value、urlPatterns、servletNames 三者必須至少包含一個，且 value 和 urlPatterns 不能共存，如果同時指定，通常忽略 value 的設定值）。

▼ 表 6.2 @WebFilter 的主要屬性

屬性名稱	類　型	說　明
filterName	String	指定篩檢程式的 name 屬性，等值於 <filter-name> 標籤
value	String[]	該屬性等值於 urlPatterns 屬性。兩個屬性不能同時使用
urlPatterns	String[]	指定篩檢程式的 URL 匹配模式，等值於 <url-pattern> 標籤
servletNames	String[]	指定篩檢程式應用於哪個 Servlet。設定值是 @WebServlet 的 name 屬性
dispatcherType	DispatcherType	指定篩檢程式的轉發模式
initParams	WebInitParam[]	指定篩檢程式的初始化參數，等值於 <init-param> 標籤
asyncSupported	boolean	是否支援非同步作業，等值於 <async-supported> 標籤
description	String	描述資訊，等值於 <description> 標籤
displayName	String	Servlet 顯示名稱，等值於 <display-name> 標籤

3. Listener 註解

Listener 註解用 @WebListener 表示，該註解非常簡單，只有 value 一個屬性，該屬性主要是監聽器的描述資訊。

6.3.2 對檔案上傳的支援

Servlet 3.0 中提供了對檔案上傳的原生支援，我們不需要借助任何第三方上傳元件，直接使用 Servlet 3.0 提供的 API 就能夠實現檔案上傳功能。

@MultipartConfig 註解主要是為了輔助 Servlet 3.0 中 HttpServletRequest 提供的對上傳檔案的支援。該註解標注在 Servlet 上，以表示 Servlet 希望處理的請求的 MIME 類型是 multipart/form-data。@MultipartConfig 的主要屬性如表 6.3 所示。

▼ 表 6.3 @MultipartConfig 的主要屬性

屬性名稱	類型	說　明
fileSizeThreshold	int	資料大於該值時，內容將被寫入檔案
location	String	存放檔案的地址
maxFileSize	long	允許上傳檔案的最大值。預設值為 -1，表示沒有限制
maxRequestSize	long	對 multipart/form-data 請求的最大數量。預設值為 -1，表示沒有限制

檔案上傳頁面範例程式（servlet_upload.jsp）如下：

```
<fieldset>
    <legend>上傳單個檔案</legend>
    <!--
    1.表單的提交方法必須是 post
    2.必須有一個檔案上傳元件 <input type="file" name="xxxx"/>
    3.檔案上傳時必須設定表單的 enctype="multipart/form-data"
    -->
    <form action="uploadServlet" method="post" enctype="multipart/form-data">
      上傳檔案：<input type="file" name="f"><input type="submit" value="上傳">
    </form>
</fieldset>
<br>
<fieldset>
    <legend>上傳多個檔案</legend>
    <form action="uploadServlet" method="post" enctype="multipart/form-data">
        上傳檔案：
        <input type="file" name="f1"><br>
        <input type="file" name="f2"><br>
        <input type="submit" value="上傳">
    </form>
</fieldset>
UploadServlet.java□□□□□
@WebServlet("/uploadServlet")
// 使用註解 @MultipartConfig 將一個 Servlet 標識為支援檔案上傳
@MultipartConfig
public class UploadServlet extends HttpServlet {
    @Override
    protected void doPost(HttpServletRequest req, HttpServletResponse resp)
throws ServletException, IOException {
        String savePath = req.getServletContext().getRealPath("/WEB-INF/upload
File");
        File f = new File(savePath);
        if (!f.exists())
            f.mkdirs();
        Collection<Part> parts = req.getParts();
        for (Part part : parts) {
            String fileName = part.getSubmittedFileName();
            part.write(savePath + File.separator + fileName);
            part.delete();
        }
        PrintWriter writer = resp.getWriter();
        writer.write("上傳成功！");
        writer.flush();
    }
    @Override
```

```
        protected void doGet(HttpServletRequest req, HttpServletResponse resp)
throws ServletException, IOException {
            doPost(req, resp);
        }
    }
```

頁面定義了 Servlet 3.0 之後支援檔案上傳的特性，範例列出了單檔案上傳和多檔案上傳，選擇上傳檔案，就可以在部署套件找到上傳的檔案，如圖 6.5 所示。

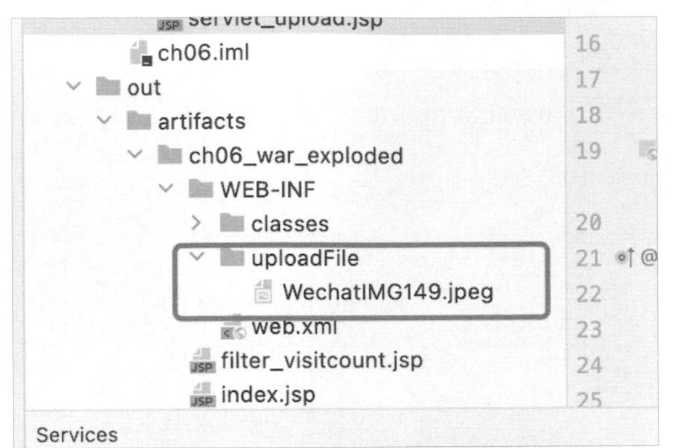

▲ 圖 6.5 Servlet 上傳檔案效果圖

通常在實際專案中會在伺服器固定的目錄下設定上傳檔案存放的路徑，這樣做避免了因為系統升級（專案部署套件升級）導致以前上傳的檔案遺失的情況。

6.3.3 非同步處理

預設情況下，Web 容器會為每個請求分配一個請求處理執行緒，在回應完成前，該執行緒資源都不會被釋放。也就是說，處理 HTTP 請求和執行具體業務程式的執行緒是同一個執行緒。如果 Servlet 或 Filter 中的業務程式處理時間相當長（如資料庫操作、跨網路呼叫等），那麼請求處理執行緒將一直被佔用，直到任務結束。這種情況下，隨著併發請求數量的增加，可能會導致處理請求執行緒全部被佔用，請求堆積到內部阻塞佇列容器中，如果存放請求的阻塞佇列也滿了，那麼後續進來的請求將遭遇拒絕服務，直到有執行緒資源可以處理請求為止。

開啟非同步請求處理之後，Servlet 執行緒不再一直處於阻塞狀態以等待業務邏輯的處理，而是啟動非同步執行緒之後可以立即傳回。非同步處理的特性可以幫助應用節省容器中的執行緒，特別適合執行時間長且使用者需要得到回應結果的任務，將會大大減少伺服器資源的佔用，並且提高併發處理速度。如果使用者不需要得到結果，那麼直接將一個 Runnable 物件交給記憶體中的 Executor 並立即傳回回應即可。

非同步處理的步驟如下：

1. 開啟非同步處理

啟用非同步處理有兩種方式：一種是 web.xml；另一種是註解形式。為了方便講解以及學習，筆者後續主要以註解形式為主介紹。

設定 @WebServlet 的 asyncSupported 屬性為 true，表示支援非同步處理：

```
@WebServlet(asyncSupported = true)
```

2. 啟動非同步請求

呼叫 req.startAsync(req, resp) 方法獲取非同步處理上下文物件 AsyncContext。

3. 完成非同步處理

在其他執行緒中執行業務操作，輸出結果，並呼叫 asyncContext.complete() 完成非同步處理。

下面透過案例講解非同步作業的使用。

```
// 1. 設定 asyncSupported 屬性為 true，表示支援非同步處理
@WebServlet(value = "asyncServlet", asyncSupported = true)
public class AsyncServlet extends HttpServlet {
    @Override
    protected void service(HttpServletRequest req, HttpServletResponse resp)
throws ServletException, IOException {
        long startTimeMain = System.currentTimeMillis();
        System.out.println("主執行緒：" + Thread.currentThread() + "-" + System.
currentTimeMillis() + "-start");
        // 2. 啟動非同步處理：呼叫 req.startAsync(req,resp) 方法，獲取非同步處理上下文物件
AsyncContext
        AsyncContext asyncContext = req.startAsync(req, resp);
        asyncContext.addListener(new AsyncListener() {
            @Override
            public void onComplete(AsyncEvent asyncEvent) throws IOException{
            }
            @Override
            public void onTimeout(AsyncEvent asyncEvent) throws IOException {
            }
            @Override
            public void onError(AsyncEvent asyncEvent) throws IOException {
```

```
                }
                @Override
                public void onStartAsync(AsyncEvent asyncEvent) throws IOException {
                }
            });
            // 3. 呼叫 start() 方法進行非同步處理，呼叫這個方法之後主執行緒就結束了
            asyncContext.start(() -> {
                long startTimeChild = System.currentTimeMillis();
                System.out.println(" 子執行緒：" + Thread.currentThread() + "-" +
System.currentTimeMillis() + "-start");
                try {
                    // 這裡休眠 2 秒，模擬業務耗時
                    TimeUnit.SECONDS.sleep(2);
                    // 這裡是子執行緒，請求在這裡進行處理
                    asyncContext.getResponse().getWriter().write("ok");
                    // 4. 呼叫 complete() 方法，表示請求處理完成
                    asyncContext.complete();
                } catch (Exception e) {
                    e.printStackTrace();
                }
                System.out.println(" 子執行緒：" + Thread.currentThread() + "-" +
System.currentTimeMillis() + "-end, 耗時 (ms):" + (System.currentTimeMillis() -
startTimeChild));
            });
            System.out.println(" 主執行緒：" + Thread.currentThread() + "-" +
System.currentTimeMillis() + "-end, 耗時 (ms):" + (System.currentTimeMillis() -
startTimeMain));
        }
    }
```

我們可以看到背景的非同步處理結果如圖 6.6 所示。

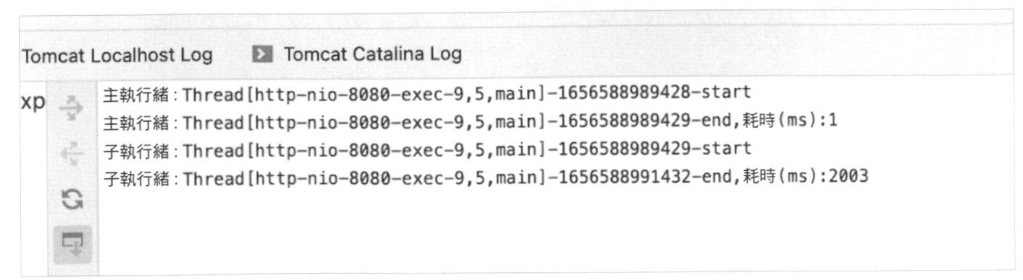

▲ 圖 6.6 非同步處理結果

注意：如果在專案中之前設定過 Filter 和 Listener，就要開啟非同步支援，否則程式會顯示出錯。

6.3.4 可插性支援——Web 模組化

Servlet 3.0 引入了稱為「Web 模組部署描述符號部分」的 web-fragment.xml 部署描述檔案，該檔案必須存放在 JAR 檔案的 META-INF 目錄下，該部署描述檔案可以包含一切可以在 web.xml 中定義的內容。JAR 套件通常放在 WEB-INF/lib 目錄下，該目錄包含所有該模組使用的資源，如 .class 檔案、設定檔等。

現在，為一個 Web 應用增加一個 Servlet 設定有以下 3 種方式：

（1）撰寫一個類別繼承 HttpServlet，將該類別放在 classes 目錄下的對應套件結構中，修改 web.xml，增加 Servlet 宣告。這是最原始的方式。

（2）撰寫一個類別繼承 HttpServlet，並且在該類別上使用 @WebServlet 註解將該類別宣告為 Servlet，將該類別放在 classes 目錄下的對應套件結構中，無須修改 web.xml 檔案。

（3）撰寫一個類別繼承 HttpServlet，將該類別打成 JAR 套件，並在 JAR 套件的 META-INF 目錄下放置一個 web-fragment.xml 檔案，用於宣告 Servlet 設定。web-fragment.xml 檔案範例如下：

```
<?xml version="1.0" encoding="UTF-8"?>
<web-fragment
        xmlns="https://jakarta.ee/xml/ns/jakartaee"
        xmlns:xsi="http://www.w3.org/2001/XMLSchema-instance"
        xsi:schemaLocation="https://jakarta.ee/xml/ns/jakartaee
https://jakarta.ee/xml/ns/jakartaee/web-app_5_0.xsd"
        version="5.0"
        metadata-complete="true">

    <servlet>
        <servlet-name>pluginServlet</servlet-name>
        <servlet-class>com.vincent.servlet.PluginServlet</servlet-class>
    </servlet>
    <servlet-mapping>
        <servlet-name>pluginServlet</servlet-name>
        <url-pattern>/pluginServlet</url-pattern>
    </servlet-mapping>
</web-fragment>
```

web-fragment.xml 需要放在 JAR 類別檔案內的 META-INF 目錄下，在 IntelliJ IDEA 中開發，則是放在專案 /resources/META-INF/ 目錄下。其目錄結構如圖 6.7 所示。

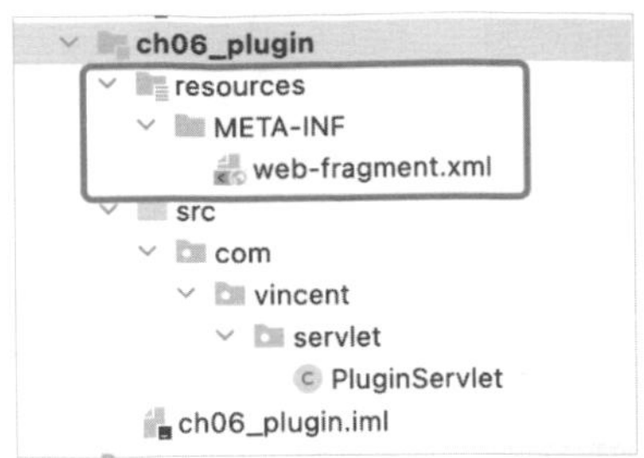

▲ 圖 6.7 外掛程式專案清單

Servlet 程式如下：

```
public class PluginServlet extends HttpServlet {
    @Override
    protected void service(HttpServletRequest req, HttpServletResponse resp)
throws ServletException, IOException {
        System.out.println("===== 這是 PluginServlet======");
        PrintWriter writer = resp.getWriter();
        writer.write("===== 這是 PluginServlet======");
        writer.flush();
    }
}
```

完成之後，我們將上述內容打成 JAR 套件：ch06_plugin.jar，並放入專案 web/WEB-INF/lib 目錄。然後存取 PluginServlet，頁面存取入口程式如圖 6.8 所示。

```
<li><a href="pluginServlet">可插性支援</a></li>
```

▲ 圖 6.8 存取外掛程式

在主專案中，只需要正常存取 Servlet 即可。

6.4 實作與練習

1. 使用篩檢程式實現敏感詞過濾，可以自訂敏感詞，比如傻瓜、笨蛋、二貨等不文明詞彙。
2. 在前面的練習中我們學會了登入，嘗試為登入頁面加上自動登入功能，使用篩檢程式實現自動登入。

提示：流程如圖 6.9 所示。

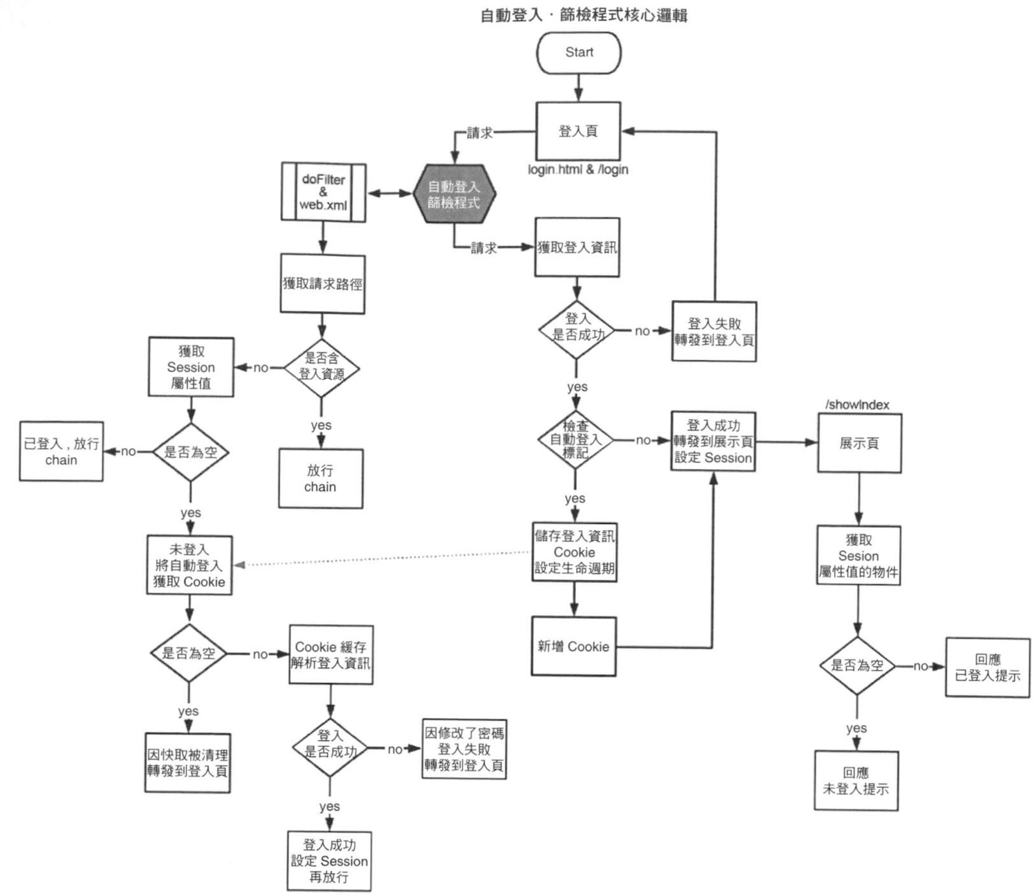

▲ 圖 6.9 流程圖

3. 結合之前的使用者登入程式，登入後利用 Servlet 上傳檔案功能，把檔案上傳到伺服器的登入使用者名稱目錄下。

第 3 篇

Java Web 整合開發

本篇重點介紹以下內容：

- 掌握 Java Web 對資料庫的基本操作，並熟練使用 JDBC 相關的 API。
- 掌握 EL 運算式，深入了解 EL 運算式的特點和使用場景。
- 深入學習 JSTL 標籤，掌握 JSTL 標籤核心函式庫的基本操作。
- 擴充學習 JSTL 標籤格式化標籤函式庫和函式標籤函式庫。
- 掌握 Ajax 的基本概念和使用場景。
- 深入學習 Ajax 技術，掌握 Ajax 非同步作業的優勢和應用場景。

第 7 章 Java Web 的資料庫操作

在 Java Web 開發中，透過頁面操作的記錄最終都會持久化儲存，持久化儲存方便管理資料，能保證用戶端資料持久化儲存在服務端。持久化儲存通用的是資料庫儲存，Java Web 透過前端頁面與背景資料庫互動實現資料互通，常見的資料庫操作是 JDBC。

本章主要涉及的基礎知識有：

- 掌握 JDBC 的基本概念。
- 學會使用 JDBC 進行 MySQL 資料庫的開發。
- 如何使用 JDBC 操作資料實現資料的增、刪、改、查。
- 如何正確使用 JDBC 實現資料庫分頁查詢。

7.1 JDBC 技術

在現代程式開發中，有大量開發基於資料庫，使用資料庫可以方便地實現資料的儲存以及查詢，本節將講解資料庫操作技術—JDBC。

7.1.1 JDBC 簡介

JDBC（Java DataBase Connectivity，Java 資料庫連接）是標準的 Java API，是一套用戶端程式與資料庫互動的規範。JDBC 提供了一套透過 Java 操縱資料庫的完整介面，具體就是透過 Java 連接廣泛的資料庫，並對資料表中的資料執行增、刪、改、查等操作。

JDBC API 函式庫包含與資料庫相關的下列功能。

- 製作到資料庫的連接。
- 建立 SQL 或 MySQL 敘述。

- 執行 SQL 或 MySQL 查詢資料庫。
- 查看和修改所產生的記錄。

從根本上來說，JDBC 是一種規範，它提供了一套完整的介面，以方便對底層資料庫的存取，因此可以用 Java 撰寫不同類型的可執行檔，例如：

- Java 應用程式。
- Java Applets。
- Java Servlets。
- Java ServerPages (JSPs)。
- Enterprise JavaBeans (EJBs)。

這些不同的可執行檔透過 JDBC 驅動程式來存取資料庫。

JDBC 具有 ODBC 一樣的性能，允許 Java 套裝程式含的程式具有不依賴特定資料庫的特性，即具有資料庫無關性（Database Independent）。

JDBC API 是由 JDBC 驅動程式實現的，不同的資料庫對應不同的驅動程式。選擇了資料庫，就需要使用針對該資料庫的 JDBC 驅動程式，並將對應的 JAR 套件引入專案中。

在呼叫 JDBC API 時，JDBC 會將請求交給 JDBC 驅動程式，最終由該驅動程式完成與資料庫的互動。此外，資料庫驅動程式會提供 API 操作來實現打開資料庫連接、關閉資料庫連接以及控制事務等功能。

JDBC 的目標是使程式做到「一次撰寫，到處執行」，使用 JDBC API 存取資料庫，無論是更換資料庫還是更換作業系統，都不需要修改呼叫 JDBC API 的程式碼，因為 JDBC 提供了使用相同的 API 來存取不同的資料庫的服務（比如 MySQL 和 Oracle 等），這樣就可以撰寫不依賴特定資料庫的 Java 程式。更高層的資料存取框架也是以 JDBC 為基礎建構的，其框架圖如圖 7.1 所示。

可以看到，上層應用（Java Application）在使用資料庫時，其實不需要知道底層是什麼資料庫，這部分工作交給 JDBC 介面完成就行了，因此實現了靈活的介面規範和超強的調配能力。

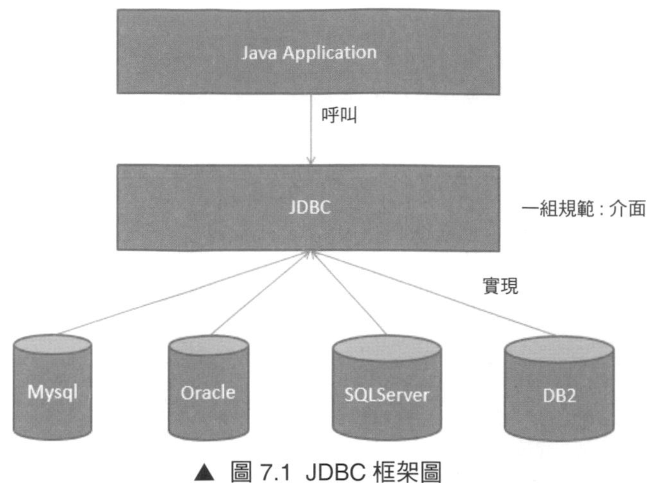

▲ 圖 7.1 JDBC 框架圖

7.1.2 安裝 MySQL 資料庫

讀者若要使用 JDBC 操作資料庫，則需要安裝資料庫軟體，市面上常用的資料庫軟體有很多，常見的有關聯式資料庫 MySQL、Oracle、SQL Server、DB2、TiDB 等，筆者這裡選用 MySQL 資料庫作為範例。

下載 MySQL 比較簡單，存取官網下載頁面，如圖 7.2 所示。

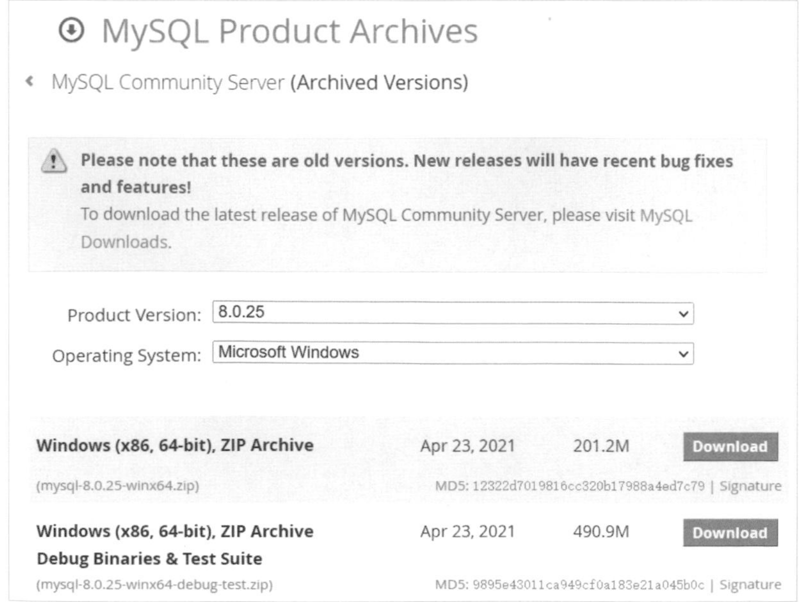

▲ 圖 7.2 MySQL 下載頁面

讀者可根據自己系統情況選擇相應的版本，筆者用的是 Windows 系統的 MySQL 8.0.25 版本。

接下來安裝軟體，安裝過程非常簡單，按精靈一步一步執行即可。MySQL 的具體安裝步驟和使用請參考資料庫相關書籍，筆者這裡就不一一說明了。

7.1.3 JDBC 連接資料庫的過程

JDBC 連接資料庫示意圖如圖 7.3 所示。

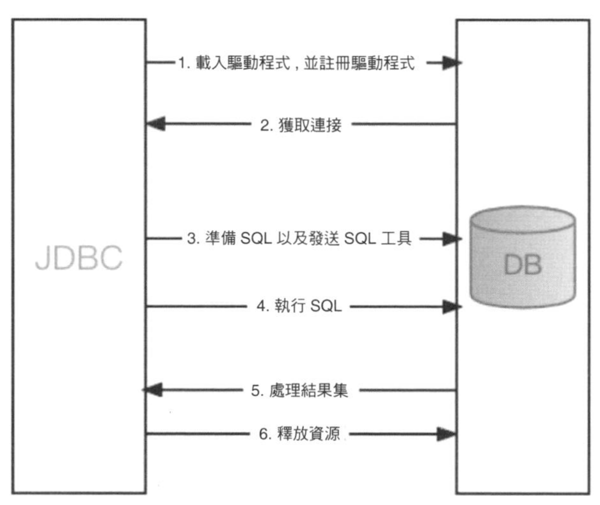

▲ 圖 7.3 JDBC 連接資料庫的過程

從圖 7.3 來看，其連接過程分為 6 個步驟，具體說明如下：

（1）載入 JDBC 驅動程式，並註冊驅動程式（新版本可以省略此步驟）。

（2）獲取連接。

（3）準備 SQL 以及發送 SQL 工具。

（4）執行 SQL。

（5）處理結果集。

（6）釋放資源。

在處理過程中，除了在新版本中註冊驅動可以省略外，其他步驟都不能省略。尤其是最後的釋放資源，否則多次呼叫極容易導致系統資源耗盡而當機。

7.2 JDBC API

上一節大致介紹了 JDBC，了解了 JDBC 操作資料庫的基本步驟。本節主要深入了解操作資料庫的核心 API，如表 7.1 所示。

▼ 表 7.1 JDBC 的核心 API 介紹

介面或類別	說　明
DriverManager 類別	管理和註冊資料庫驅動，得到資料庫連線物件
Connection 介面	一個連線物件，可用於建立 Statement 和 PreparedStatement 物件
Statement 介面	一個 SQL 敘述物件，用於將 SQL 敘述發送給資料庫伺服器
PreparedStatement 介面	一個 SQL 敘述物件，是 Statement 的子介面
ResultSet 介面	用於封裝資料庫查詢結果集，傳回給用戶端 Java 程式

在使用 JDBC 之前，需要載入和註冊 JDBC 驅動程式。不同廠商對 JDBC 的實現各不相同，但是它們都遵循 JDBC 的介面規範，載入和註冊驅動程式的程式如下：

```
Class.forName(driver);   //向 DriverManager 註冊驅動程式，即載入驅動程式
```

注意：MySQL 5 之後的驅動 JAR 套件可以省略註冊驅動程式的步驟，因為在 java.sql.Driver 中已經寫好了。

7.2.1 DriverManager 類別

DriverManager 是驅動程式管理類別，負責管理和註冊驅動程式，並建立資料庫連接，如表 7.2 所示。

▼ 表 7.2 DriverManager 相關 API 介紹

靜態方法	說　明
getConnection(String url, String user, String password)	透過 URL、資料庫使用者名稱和密碼來獲取資料庫連線物件
getConnection(String url, Properties info)	透過 URL、屬性物件來獲取資料庫連線物件

連接參數說明如下：

- url：不同資料庫，定義了不同的字元串連接規範。格式為「協定名稱 : 子協定 :// 伺服器名稱或 IP 位址 : 通訊埠編號 / 資料庫名稱 ? 參數 = 參數值」。例如存取

MySQL 資料庫 test 的 url 格式為 jdbc:mysql://localhost:3306/test?。如果是本機伺服器，存取 MySQL 的 test 資料庫，url 可以簡寫為：jdbc:mysql:///test（前提必須是本機伺服器，且通訊埠必須是 3306）。

- user：資料庫登入的使用者名稱。
- password：對應 user 使用者名稱的資料庫登入密碼。

7.2.2 Connection 介面

Connection 介面是特定資料庫的連接（階段）介面。在連接上下文中執行 SQL 敘述並傳回結果，透過以下方式可以建立連接：

```
Connection con=DriverManager.getConnection(url, username, password);// 建立連接
```

Connection 介面 API 包含兩個重要功能：建立執行 SQL 敘述的物件和事務管理。

1. 建立執行 SQL 敘述的物件

JDBC 主要用於操作資料庫，Connection 是抽象的資料庫介面，主要是為了獲取資料庫連接並操作資料庫，具體操作資料庫的過程下一節會詳細講解，現在先來看獲取資料庫連接相關的 API，如表 7.3 所示。

▼ 表 7.3 Connection 相關的 API 介紹

傳回值	方法名稱	說　明
Statement	createStatement()	建立 Statement 物件並將 SQL 敘述發送到資料庫
CallableStatement	prepareCall(String sql)	建立 CallableStatement 物件並呼叫資料庫預存程序
PreparedStatement	prepareStatement(String sql)	建立 PreparedStatement 物件並將參數化的 SQL 敘述發送到資料庫

2. 事務管理

如果 JDBC 連接處於自動提交模式下，該模式為預設模式，那麼每筆 SQL 敘述都是在其完成時提交到資料庫的。

對簡單的應用程式來說這種模式相當好，但有 3 個原因導致使用者可能想關閉自動提交模式，並管理自己的事務：為了提高性能、為了保持業務流程的完整性以及使用分散式事務。

可以透過事務在任意時間來控制以及把更改應用於資料庫。它把單筆 SQL 敘述或一組 SQL 敘述作為一個邏輯單元，如果其中任一行敘述失敗，則整個事務失敗。

若要啟用手動事務模式來代替 JDBC 驅動程式預設使用的自動提交模式，則呼叫 Connection 物件的 setAutoCommit() 方法。如果把布林值 false 傳遞給 setAutoCommit() 方法，則表示關閉自動提交模式，如果把布林值 true 傳遞給該方法，則會將再次開啟自動提交模式，具體涉及的 API 如表 7.4 所示。

▼ 表 7.4 Connection 事務管理 API 介紹

傳回值	方法名稱	說　明
void	setAutoCommit(boolean autoCommit)	按指定的布林值設定連接的自動提交模式
void	commit()	使上一次提交 / 導回後進行的更改進行持久更新，並釋放 Connection 物件當前持有的所有資料庫鎖
void	rollback()	取消在當前事務中進行的所有更改，並釋放 Connection 物件當前持有的所有資料庫鎖

7.2.3 Statement 介面

Statement 代表一行敘述物件，用於發送 SQL 敘述給伺服器。想完成對資料庫的增、刪、改、查，只需要透過這個物件向資料庫發送增、刪、改、查敘述即可。其 API 如表 7.5 所示。

- Statement.executeUpdate 方法：用於向資料庫發送增、刪、改、查的 SQL 敘述。executeUpdate 執行完後，將傳回一個整數（增、刪、改、查敘述導致資料庫幾行資料發生了變化）。
- Statement.executeQuery 方法：用於向資料庫發送查詢敘述，executeQuery 方法傳回代表查詢結果的 ResultSet 物件。

▼ 表 7.5 Statement 相關 API 介紹

傳回值	方法名稱	說　明
int	executeUpdate(String sql)	執行給定的 SQL 敘述
ResultSet	executeQuery(String sql)	向資料庫發送查詢敘述，executeQuery 方法傳回代表查詢結果的 ResultSet 物件

【例 7.1】執行 create

```
    int num = stat.executeUpdate("insert into Employees values (11，32，'Zara'，
'Ali')");
    if (num > 0) {
        System.out.println("插入成功，改變了" + num + "行");
    }
```

【例 7.2】執行 delete

```
    int num = stat.executeUpdate("delete from Employees where id = 11 ");
    if (num > 0) {
        System.out.println("刪除成功，改變了" + num + "行");
    }
```

【例 7.3】執行 update

```
    int num = stat.executeUpdate("update Employees set age = 28 where id = 11");
    if (num > 0) {
        System.out.println("修改成功了");
    }
```

7.2.4 PreparedStatement 介面

PreparedStatement 是一個特殊的 Statement 物件，如果只是作為查詢資料或更新資料的介面，用 PreparedStatement 代替 Statement 是一個非常理想的選擇，因為它有以下優點：

- 簡化 Statement 中的操作。
- 提高執行敘述的性能。
- 可讀性和可維護性更好。
- 安全性更好。

使用 PreparedStatement 能夠預防 SQL 注入攻擊，所謂 SQL 注入，指的是透過把 SQL 命令插入 Web 表單提交，或輸入欄位名稱或頁面請求的查詢字串，最終達到欺騙伺服器，執行惡意 SQL 命令的目的。注入只對 SQL 敘述的編譯過程有破壞作用，而執行時只是把輸入串作為資料處理，不再需要對 SQL 敘述進行解析，因此也就避免了類似 select * from user where name='aa' and password='bb' or 1=1 的 SQL 注入問題的發生。

作為特殊的 Statement 物件，這裡順便對兩者做個對比。

- 關係：PreparedStatement 繼承自 Statement，都是介面。
- 區別：PreparedStatement 可以使用預留位置，是預先編譯的，批次處理比 Statement 效率高。

PreparedStatement 使用「?」作為預留位置，執行 SQL 前呼叫 setXX() 方法為每個「?」位置的參數賦值。範例程式如下：

【例 7.4】執行 PreparedStatement

```
PreparedStatement pstat = conn.prepareStatement("update Employees set age = ? where id = ?");
pstat.setInt(1,28);
pstat.setInt(2,11);
int result = pstat.executeUpdate();
System.out.printf("更新記錄數："+result+"\n");
```

7.2.5 ResultSet 介面

ResultSet（結果集）封裝了資料庫傳回的結果集。

1. 基本的 ResultSet

基本的 ResultSet 的作用就是實現查詢結果的儲存功能，而且只能讀取結果集一次，不能來回地捲動讀取。這種結果集的建立方式如下：

【例 7.5】ResultSet 結果集的遍歷

```
Statement st = conn.CreateStatement();
ResultSet rs = Statement.executeQuery("select * from Employees");
while (rs.next()) {
    System.out.println(rs.getInt("id"));
    System.out.println(rs.getInt("age"));
    System.out.println(rs.getString("first"));
    System.out.println(rs.getString("last"));
}
```

由於這種結果集不支援捲動讀取功能，因此，如果獲得這樣一個結果集，只能呼叫結果集的 next() 方法一個一個地讀取資料。

2. 可捲動的 ResultSet

可捲動的 ResultSet 內部維護一個行游標（在資料庫中一行資料即為一筆記錄，反過來，一筆記錄即為一行），並提供了一系列方法來移動游標。

- void beforeFirst()：把游標放到第一行（即第一筆記錄）的前面，這也是游標預設的位置。
- void afterLast()：把游標放到最後一行（即最後一筆記錄）的後面。
- boolean first(): 把游標放到第一行的位置上，傳回值表示調控游標是否成功。
- boolean last()：把游標放到最後一行的位置上。
- boolean isBeforeFirst()：當前游標位置是否在第一行前面。
- boolean isAfterLast()：當前游標位置是否在最後一行後面。
- boolean isFirst()：當前游標位置是否在第一行上。
- boolean isLast()：當前游標位置是否在最後一行上。
- boolean previous()：把游標向上挪一行（即向上挪一筆記錄）。
- boolean next()：把游標向下挪一行（即向下挪一筆記錄）。
- boolean relative(int row)：相對位移，當 row 為正數時，表示向下移動 row 行，為負數時表示向上移動 row 行。
- boolean absolute(int row)：絕對位移，把游標移動到指定的行上。
- int getRow()：傳回當前游標所在的行。

這些方法分為兩類，一類用來判斷游標位置，另一類是用來移動游標。其建立方式如下：

```
Statement st = conn.createStatement(
   ResultSet.TYPE_SCROLL_INSENSITIVE,ResultSet.CONCUR_READ_ONLY);
   ResultSet rs = st.executeQuery("select * from Employees");
```

其中兩個參數的意義如下：

（1）resultSetType 用於設定 ResultSet 物件的類型為可捲動或不可捲動，其設定值如下：

- ResultSet.TYPE_FORWARD_ONLY：只能向前捲動。
- ResultSet.TYPE_SCROLL_INSENSITIVE 和 Result.TYPE_SCROLL_SENSITIVE：這兩個值用於實現任意前、後捲動（各種移動的 ResultSet 游標）的方法。二者的區別在於前者對於修改不敏感，而後者對於修改敏感。

（2）resultSetConcurency 用於設定 ResultSet 物件是否能修改，其設定值如下：

- ResultSet.CONCUR_READ_ONLY：設定為唯讀類型的參數。
- ResultSet.CONCUR_UPDATABLE：設定為可修改類型的參數。

所以，如果想要得到具有可捲動類型的 ResultSet 物件，只要把 Statement 賦值為 ResultSet.CONCUR_READ_ONLY 即可。執行這個 Statement 查詢敘述得到的就是可捲動的 ResultSet 物件。

3. 可更新的 ResultSet

可更新的 ResultSet 物件可以完成對資料庫中資料表的修改，結果集只是相當於資料庫中資料表的檢視，所以並不是所有的 ResultSet 只要設定了可更新就能夠完成更新，能夠完成更新的 ResultSet 的 SQL 敘述必須具備以下屬性：

- 只引用了單一資料表。
- 不含有 join 或 group by 子句。
- 列中要包含主鍵。

具有上述條件的、可更新的 ResultSet 可以完成對資料的修改，可更新的 ResultSet 的建立方法如下：

```
Statement st = conn.createStatement(
ResultSet.TYPE_SCROLL_INSENSITIVE,ResultSet.CONCUR_UPDATABLE);
```

執行結果得到的就是可更新的 ResultSet。若要更新，把結果集中的游標移動到要更新的行，然後呼叫 updateXXX() 方法，其中 XXX 的含義和 getXXX() 方法中的 XXX 是相同的。updateXXX() 方法有兩個參數！第一個是要更新的列（即資料庫的欄位），可以是列名稱或序號；第二個是要更新的資料，這個資料型態要和 XXX 相同。每完成一行（一筆記錄）的更新，都要呼叫 updateRow() 完成對資料庫的寫入，而且是在 ResultSet 的游標沒有離開該修改行之前，否則修改將不會被提交。

呼叫 updateXXX() 方法還可以完成插入操作。下面先要介紹其他兩個方法：

（1）moveToInsertRow()：用於把 ResultSet 的游標移動到插入行，這個插入行是資料表中特殊的一行，不需要指定具體哪一行，只要呼叫這個方法，系統會自動移動到那一行的。

（2）moveToCurrentRow()：用於把 ResultSet 的游標移動到記憶中的某個行，通常是當前行。如果沒有執行過 insert 操作，這個方法就沒有什麼效果，如果執行過 insert 操作，這個方法用於傳回 insert 操作之前所在的那一行，即離開插入行回到當前行，當然也可以透過 next()、previous() 等方法離開插入行傳回當前行。

要完成對資料庫的插入操作，首先呼叫 moveToInsertRow() 把游標移動到插入行，然後呼叫 updateXXX() 方法完成對各列資料（即插入記錄的各個欄位）的更新，與更新操作一樣，更新的內容要寫到資料庫中。不過這裡呼叫的是 insertRow()，因此還要保證在該方法執行之前結果集的游標沒有離開插入行，否則插入操作不會被執行，並且對插入行的更新操作將被放棄。

4. 可保持的 ResultSet

正常情況下，如果使用 Statement 執行完一個查詢，又去執行另一個查詢，這時第一個查詢的結果集就會被關閉，也就是說，所有的 Statement 查詢敘述對應的結果集是一個，如果呼叫 Connection 的 commit() 方法也會關閉結果集。可保持性就是指當 ResultSet 結果集被提交時，該結果集是被關閉還是不被關閉。JDBC 2.0 和 1.0 都是提交後 ResultSet 結果集就會被關閉。不過在 JDBC 3.0 中提供了可以設定 ResultSet 是否關閉的操作。要建立這樣的 ResultSet 物件，生成 Statement 物件的時候需要有 3 個參數，程式如下：

```
    // 實例化 Statement 物件
    Statement st=createStatement(int resultsetscrollable,int resultsetupdateable,int
resultsetSetHoldability);
    // 執行 SQL 敘述
    ResultSet rs = st.executeQuery(sqlStr);
```

前兩個參數及其 createStatement() 方法中的參數是完全相同的，這裡只介紹第 3 個參數 resultSetHoldability，它用於表示在 ResultSet 提交後是打開還是關閉，該參數的設定值有兩個：

- ResultSet.HOLD_CURSORS_OVER_COMMIT：表示修改提交時，不關閉 ResultSet。
- ResultSet.CLOSE_CURSORS_AT_COMMIT：表示修改提交時 ResultSet 關閉。

當使用 ResultSet 物件且查詢出來的資料集記錄很多時，假如有一千萬筆時，ResultSet 物件是否會佔用很多記憶體？如果記錄過多，那麼程式會不會耗盡系統的記憶體呢？答案是不會，ResultSet 物件表面上看起來是查詢資料庫資料記錄一個結果集，其實這個物件中只是儲存了結果集的相關資訊，查詢到的資料庫記錄並沒有存放在該物件中，這些內容要等到使用者透過 next() 方法和相關的 getXXX() 方法提取資料記錄的欄位內容時才能從資料庫中得到，這些相關資訊並不會佔用記憶體，只有當使用者將記錄集中的資料提取出來加入自己的記錄集中時才會消耗記憶體，如果使用者沒有使用記錄集，就不會發生嚴重消耗記憶體的情況。

7.3 JDBC 操作資料庫

透過前面兩節的學習，讀者基本已經了解了 JDBC 的使用和一些常見的操作資料庫的 API，本節會以實際的範例來操作資料庫，實現資料庫增、刪、改、查的過程。

在操作資料庫之前，必須先建立資料庫連接，再執行 SQL 敘述。

7.3.1 增加資料

在資料庫命令中，使用 insert 實現增加資料的功能。結合 JDBC API 中 Statement 介面的作用，透過 JDBC 執行 SQL 敘述，即可把資料增加到資料庫中。

【例 7.6】建立資料庫連接

```
conn = DriverManager.getConnection(url,user,pwd);
stat = conn.createStatement();
insertEmp(stat); // 插入資料
conn.close();
```

可以看到，上面的程式在中間行呼叫了 insertEmp() 方法，該自訂的方法 insertEmp() 中包含了將增加資料的敘述，具體程式如下：

【例 7.7】增加資料

```
private static void insertEmp(Statement stat) throws SQLException {
    String sql = "INSERT INTO Employees VALUES (1000, 32, 'xueyou', 'zhang')";
    stat.executeUpdate(sql);
    sql = "INSERT INTO Employees VALUES (1001, 26, 'dehua', 'liu')";
    stat.executeUpdate(sql);
    sql = "INSERT INTO Employees VALUES (1002, 28, 'ming', 'li')";
    stat.executeUpdate(sql);
    sql = "INSERT INTO Employees VALUES (1003, 30, 'fucheng', 'guo')";
    stat.executeUpdate(sql);
    System.out.println("Inserted records into the table ...");
}
```

執行這段程式，然後在背景查詢，發現資料已經入庫，如圖 7.4 所示。

```
mysql> select * from Employees;
+------+-----+---------+-------+
| id   | age | first   | last  |
+------+-----+---------+-------+
|   11 |  28 | Zara    | Ali   |
| 1000 |  32 | xueyou  | zhang |
| 1001 |  26 | dehua   | liu   |
| 1002 |  28 | ming    | li    |
| 1003 |  30 | fucheng | guo   |
+------+-----+---------+-------+
```

▲ 圖 7.4 JDBC 操作資料庫查詢員工資料表

7.3.2 查詢資料

查詢資料的命令是 select，查詢的結果是一個資料集合，需要用到前面講解的 ResultSet 物件來處理結果集。

【例 7.8】查詢資料

```
conn = DriverManager.getConnection(url,user,pwd);
stat = conn.createStatement();
// insertEmp(stat); // 插入資料
queryEmp(stat); // 查詢資料
conn.close();
```

queryEmp() 方法的程式如下：

```
private static void queryEmp(Statement stat) throws SQLException {
    String sql = "SELECT id, age, first, last FROM Employees";
    ResultSet rs = stat.executeQuery(sql);
    while(rs.next()) {
        int id  = rs.getInt("id");
        int age = rs.getInt("age");
        String first = rs.getString("first");
        String last = rs.getString("last");
        //Display values
        System.out.print("ID: " + id);
        System.out.print(", Age: " + age);
        System.out.print(", First: " + first);
        System.out.println(", Last: " + last);
    }
    rs.close();
}
```

7.3.3 修改資料

修改資料的命令是 update，資料是否真實發生了變化，需要執行上一節查詢資料的程式碼來查看。

【例 7.9】修改資料

```
conn = DriverManager.getConnection(url,user,pwd);
stat = conn.createStatement();
// insertEmp(stat); // 插入資料
// queryEmp(stat); // 查詢資料
updateEmp(stat);
conn.close();
```

updateEmp() 方法的程式如下：

```
private static void updateEmp (Statement stat) throws SQLException {
    System.out.println("Update Employees...");
    String sql = "UPDATE Employees SET age = 30 WHERE id in (1000, 1001)";
    stat.executeUpdate(sql);
    queryEmp(stat);
}
```

7.3.4 刪除資料

刪除資料的命令是 delete，與修改資料一樣，資料是否真實發生了變化，刪除成功之後需要執行查詢資料的程式碼來查看。

【例 7.10】刪除資料

```
conn = DriverManager.getConnection(url,user,pwd);
stat = conn.createStatement();
// insertEmp(stat); // 插入資料
// queryEmp(stat); // 查詢資料
// updateEmp(stat);
deleteEmp(stat);
conn.close();
```

deleteEmp() 方法的程式如下：

```
private static void updateEmp (Statement stat) throws SQLException {
    System.out.println("Delete Employees...");
    String sql = "delete from Employees WHERE id in (1002, 1003)";
    stat.executeUpdate(sql);
    queryEmp(stat);
}
```

7.3.5 批次處理

批次處理是指將連結的 SQL 敘述組合成一個批次處理，並將它當成一個呼叫提交給資料庫。

這個批次處理包含多筆 SQL 敘述，這樣做可以減少通訊資源的消耗，從而提高程式執行的性能。

JDBC 驅動程式不一定支援批次處理功能。

呼叫 DatabaseMetaData.supportsBatchUpdates() 方法來確定目標資料庫是否支援批次處理更新。如果 JDBC 驅動程式支援此功能，則該方法傳回值為 true。

Statement、PreparedStatement 和 CallableStatement 的 addBatch() 方法用於增加單行敘述到批次處理中。

executeBatch() 方法用於啟動執行所有組合在一起的敘述，即批次處理。

executeBatch() 方法傳回一個整數陣列，陣列中的每個元素代表各自的更新敘述的更新數目。

正如可以增加敘述到批次處理中，也可以呼叫 clearBatch() 方法刪除批次處理，此方法刪除所有用 addBatch() 方法增加的敘述。

1. 批次處理和 Statement 物件

透過 Statement 物件使用批次處理的典型步驟如下：

（1）呼叫 createStatement() 方法建立一個 Statement 物件。

（2）呼叫 setAutoCommit() 方法將自動提交設為 false。

（3）Statement 物件呼叫 addBatch() 方法來增加使用者想要的所有 SQL 敘述。

（4）Statement 物件呼叫 executeBatch() 執行所有的 SQL 敘述。

（5）呼叫 commit() 方法提交所有的更改。

【例 7.11】批次處理

```
private static void batch01(Connection conn) throws SQLException {
    conn.setAutoCommit(false);
    Statement stat = conn.createStatement();
    stat.addBatch("INSERT INTO Employees VALUES (1010, 32, 'xueyou', 'zhang')");
    stat.addBatch("INSERT INTO Employees VALUES (1011, 26, 'dehua', 'liu')");
    stat.addBatch("INSERT INTO Employees VALUES (1012, 28, 'ming', 'li')");
    stat.addBatch("UPDATE Employees SET age = 32 where id = 1012");
    int[] rs = stat.executeBatch();
    System.out.println("execute batch  ...");
    conn.commit();
}
```

2. 批次處理和 PreparedStatement 物件

透過 prepareStatement 物件使用批次處理的典型步驟如下：

（1）使用預留位置建立 SQL 敘述。

（2）呼叫任一 prepareStatement() 方法建立 prepareStatement 物件。

（3）呼叫 setAutoCommit() 方法將自動提交設為 false。

（4）Statement 物件呼叫 addBatch() 方法來增加使用者想要的所有 SQL 敘述。

（5）Statement 物件呼叫 executeBatch() 執行所有的 SQL 敘述。

（6）呼叫 commit() 方法提交所有的更改。

【例 7.12】批次處理

```
    private static void batch02(Connection conn) throws SQLException {
        conn.setAutoCommit(false);
        PreparedStatement pstat = conn.prepareStatement("INSERT INTO Employees 
VALUES (?,?,?,?)");
        pstat.setInt(1, 400);
        pstat.setInt(2, 33);
        pstat.setString(3, "Pappu");
        pstat.setString(4, "Singh");
        pstat.addBatch();
        pstat.setInt( 1, 401);
        pstat.setInt( 2, 31);
        pstat.setString( 3, "Pawan" );
        pstat.setString( 4, "Singh" );
        pstat.addBatch();
        int[] num = pstat.executeBatch();
        System.out.println("execute batch 2 ...");
        conn.commit();
    }
```

7.3.6 呼叫預存程序

預存程序其實是資料庫一段程式部分的執行。呼叫預存程序之前，需要先在資料庫中建立預存程序。下面以 MySQL 語法為例，講解建立並呼叫預存程序的方法。

【例 7.13】建立預存程序

```
DELIMITER $$

DROP PROCEDURE IF EXISTS `TEST`.`getEmpName` $$
CREATE PROCEDURE `TEST`.`getEmpName`
(IN EMP_ID INT, OUT EMP_FIRST VARCHAR(255))
BEGIN
    SELECT first INTO EMP_FIRST
    FROM Employees
    WHERE ID = EMP_ID;
END $$

DELIMITER ;
```

【例 7.14】呼叫預存程序

```
private static void execProcedure(Connection conn) throws SQLException {
    String SQL = "{call getEmpName (?, ?)}";
    CallableStatement cstat = conn.prepareCall (SQL);
    cstat.registerOutParameter(2, Types.NVARCHAR);
    cstat.setInt(1, 1001);
```

```
        cstat.execute();
        System.out.println(cstat.getString(2));
        cstat.close();
    }
```

7.4 JDBC 在 Java Web 中的應用

從網際網路起步，發展到今天五花八門、令人眼花繚亂的複雜應用，大到企業級的 Web 應用系統，小到簡單的頁面應用，Web 應用無時無刻不在改變人們的認知方式。

7.4.1 開發模式

在硬體性能提升的同時，透過各種技術實現了巨量資料儲存，解決了高併發的性能瓶頸，追求極致的使用者體驗等。從前端到後端，隨著業務需求的變更和技術的更新迭代，開發模式也隨之發生著改變。

下面筆者帶領讀者簡單回顧一下 Web 開發模式的發展歷程。

1. 傳統 JSP 模式

傳統的網頁 HTML 檔案可以作為頁面來瀏覽。同時，又相容 Java 程式，可以用來處理業務邏輯。對於功能單一、需求穩定的專案，可以把頁面展示邏輯和業務邏輯都放到 JSP 中。

- 優點：程式設計簡單，易上手，容易控制。
- 缺點：前後端職責不清晰，可維護性差。

2. Model1 模式（JSP + JavaBean）

該模式可以看作是對傳統 JSP 模式的增強，加入了 JavaBean 或 Servlet，將頁面展示邏輯和業務邏輯做了分離。JSP 只負責顯示頁面，JavaBean 或 Servlet 負責收集資料，以及傳回處理結果。

- 優點：架構簡單，適合中小型專案。
- 缺點：雖然分離出了業務邏輯，但是 JSP 中仍然包含頁面展示邏輯和流程控制邏輯，不利於維護。

3. Model2 模式（JSP + Servlet + JavaBean）

該模式也可以看作是傳統 MVC 模式。為了更進一步地進行職責劃分，將流程控制邏輯也分離了出來。JSP 負責頁面展示，以及與使用者的互動一展示邏輯；Servlet 負責控制資料顯示和狀態更新一控制邏輯；JavaBean 負責操作和處理資料一業務邏輯。

- 優點：分工明確，層次清晰，能夠更進一步地適應需求的變化，適合大型專案。
- 缺點：相對複雜，嚴重依賴 Servlet API，JavaBean 元件類別過於龐大。

4. MVC 模式

MVC 模式是在 Model2 的基礎上，對前後端進一步分工。由於 Ajax 介面要求業務邏輯被移動到瀏覽器端，因此瀏覽器端為了應對更多業務邏輯變得複雜。MVC 模式因其明確分工，極受推崇，由此湧現出了很多基於 MVC 模式的開發框架，如 Struts、Spring MVC 等。再加上 Spring 開放原始碼框架強大的相容特性，進而形成了可以適應絕大多數業務需求的經典框架組合，如 SSH、SSM 等。

前後端可以在約定介面後實現高效並行開發。

前端開發的複雜度控制比較困難。

5. 前端為主的 MV* 模式

為了降低前端開發的複雜度，湧現出了大量的前端框架，如 EmberJS、KnockoutJS、AngularJS 等。它們的原則是先按照類型分層，如 Templates、Controllers、Models 等，然後在層內按照業務功能切分。

好處：

- 前後端職責清晰，在各自的工作環境開發，容易測試。
- 前端開發的複雜度可控，透過元件化組織結構。
- 部署相對獨立。

不足：

- 前後端程式不能重複使用。
- 全非同步不利於 SEO（Search Engine Optimization，搜尋引擎最佳化）。
- 性能並非最佳，尤其是行動網際網路的環境下。
- SPA 不能滿足所有需求。

6. 全端模式

隨著 Node.js 的興起，全端開發模式逐步成為主流開發模式，比如 MEAN（MongoDB、Express、AngularJS、NodeJS）框架組合、React+Redux 等。全端模式把 UI 分為前端 UI 和後端 UI。前端 UI 層處理瀏覽器層的展現邏輯，主要技術為 HTML+CSS+JavaScript。後端 UI 層處理路由、範本、資料獲取等。前端可以自由調控，後端可以專注於業務邏輯層的開發。

好處：

- 前後端的部分程式可以重複使用。
- 若需要 SEO，可以在服務端同步著色。
- 請求太多導致的性能問題可以透過服務端緩解。

挑戰：

- 需要前端對服務端程式設計有進一步的了解。
- Node 層與 Java 層能否高效通訊尚需要驗證。
- 需要更多經驗才能對部署、運行維護層面熟悉了解。

7.4.2 分頁查詢

分頁查詢是 Java Web 開發中經常使用到的技術。在資料庫中的資料量非常大的情況下，不適合將所有的資料全部顯示到一個頁面中，同時為了節約程式以及資料庫的資源，需要對資料進行分頁查詢操作。

透過 JDBC 實現分頁的方法比較多，而且不同的資料庫機制的分頁方式也不同，這裡介紹兩種典型的分頁方法。

1. 透過 ResultSet 的游標實現分頁（虛擬分頁）

該分頁方法可以在各種資料庫之間通用，但是帶來的缺點是佔用了大量的資源，不適合在資料量大的情況下使用。

2. 透過資料庫機制進行分頁

很多資料庫都會提供這種分頁機制，例如 SQL Server 中提供了 top 關鍵字，MySQL 資料庫中提供了 limit 關鍵字，用這些關鍵字可以設定資料傳回的記錄數。使用這種分頁查詢方式可以減少資料庫的資源銷耗，提高程式效率，但是缺點是只適用於一種資料庫。

考慮到第一種分頁方法在資料量大的情況下效率很低，基本上實際開發中都會選擇第二種分頁方法。

7.5 常見分頁功能的實現

本節用實例來說明 JDBC 操作資料庫實現分頁查詢，結合前面的基礎知識，一步一步透過 JDBC 操作資料庫 API，實現 Java Web 端的分頁（這裡筆者選擇了 Model2 開發模式，感興趣的讀者可以用其他模式來嘗試改造一下分頁功能，並對比一下開發模式的優缺點）。

7.5.1 建立 JavaBean 實體

首先選擇查詢分頁的資料表，並將資料表映射成 JavaBean，定義好實體，程式如下：

```
public class EmpEntity {
    private int id;
    private int age;
    private String first;
    private String last;

    public EmpEntity() {
    }

    public EmpEntity(int id, int age, String first, String last) {
        this.id = id;
        this.age = age;
        this.first = first;
        this.last = last;
    }

    public int getId() {
        return id;
    }

    public void setId(int id) {
        this.id = id;
    }

    public int getAge() {
        return age;
    }
```

```
    public void setAge(int age) {
        this.age = age;
    }

    public String getFirst() {
        return first;
    }

    public void setFirst(String first) {
        this.first = first;
    }

    public String getLast() {
        return last;
    }

    public void setLast(String last) {
        this.last = last;
    }

    @Override
    public String toString() {
        return "EmpEntity{" +
                "id=" + id +
                ", age=" + age +
                ", first='" + first + '\'' +
                ", last='" + last + '\'' +
                '}';
    }
}
```

7.5.2 建立 PageModel 分頁

涉及資料分頁，此處筆者寫了一個簡單的對分頁相關的資料封裝的實體物件，程式如下：

```
public class PageModel<E> {
    //結果集
    private List<E> list;
    //查詢記錄數
    private int totalSize;
    //每頁多少筆資料
    private int pageSize;
    //第幾頁
    private int pageNum;

    public int getTotalPages() {
```

```
            return (totalSize % pageSize == 0 ? (totalSize / pageSize) : (totalSize
/ pageSize + 1));
        }
        public int getTopPageNum() {
            return 1;
        }
        public int getPreviousPageNum() {
            return pageNum >= 1 ? pageNum - 1 : 1;
        }
        public int getNextPageNum() {
            return pageNum >= getTotalPages() ? getTotalPages() : pageNum + 1;
        }

        public List<E> getList() {
            return list;
        }

        public void setList(List<E> list) {
            this.list = list;
        }

        public int getTotalSize() {
            return totalSize;
        }

        public void setTotalSize(int totalSize) {
            this.totalSize = totalSize;
        }

        public int getPageSize() {
            return pageSize;
        }

        public void setPageSize(int pageSize) {
            this.pageSize = pageSize;
        }

        public int getPageNum() {
            return pageNum;
        }

        public void setPageNum(int pageNum) {
            this.pageNum = pageNum;
        }
    }
```

7.5.3 JDBC 查詢資料庫並分頁

接下來就是 JDBC 真正實現資料庫分頁查詢功能的核心程式，具體程式如下：

```
public class EmpDao {
    //private static final String url = "jdbc:mysql:///test?useSSL=false";
    private static final String url = "jdbc:mysql://localhost:3306/
test?useSSL=false";
    private static final String user = "root";
    private static final String pwd = "123456";

    public Connection getConnection() {
        Connection conn = null;
        try {
            // 1. 匯入 JAR 套件
            // 2. 註冊 JDBC 驅動程式（在新版本的相依中可以不寫註冊驅動程式）
            // 3. 資料庫連接的物件：Connection
            Class.forName("com.mysql.cj.jdbc.Driver");
            conn = DriverManager.getConnection(url,user,pwd);
            return conn;
        } catch (SQLException e) {
            e.printStackTrace();
        } catch (ClassNotFoundException e) {
            e.printStackTrace();
        }
        return null;
    }
    public void closePst(Connection conn, PreparedStatement pst, ResultSet rs) {
        try {
            if (null != rs) {
                rs.close();
            }
            if (null != pst) {
                pst.close();
            }
            if (null != conn) {
                conn.close();
            }
        } catch (SQLException e) {
            e.printStackTrace();
        }
    }

    public PageModel<EmpEntity> queryEmpList(int pageNum, int pageSize) {
        Connection conn = getConnection();
        String sql="select * from Employees limit ?,?";
        PreparedStatement pst = null;
        ResultSet rs = null;
```

```
        List<EmpEntity> list = new ArrayList<>();
        try {
            pst = conn.prepareStatement(sql);
            pst.setInt(1, (pageNum - 1) * pageSize);
            pst.setInt(2, pageNum * pageSize);
            rs = pst.executeQuery();
            EmpEntity emp = null;
            while (rs.next()) {
                emp = new EmpEntity();
                emp.setId(rs.getInt("id"));
                emp.setAge(rs.getInt("age"));
                emp.setFirst(rs.getString("first"));
                emp.setLast(rs.getString("last"));
                list.add(emp);
            }
            // 總的資料筆數
            ResultSet rs2 = pst.executeQuery("select count(*) from Employees");
            int total = 0;
            if(rs2.next()) {
                total = rs2.getInt(1);
            }
            rs2.close();

            PageModel pageModel = new PageModel<EmpEntity>();
            pageModel.setPageNum(pageNum);
            pageModel.setPageSize(pageSize);
            pageModel.setTotalSize(total);
            pageModel.setList(list);
            return pageModel;
        } catch (SQLException e) {
            e.printStackTrace();
        } finally {
            closePst(conn, pst, rs);
        }
        return null;
    }
}
```

7.5.4 Servlet 控制分頁邏輯

最後是 Servlet 實現程式：

```
@WebServlet("/pageServlet")
public class ServletDemo extends HttpServlet {
    @Override
    protected void doGet(HttpServletRequest request, HttpServletResponse 
response) throws ServletException, IOException {
```

```
        request.setCharacterEncoding("UTF-8");
        response.setCharacterEncoding("UTF-8");

        String pPageSize = request.getParameter("pageSize");// 每頁顯示行數
        String pPageNum = request.getParameter("pageNum");// 當前顯示頁數

        int pageSize = pPageSize == null ? 10 : Integer.parseInt(pPageSize);
        int pageNum = pPageNum == null ? 1 : Integer.parseInt(pPageNum);

        request.setAttribute("pageSize", String.valueOf(pageSize));
        request.setAttribute("pageNum", String.valueOf(pageNum));

        // 新建 Dao 物件，獲取 pageModel
        EmpDao client = new EmpDao();
        PageModel<EmpEntity> pageModel = client.queryEmpList(pageNum, pageSize);
        request.setAttribute("pageModel", pageModel);// 前端獲取這個值
        request.getRequestDispatcher("showinfo.jsp").forward(request, response);
    }

    @Override
    protected void doPost(HttpServletRequest req, HttpServletResponse resp)
throws ServletException, IOException {
        doGet(req, resp);
    }
}
```

7.5.5 JSP 展示效果

具體的 JSP 頁面程式如下：

```
<%@ page contentType="text/html;charset=UTF-8" language="java" pageEncoding=
"UTF-8" %>
<%@ page import="java.util.*" %>
<%@ page import="com.vincent.javaweb.*" %>
<html>
<head>
    <title>Title</title>
</head>
<%
    String pageSize = (String) request.getAttribute("pageSize");
    String pageNum = (String) request.getAttribute("pageNum");
    PageModel<EmpEntity> pageModel = (PageModel<EmpEntity>)request.
getAttribute("pageModel");
    List<EmpEntity> list = pageModel.getList();
%>
<body>
<table align="center" >
    <tr>
```

```
            <td align="center" colspan="3">
                <h2>使用者所有資訊</h2>
            </td>
        </tr>
        <tr align="center">
            <td><b>使用者 Id</b></td>
            <td><b>年齡</b></td>
            <td><b>名稱</b></td>
            <td><b>姓氏</b></td>
        </tr>

        <%
            if(list==null||list.size()<1){
        %>
        <p align="center">還沒有任何資料！</p>
        <%
            } else {
                for(EmpEntity emp : list){
        %>
        <tr>
            <td><%=emp.getId() %></td>
            <td><%=emp.getAge() %></td>
            <td><%=emp.getLast() %></td>
            <td><%=emp.getFirst() %></td>
        </tr>
        <%
                }
            }
        %>

    </table>
    <form name="form1" action="pageServlet" method="post">
        <TABLE border="0" width="100%" >
            <TR>
                <TD align="left"><a>每頁筆數</a>
                    <select name="pageSize"
                            onchange="document.all.pageNo.value='1';document.all.
form1.submit();">
                        <option value="10" <%if(pageSize.equals("10")){%>
                                selected="selected" <%}%>>10</option>
                        <option value="20" <%if(pageSize.equals("20")){%>
                                selected="selected" <%}%>>20</option>
                        <option value="30" <%if(pageSize.equals("30")){%>
                                selected="selected" <%}%>>30</option>
                    </select></TD>
                <TD align="right">
                    <a
                            href="javascript:document.all.pageNo.value='
<%= pageModel.getTopPageNum() %>';document.all.form1.submit();">首頁</a>
```

```
                <a
                        href="javascript:document.all.pageNo.value='
<%= pageModel.getPreviousPageNum() %>';document.all.form1.submit();">上一頁</a>
                <a
                        href="javascript:document.all.pageNo.value='
<%= pageModel.getNextPageNum()%>';document.all.form1.submit();">下一頁</a>
                <a
                        href="javascript:document.all.pageNo.value='
<%= pageModel.getTotalPages()%>';document.all.form1.submit();">尾頁</a>
                <a>第</a>
                <select name="pageNo" onchange="document.all.form1.submit();">
                    <%
                        int pageCount = pageModel.getTotalPages();
                    %>
                    <%
                        for (int i = 1; i <= pageCount; i++) {
                    %>
                    <option value="<%=i%>" <%if(pageNum.equals(i+"")){%>
                            selected="selected" <%}%>><%=i%></option>
                    <%
                        }
                    %>
                </select><a>頁</a></TD>
            </TR>
        </TABLE>

    </form>
    </body>
    </html>
```

7.5.6 執行結果

專案部署 Tomcat，啟動之後，按一下「使用者所有資訊」，分頁效果如圖 7.5 所示。

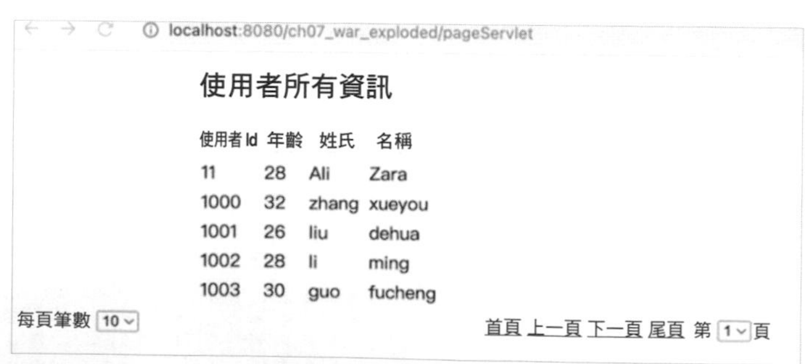

▲ 圖 7.5 分頁查詢效果圖

因為當前資料庫的資料較少，所以只展示了一頁的內容，在資料量非常大的情況下，分頁展示是提升系統性能的必要技術和手段。

7.6 實作與練習

1. 建立使用者資料表，結合本章 JDBC 操作資料庫，實現使用者註冊與登入。
2. 完善前面第 5 章的註冊與登入，並建立一個使用者管理頁面，實現頁面分頁功能。
3. 在使用者管理頁面實現資料的增、刪、改、查功能。
4. 在使用者管理頁面實現批次刪除使用者的功能。
5. 嘗試用 JDBC 操作其他資料庫，如 Oracle、SQL Server 等。

第 8 章
EL 運算式語言

EL（Expression Language）即運算式語言，通常稱為 EL 運算式。透過 EL 運算式可以簡化在 JSP 開發中對物件的引用，從而規範頁面程式，增加程式的可讀性及可維護性。本章主要詳細介紹 EL 的語法、運算子及隱含物件。

8.1 EL 概述

EL 運算式主要是代替 JSP 頁面中的運算式指令稿，在 JSP 頁面中輸出資料。EL 運算式在輸出資料的時候，要比 JSP 的運算式指令稿簡潔很多。

8.1.1 EL 的基本語法

在 JSP 頁面的任何靜態部分均可透過 ${expression} 來獲取指定運算式的值。

expression 用於指定要輸出的內容，可以是字串，也可以是由 EL 運算子組成的運算式。

EL 運算式的設定值是從左到右進行的，計算結果的類型為 String，並且連接在一起。舉例來說，${1+2 }${2+3} 的結果是 35。

EL 運算式可以傳回任意類型的值。如果 EL 運算式的結果是一個帶有屬性的物件，則可以利用「[ ]」或「.」運算子來存取該屬性。這兩個運算子類似，「[ ]」比較規範，而「.」比較快捷。可以使用以下任意一種形式：${object["propertyName"]} 或 ${object.propertyName}，但是如果 propertyName 不是有效的 Java 變數名稱，則只能用 [ ] 運算子，否則會導致異常。

8.1.2 EL 的特點

EL 運算式語法簡單，其語法有以下幾個要點：

- EL 可以與 JSTL 結合使用，也可以和 JavaScript 敘述結合使用。
- EL 可以自動轉換類型。如果想透過 EL 輸入兩個字串型數值的和，可以直接透過「+」進行連接，如 ${num1+num2}。
- EL 既可以存取一般的變數，也可以存取 JavaBean 中的屬性和巢狀結構屬性、集合物件。
- EL 中可以執行算數運算、邏輯運算、關係運算和條件運算等。
- EL 中可以獲得命名空間（PageContext 物件是頁面中所有其他內建物件中作用域最大的整合物件，透過它可以存取其他內建物件）。
- EL 中在進行除法運算時，如果除數是 0，則傳回無限大（Infinity），而不傳回錯誤。
- EL 中可以存取 JSP 的作用域（request、session、application 以及 page）。
- 擴充函式可以映射到 Java 類別的靜態方法。

8.2 與低版本的環境相容—禁用 EL

目前只要安裝的 Web 伺服器能夠支援 Servlet 2.4/JSP 2.0，就可以在 JSP 頁面中直接使用 EL。由於在 JSP 2.0 以前的版本中沒有 EL，因此 JSP 為了和以前的規範相容，還提供了禁用 EL 的方法，接下來詳細介紹。

8.2.1 禁用 EL 的方法

1. 使用反斜線「\」符號

只需要在 EL 的起始標記「$」前加上「\」即可。

2. 使用 page 指令

使用 JSP 的 page 指令也可以禁用 EL 運算式，語法格式如下：

```
<%@ page isELIgnored="true"%>    <!-- true 為禁用 EL -->
```

3. 在 web.xml 檔案中設定 <el-ignored> 元素

web.xml 禁用 EL 運算式的語法格式如下：

```
<jsp-config>
    <jsp-property-group>
        <url-pattern>*.jsp</url-pattern>
        <el-ignored>true</el-ignored>
    </jsp-property-group>
</jsp-config>
```

8.2.2 禁用 EL 總結

基於當前服務端部署的情況，99% 的環境都支援 EL 運算式，所以極少遇到要相容低版本的情況。但是，在偵錯工具的時候，如果遇到了 EL 運算式無效，應該考慮到可能是版本相容的問題，這樣或許能快速解決問題。

8.3 識別字和保留的關鍵字

8.3.1 EL 識別字

在 EL 運算式中，經常需要使用一些符號來標記一些名稱，如變數名稱、自訂函式名稱等，這些符號被稱為識別字。EL 運算式中的識別字可以由任意順序的大小寫字母、數字和底線組成，為了避免出現非法的識別字，在定義識別字時還需要遵循以下規範：

- 不能以數字開頭。
- 不能是 EL 中的保留字，如 and、or、gt。
- 不能是 EL 隱式物件，如 pageContext。
- 不能包含單引號「'」、雙引號「"」、減號「-」和正斜線「/」等特殊字元。

8.3.2 EL 保留字

保留字就是程式語言中事先定義並賦予特殊含義的單字，和其他程式語言一樣，EL 運算式中也定義了許多保留字，如 false、not 等，接下來就列舉 EL 中所有的保留字，具體如表 8.1 所示。

▼ 表 8.1 EL 保留字

運算符號	說　明	運算符號	說　明
and	與	ge	大於或等於
or	或	true	True
not	非	false	False
eq	等於	null	Null
ne	不等於	empty	清空
le	小於或等於	div	相除
gt	大於	mod	取餘

需要注意的是，EL 運算式中的這些保留字不能作為識別字，以免在程式編譯時發生錯誤。

8.4 EL 的運算子及優先順序

8.4.1 透過 EL 存取資料

EL 獲取資料的語法：${ 識別字 }，用於獲取作用域中的資料，包括簡單資料和物件資料。

1. 獲取簡單資料

簡單資料指非物件類型的資料，比如 String、Integer、基本類型等。

獲取簡單資料的語法：${key}，key 就是儲存資料的關鍵字或屬性名稱，資料通常要儲存在作用域物件中，EL 在獲取資料時，會依次從 page、request、session、application 作用域物件中查詢，找到了就傳回資料，找不到就傳回空字串。

2. 獲取 JavaBean 物件資料

EL 獲取 JavaBean 物件資料的本質是呼叫 JavaBean 物件屬性 xxx 對應的 getXxx() 方法，例如執行 ${u.name}，就是在呼叫物件的 getName() 方法。

常見錯誤：如果在撰寫 JavaBean 類別時沒有提供某個屬性 xxx 對應的 getXxx() 方法，那麼在頁面上用 EL 來獲取 xxx 屬性值就會顯示出錯：屬性 xxx 無法讀取，缺少 getXxx() 方法。

3. EL 存取 List 集合指定位置的資料

List 存取與 Java 語法的 List 類似，接下來以實際案例來說明 EL 運算式如何存取 List 集合的資料。

範例程式如下：

```
<%
    // 將資料存到 page 作用域物件中
    pageContext.setAttribute("name", " 語言運算式 ");
    request.setAttribute("age", 12);
%>
<h3>EL 獲取簡單資料 </h3>
姓名：${name}<br>
年齡：${age}<br>

<%
    Student stu = new Student(" 清華 ", 19, new Course(1, " 巨量資料 "));
    List<String> list = new ArrayList<>();
    list.add(" 北京 ");
    list.add(" 上海 ");
    list.add(" 浙江 ");
    stu.setAddr(list);
    request.setAttribute("stu", stu);
    request.setAttribute("addr", list);
%>
<h3>EL 獲取 JavaBean 物件 </h3>
姓名：${stu.name}<br>
年齡：${stu.age}<br>
課程名稱：${stu.course.name}<br>

<h3>EL 存取 List 集合指定位置的資料 </h3>
JavaBean 獲取 List：${stu.addr[0]}<br>
直接存取 List：${addr[1]}<br>
```

程式執行展示的頁面結果如圖 8.1 所示。

EL 獲取簡單資料

姓名 : 語言運算式
年齡 :12

EL 獲取 JavaBean 物件

姓名 : 清華
年齡 :19
課程名稱 : 巨量資料

EL 存取 List 集合指定位置的資料

JavaBean 獲取 List: 北京
直接存取 List: 上海

▲ 圖 8.1 EL 存取資料

8.4.2 在 EL 中進行算數運算

EL 算數運算與 Java 基本一樣，範例如圖 8.2 所示。

EL 算數運算

功能	範例	結果
加	${19 + 22}	41
減	${59 – 21}	38
乘	${33.33 * 11}	366.63
除	${10 / 3}	3.3333333333333335
	${9 div 0}	Infinity
模	${10 % 3}	1
	${9 mod 0}	頁面顯示出錯

▲ 圖 8.2 EL 算數運算範例

範例程式如下：

```
<h3>EL 算數運算 </h3>
<table>
    <tr>
        <td> 功能 </td>
        <td> 範例 </td>
        <td> 結果 </td>
    </tr>
    <tr>
        <td> 加 </td>
        <td>\${19 + 22}</td>
        <td>${19 + 22}</td>
    </tr>
    <tr>
        <td> 減 </td>
        <td>\${59 - 21}</td>
        <td>${59 - 21}</td>
    </tr>
    <tr>
        <td> 乘 </td>
        <td>\${33.33 * 11}</td>
        <td>${33.33 * 11}</td>
    </tr>
    <tr>
        <td rowspan="2"> 除 </td>
        <td>\${10 / 3}</td>
        <td>${10 / 3}</td>
    </tr>
    <tr>
        <td>\${9 div 0}</td>
```

```
        <td>${9 div 0}</td>
    </tr>
    <tr>
        <td rowspan="2">模</td>
        <td>\${10 % 3}</td>
        <td>${10 % 3}</td>
    </tr>
    <tr>
        <td>\${9 mod 0}</td>
        <td>頁面顯示出錯</td>
    </tr>
</table>
```

EL的「+」運算子與Java的「+」運算子不同，它不能實現兩個字串之間的串接。如果使用該運算子串接兩個不可以轉為數值類型的字串，將拋出異常；如果使用該運算子串接兩個可以轉為數值類型的字串，EL 會自動將這兩個字串轉為數值類型，再進行加法運算。

8.4.3 在 EL 中判斷物件是否為空

在 EL 運算式中判斷物件是否為空可以透過 empty 運算子實現，該運算子是一個首碼（Prefix）運算子，即 empty 運算子位於運算元前方（即運算元左側），用來確定一個物件或變數是否為 null 或空。

empty 運算子的格式如下：

```
${empty expression}
```

範例程式如下：

```
<% request.setAttribute("name1",""); %>
<% request.setAttribute("name2",null); %>
<h3>EL 判斷物件是否為空</h3>
物件 name1='' 是否為空：${empty name1}<br>
物件 name2 null 是否為空：${empty name2}<br>
```

注意：一個變數或物件為 null 或空代表的意義是不同的。null 表示這個變數沒有指明任何物件，而空白資料表示這個變數所屬的物件的內容為空，例如空字串、空的陣列或空的 List 容器。empty 運算子也可以與 not 運算子結合使用，用於判斷一個物件或變數是否為不可為空。

8.4.4 在 EL 中進行邏輯關係運算

邏輯關係運算比較簡單，範例如圖 8.3 所示。

EL 邏輯關係運算

功能	範例	結果
小於	${19 < 22}或${19 lt 22}	true
大於	${1 > (22 / 2)}或${1 gt (22 / 2)}	false
小於或等於	${4 <= 3}或${4 le 3}	false
大於或等於	${4 >= 3.0}或${4 ge 3.0}	true
等於	${1 == 1.0}或${1 eq 1.0}	true
不等於	${1 != 1.0}或${1 ne 1.0}	false
自動轉換	${'4' > 3}	true

▲ 圖 8.3 EL 邏輯運算範例

範例程式如下：

```
<h3>EL 邏輯關係運算 </h3>
<table>
    <tr>
        <td> 功能 </td>
        <td> 範例 </td>
        <td> 結果 </td>
    </tr>
    <tr>
        <td> 小於 </td>
        <td>\${19 < 22} 或 \${19 lt 22}</td>
        <td>${19 < 22}</td>
    </tr>
    <tr>
        <td> 大於 </td>
        <td>\${1 > (22 / 2)} 或 \${1 gt (22 / 2)}</td>
        <td>${1 > (22 / 2)}</td>
    </tr>
    <tr>
        <td> 小於或等於 </td>
        <td>\${4 <= 3} 或 \${4 le 3}</td>
        <td>${4 <= 3}</td>
    </tr>
    <tr>
        <td> 大於或等於 </td>
        <td>\${4 >= 3.0} 或 \${4 ge 3.0}</td>
        <td>${4 >= 3.0}</td>
    </tr>
    <tr>
        <td> 等於 </td>
```

```
        <td>\${1 == 1.0} 或 \${1 eq 1.0}</td>
        <td>${1 == 1.0}</td>
    </tr>
    <tr>
        <td> 不等於 </td>
        <td>\${1 != 1.0} 或 \${1 ne 1.0}</td>
        <td>${1 != 1.0}</td>
    </tr>
    <tr>
        <td> 自動轉換 </td>
        <td>\${'4' > 3}</td>
        <td>${'4' > 3}</td>
    </tr>
</table>
```

8.4.5 在 EL 中進行條件運算

EL 運算式的條件運算使用簡單、方便，和 Java 語言中的用法完全一致，也稱三目運算，其語法格式如下：

```
${ 條件運算式 ? 運算式 1 ：運算式 2}
```

範例程式如下：

```
<tr>
    <td> 條件運算 </td>
    <td>\${name3 == 'andy' ? 'Yes' : 'No'}</td>
<td>${name3 == 'andy' ? 'Yes' : 'No'}</td>
</tr>
```

8.5 EL 的隱含物件

EL 運算式中定義了 11 個隱含物件，跟 JSP 內建物件類似，在 EL 運算式中可以直接使用，具體如表 8.2 所示。

▼ 表 8.2 EL 的隱含物件

物件名稱	類　型	說　明
pageContext	PageContextImpl	可以獲取 JSP 中的九大內建物件
pageScope	Map<String,Object>	可以獲取 page 作用域中的資料
requestScope	Map<String,Object>	可以獲取 request 作用域中的資料
sessionScope	Map<String,Object>	可以獲取 session 作用域中的資料
applicationScope	Map<String,Object>	可以獲取 application 作用域中的資料

物件名稱	類　型	說　明
param	Map<String,Object>	可以獲取請求參數的值
paramValues	Map<String,Object>	可以獲取請求參數的值，獲取多個值的時候使用
header	Map<String,Object>	可以獲取請求標頭的資訊
headerValues	Map<String,Object>	可以獲取請求標頭的資訊，它可以獲取多個值
cookie	Map<String,Object>	可以獲取當前請求的 Cookie 資訊
initParam	Map<String,Object>	可以獲取在 web.xml 中設定的 <context-param> 上下文參數

接下來對幾個重要的物件進行詳細講解。

8.5.1 頁面上下文物件

頁面上下文物件為 pageContext，用於存取 JSP 的內建物件中的 request、response、out、session、exception、page 以及 servletContext，獲取這些內建物件後就可以獲取相關屬性值。

範例程式如下：

```
<h4> 頁面上下文物件 </h4>
存取 request 物件（serverName）：${pageContext.request.serverName}<br>
存取 response 物件（contentType）：${pageContext.response.contentType}<br>
存取 out 物件（bufferSize）：${pageContext.out.bufferSize}<br>
存取 session 物件（maxInactiveInterval）：${pageContext.session.
maxInactiveInterval}<br>
存取 exception 物件（message）：${pageContext.exception.message}<br>
存取 servletContext 物件（contextPath）：${pageContext.servletContext.
contextPath}<br>
```

8.5.2 存取作用域範圍的隱含物件

EL 運算式提供了 4 個用於存取作用域內的隱含物件，即 pageScope、requestScope、sessionScope 和 applicationScope。指定要查詢的識別字的作用域後，系統將不再按照預設的順序（page、request、session 及 application）來查詢相應的識別字，這 4 個隱含物件只能用來取得指定作用域內的屬性值，而不能取得其他相關資訊。

```
<%
    pageContext.setAttribute("name", "pageContext name");
    request.setAttribute("name", "request name");
    session.setAttribute("name", "session name");
    application.setAttribute("name", "application name");
%>
```

```
<h4> 存取作用域內的隱含物件 </h4>
pageContext 作用域：${ applicationScope.name }<br>
request 作用域：${ pageScope.name }<br>
session 作用域：${ sessionScope.name }<br>
application 作用域：${ requestScope.name }<br>
```

8.5.3 存取環境資訊的隱含物件

EL 運算式剩餘的 6 個隱含物件是存取環境資訊的，它們分別是 param、paramValues、header、headerValues、cookie 和 initParam，下面用一個簡單範例來演示：

```
<%
    Cookie cookie = new Cookie("user", " 管理員 ");
    response.addCookie(cookie);
%>
<h4> 存取環境資訊的隱含物件 </h4>
獲取 initParam 物件：${initParam.contextConfigLocation}<br>
獲取 cookie 物件：${cookie.user.value}<br>
獲取 header 物件：${header.connection}<br>
獲取 headerValues 物件：${header["user-agent"]}<br>
<form action="el_object_result.jsp" method="post">
    <input type="text" name="name" /><br>
    <input name="ball" type="checkbox" value=" 籃球 "> 籃球 <br>
    <input name="ball" type="checkbox" value=" 足球 "> 足球 <br>
    <input name="ball" type="checkbox" value=" 乒乓球 "> 乒乓球 <br>
    <input name="ball" type="checkbox" value=" 網球 "> 網球 <br>
    <input type="submit" value=" 提交 ">
</form>
```

表單提交之後，透過 el_object_result.jsp 來展示資訊，範例如下：

```
獲取 param 物件：${param.name}<br>
獲取 paramValues 物件：<br>
<li>${paramValues.ball[0]}<br></li>
<li>${paramValues.ball[1]}<br></li>
<li>${paramValues.ball[2]}<br></li>
<li>${paramValues.ball[3]}<br></li>
```

8.6 定義和使用 EL 函式

EL 原本是 JSTL 1.0 中的技術，但是從 JSP 2.0 開始，EL 就分離出來納入 JSP 的標準了，不過 EL 函式還是和 JSTL 技術綁定在一起。下面將介紹如何自訂 EL 函式，JSTL 技術將在第 9 章中具體講解。

自訂和使用 EL 函式分為以下 3 個步驟：

（1）撰寫 Java 類別，並提供公有靜態方法，用於實現 EL 函式的具體功能。

自訂撰寫的 Java 類別必須是 public 類別中的 public static 函式，每一個靜態函式都可以成為一個 EL 函式。

範例程式如下：

```
public class ELCustom {
    public static String reverse(String str) {
        if (null == str || "".equals(str)) {
            return "";
        }
        return new StringBuffer(str).reverse().toString();
    }
    public static String toUpperCase(String str) {
        if (null == str || "".equals(str)) {
            return "";
        }
        return str.toUpperCase();
    }
}
```

（2）撰寫標籤函式庫描述檔案，對函式進行宣告。

撰寫 TLD（Tag Library Descriptor，標籤函式庫描述符號）檔案，註冊 EL 函式，使之可以在 JSP 中被辨識。檔案副檔名為 .tld，可以放在 WEB-INF 目錄下，或是 WEB-INF 目錄下的子目錄中。

範例程式（str.tld）如下：

```
<?xml version="1.0" encoding="UTF-8"?>
<taglib xmlns="http://java.sun.com/xml/ns/javaee"
        xmlns:xsi="http://www.w3.org/2001/XMLSchema-instance"
        xsi:schemaLocation="http://java.sun.com/xml/ns/javaee http://java.sun.
com/xml/ns/javaee/web-jsptaglibrary_2_1.xsd"
        version="2.1">

    <tlib-version>1.0</tlib-version>
    <!--
            定義函式程式庫推薦的（首選的）名稱空間首碼，即在 JSP 頁面透過 taglib 指令匯入標籤
函式庫時，指定 prefix 的值
            例如 JSTL 核心函式庫首碼一般是 c。
            <%@ taglib uri="http://java.sun.com/jsp/jstl/core" prefix="c" %>
    -->
    <short-name>str</short-name>
```

```
        <!-- 標識這個在網際網路上的唯一位址，一般是作者的網站，這個網址可以是虛設的，但一定要是
唯一的。這裡的值將用作 taglib 指令中 uri 的值 -->
        <uri>http://vincent.com/el/custom</uri>

        <!-- Invoke 'Generate' action to add tags or functions -->
        <function>
            <description> 字串反轉 </description>
            <name>reverse</name>
            <function-class>com.vincent.javaweb.ELCustom</function-class>
            <function-signature>java.lang.String reverse(java.lang.String)
</function-signature>
        </function>
        <function>
            <description> 字元轉大寫 </description>
            <name>toUpperCase</name>
            <function-class>com.vincent.javaweb.ELCustom</function-class>
            <function-signature>java.lang.String toUpperCase(java.lang.String)
</function-signature>
        </function>

    </taglib>
```

（3）在 JSP 頁面中增加 taglib 指令，匯入自訂標籤函式庫。

用 taglib 指令匯入自訂的 EL 函式程式庫。注意，taglib 的 uri 填寫的是步驟 2 中 tld 定義的 uri，prefix 是 tld 定義中的 function 的 shortname。

範例程式如下：

```
<%@ page contentType="text/html;charset=UTF-8" language="java" %>
<%@ taglib uri="http://vincent.com/el/custom" prefix="str" %>
<html>
<head>
    <title>Title</title>
</head>
<body>
    <h4> 使用自訂 EL 函式 </h4>
    字元大寫：${str:toUpperCase(param.name)}<br>
    字元反轉：${str:reverse(param.name)}<br>
</body>
</html>
```

8.7 實作與練習

1. 掌握 EL 運算式的基本用法。
2. 簡述一下 EL 運算式識別字的規範。
3. 練習 EL 運算式的運算，掌握基本運算規則。
4. 使用 JavaBean 和 EL 運算式技術改造使用者登入，並且在使用者未退出系統的情況下，在每個頁面都能獲取使用者資訊。
5. 自訂 EL 函式，實現對字串的加密顯示（加密規則為：對字串正中間且長度為字串長度一半的字串加密，如將「我很喜歡學程式設計」加密為「我很 *** 程式設計」）。

第 9 章 JSTL 標籤

在 JSP 誕生之初，JSP 提供了在 HTML 程式中嵌入 Java 程式的特性，這使得開發者可以利用 Java 語言的優勢來完成許多複雜的業務邏輯。但是隨著開發者發現在 HTML 程式中嵌入過多的 Java 程式，程式設計師對於動輒上千行的 JSP 程式基本喪失了維護能力，非常不利於 JSP 的維護和擴充。基於上述情況，開發者嘗試使用一種新的技術來解決上述問題。從 JSP 1.1 規範後，JSP 增加了 JSTL 標籤函式庫的支援，提供了 Java 指令稿的重複使用性，提高了開發者的開發效率。

9.1 JSTL 標籤函式庫簡介

JSTL（Java Server Pages Standarded Tag Library，JSP 標準標籤函式庫）是由 JCP（Java Community Process）制定的標準規範，它主要為 Java Web 開發人員提供標準通用的標籤函式庫，開發人員可以利用這些標籤取代 JSP 頁面上的 Java 程式，從而提高程式的可讀性，降低程式的維護難度。

JSTL 標籤是基於 JSP 頁面的，這些標籤可以插入 JSP 程式中，本質上 JSTL 也是提前定義好的一組標籤，這些標籤封裝了不同的功能。JSTL 的目標是簡化 JSP 頁面的設計。對頁面設計人員來說，使用指令碼語言操作動態資料是比較困難的，而採用標籤和運算式語言則相對容易，JSTL 的使用為頁面設計人員和程式開發人員的分工協作提供了便利。

JSTL 標籤函式庫極大地減少了 JSP 頁面嵌入的 Java 程式，使得 Java 核心業務程式與頁面展示 JSP 程式分離，這比較符合 MVC（Model、View、Controller）的設計理念。

9.2 JSTL 的設定

從 Tomcat 10 開始，JSTL 設定套件發生了變化，其 JAR 套件在 /glassfish6/glassfish/modules 目錄下。

進入目錄找到 jakarta.servlet.jsp.jstl-api.jar 和 jakarta.servlet.jsp.jstl.jar 套件，將其重新命名為 jakarta.servlet.jsp.jstl-api-2.0.0.jar 和 jakarta.servlet.jsp.jstl-2.0.0.jar，並將這兩個 JAR 套件複製到 /WEB-INF/lib/ 下。

引入 lib 檔案編譯之後，就可以直接在頁面中使用 JSTL 標籤了。IDEA 引入 lib 函式庫的方式如圖 9.1 所示。

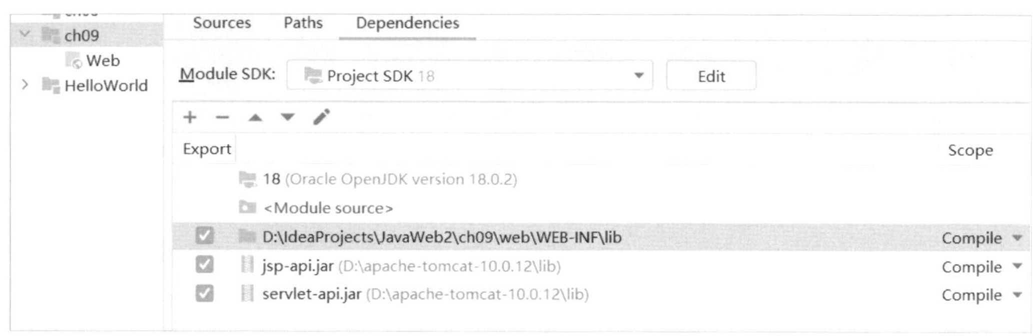

▲ 圖 9.1 IDEA 引入 lib 函式庫

核心標籤是常用的 JSTL 標籤。引用核心標籤函式庫的語法如下：

```
<%@ taglib prefix="c" uri="http://java.sun.com/jsp/jstl/core" %>
```

在 JSP 頁面引入核心標籤，頁面編譯不出錯即表示 JSTL 設定成功。

9.3 運算式標籤

9.3.1 <c:out> 輸出標籤

<c:out> 標籤用來顯示資料物件（字串、運算式）的內容或結果。該標籤類似於 JSP 的運算式 <%= 運算式 %> 或 EL 運算式 ${expression}。

其語法格式如下：

語法一：

```
<c:out value="expression" [escapeXml="true|false"] [default="defaultValue"] />
```

語法二：

```
<c:out value="expression" [escapeXml="true|false"]>defalultValue</c:out>
```

參數說明如下：

- value：用於指定將要輸出的變數和運算式。該屬性的值類似於 Object，可以使用 EL。
- escapeXml：可選屬性，用於指定是否轉換特殊字元，可以被轉換的字元如表 9.1 所示。屬性值可以為 true 或 false，預設值為 true，表示進行轉換。舉例來說，將「<」轉為「<」。

▼ 表 9.1 escapeXml 被轉換的字元表

字　元	字元實體程式
<	<
>	>
'	'
"	"
&	&

- default：可選屬性，用於指定 value 屬性值為 null 時將要顯示的預設值。如果沒有指定該屬性，並且 value 屬性的值為 null，該標籤將輸出空的字串。

範例程式如下：

```
<h4>&ltc:out&gt 變數輸出標籤 </h4>
<li><c:out value="out 輸出範例 "></c:out></li>
<li><c:out value="&lt 未進行字元跳脫 &gt" /></li>
<li><c:out value="&lt 進行字元跳脫 &gt" escapeXml="false" /></li>
<li><c:out value="${null}"> 使用了預設值 </c:out></li>
<li><c:out value="${null}"></c:out></li>
```

9.3.2 <c:set> 變數設定標籤

<c:set> 用於在指定作用域內定義儲存某個值的變數，或為指定的物件設定屬性值。

其語法格式如下：

語法一：

```
<c:set var="name" value="value" [scope="page|request|session|application"] />
```

語法二：

```
<c:set var="name" [scope="page|request|session|application"]>value</c:set>
```

語法三：

```
<c:set target="obj" property="name" value="value" />
```

語法四：

```
<c:set target="obj" property="name">value</c:set>
```

參數說明如下：

- var：用於指定變數名稱。透過該標籤定義的變數名稱，可以透過 EL 運算式為 <c:out> 的 value 屬性賦值。
- value：用於指定變數值，可以使用 EL 運算式。
- scope：用於指定變數的作用域，預設值為 page，可選值包括 page、request、session 或 application。
- target：用於指定儲存變數值或標籤本體的目標物件，可以是 JavaBean 或 Map 物件。

範例程式如下：

```
<h4>&ltc:set&gt 變數設定標籤 </h4>
<li>把一個值放入session中。<c:set value="apple" var="name1" scope="session"></c:set>
</li>
<li> 從 session 中獲得值 :${sessionScope.name1 }</li>
<li> 把另一個值放入 application 中。<c:set var="name2" scope="application">watch</
c:set>
</li>
<li> 使用 out 標籤和 EL 運算式巢狀結構獲得值：<c:out value="${applicationScope.name2}">
未獲得 name 的值 </c:out></li>
<li> 未指定作用域，則會從不一樣的作用域內查詢獲得相應的值：${name1 }、${name2 }</li>
<c:set target="${person}" property="name">vincent</c:set>
<c:set target="${person}" property="age">25</c:set>
<c:set target="${person}" property="sex"> 男 </c:set>
<li> 使用的目標物件為：${person }
<li> 從 Bean 中得到的 name 值為：<c:out value="${person.name}"></c:out>
<li> 從 Bean 中得到的 age 值為：<c:out value="${person.age}"></c:out>
<li> 從 Bean 中得到的 sex 值為：<c:out value="${person.sex}"></c:out>
```

9.3.3 <c:remove> 變數移除標籤

<c:remove> 標籤主要用來從指定的 JSP 作用域內移除指定的變數。

其語法格式如下：

```
<c:remove var="name" [scope="page|request|session|application"] />
```

參數說明如下：

- var：用於指定要移除的變數名稱。
- scope：用於指定變數的作用域，預設值為 page，可選值包括 page、request、session 或 application。

範例程式如下：

```
<h4>&ltc:remove&gt 變數移除標籤 </h4>
<li>remove 之前 name1 的值：<c:out value="apple" default="空" /></li>
<c:remove var="name1" />
<li>remove 之後 name1 的值：<c:out value="${name1}" default="空" /></li>
```

9.3.4 <c:catch> 捕捉異常標籤

<c:catch> 標籤用來處理 JSP 頁面中產生的異常，並將異常資訊儲存起來。
其語法格式如下：

```
<c:catch var="name1"> 容易產生異常的程式 </c:catch>
```

參數說明如下：

- var：使用者定義存取異常資訊的變數的名稱。省略後也能夠實現異常的捕捉，但是不能顯式地輸出異常資訊。

範例程式如下：

```
<h4>&ltc:catch&gt 捕捉異常標籤 </h4>
<c:catch var="error">
    <c:set target="NotExists" property="hao">1</c:set>
</c:catch>
<li> 異常資訊：<c:out value="${error}"/></li>
```

程式執行結果如圖 9.2 所示。

<c:catch>捕获异常标签

- 异常信息：jakarta.servlet.jsp.JspTagException: Invalid property in <set>: "hao"

▲ 圖 9.2 JSTL 異常標籤

9.4 URL 相關標籤

JSTL 中提供了 4 類別與 URL 相關的標籤，分別是 <c:import>、<c:url>、<c:redirect> 和 <c:param>。<c:param> 標籤通常與其他標籤配合使用。

9.4.1 <c:import> 匯入標籤

<c:import> 標籤的功能是在一個 JSP 頁面匯入另一個資源，資源可以是靜態文字，也可以是動態頁面，還可以匯入其他網站的資源。

其語法格式如下：

```
<c:import url="" [var="name"] [scope="page|request|session|application"] />
```

參數說明如下：

- url：待匯入資源的 URL，可以是相對路徑或絕對路徑，並且可以匯入其他主機資源。
- var：用來儲存外部資源的變數。
- scope：用於指定變數的作用域，預設值為 page，可選值包括 page、request、session 或 application。

範例程式如下：

```
<h3>&ltc:import&gt 匯入標籤 </h3>
<c:catch var="error1">
    <!-- 讀者可以試試去掉 charEncoding="UTF-8" 屬性，查看顯示效果 -->
    <li> 外部 URL 範例：<c:import url="http://www.baidu.com"
charEncoding="utf-8" /></li>
    <li> 相對路徑範例：<c:import url="image/test.txt" charEncoding="utf-8"/></li>
    <c:import var="myurl" url="image/test.txt" scope="session"
charEncoding="utf-8" />
</c:catch>
<li><c:out value="${error1}" /></li>
```

9.4.2 <c:url> 動態生成 URL 標籤

<c:url> 標籤用於生成一個 URL 路徑的字串，可以賦予 HTML 的 <a> 標記實現 URL 的連結，或用它實現網頁轉發與重定向等。

其語法格式如下：

語法一：指定一個 URL 不做修改，可以選擇把該 URL 儲存在 JSP 不同的作用域內。

```
<c:url value="value" [var="name"][scope="page|request|session|application"]
[context="context"]/>
```

語法二：給 URL 加上指定參數及參數值，可以選擇以 name 儲存該 URL。

```
<c:url value="value" [var="name"][scope="page|request|session|application"]
[context="context"]>
    <c:param name=" 參數名稱 " value=" 值 ">
</c:url>
```

參數說明如下：

- value：指定要建構的 URL。
- context：當要使用相對路徑匯入同一個伺服器下的其他 Web 應用程式中的 URL 位址時，context 屬性用於指定其他 Web 應用程式的名稱。
- var：指定屬性名稱，將建構出的 URL 結果儲存到 Web 域內的屬性中。
- scope：指定 URL 的作用域，預設值為 page，可選值包括 page、request、session 或 application。

範例程式如下：

```
<h3>&ltc:url&gt 動態生成 URL 標籤 </h3>
使用相對路徑建構 URL(c:param 傳參 ):
<c:url value="jstl_tag_url_register.jsp" var="myurl1" scope="session" >
    <c:param name="name" value=" 張三李四 " />
    <c:param name="country" value="China" />
</c:url>
<a href="${myurl1}">Register1</a><hr />
使用相對路徑建構 URL:
<c:url value="jstl_tag_url_register.jsp?name=wangwu&country=France" var="myurl2" />
<a href="${myurl2}">Register2</a><hr />
```

9.4.3 <c:redirect> 重定向標籤

<c:redirect> 標籤用來實現請求的重定向，同時可以在 URL 中加入指定的參數。舉例來說，對使用者輸入的使用者名稱和密碼進行驗證，如果驗證不成功，則重定向到登入頁面；或實現 Web 應用不同模組之間的銜接。

其語法格式如下：

語法一：

```
<c:redirect url="url" [context="context"]>
```

語法二：

```
<c:redirect url="url"[context="context"]>
    <c:param name="name1" value="value1">
</c:redirect>
```

參數說明：

- url：指定重定向頁面的位址，可以是一個 String 類型的絕對位址或相對位址。
- context：當要使用相對路徑重定向到同一個伺服器下的其他 Web 應用程式中的資源時，context 屬性指定其他 Web 應用程式的名稱。

範例程式如下：

```
<h3>&ltc:redirect&gt 重定向標籤 </h3>
<c:redirect url="jstl_tag_url_register.jsp" >
    <c:param name="name" value="redirect" />
    <c:param name="country" value="China" />
</c:redirect>
```

9.5 流程控制標籤

流程控制標籤主要用於對頁面簡單的業務邏輯進行控制。JSTL 中提供了 4 個流程控制標籤：<c:if> 標籤、<c:choose> 標籤、<c:when> 標籤和 <c:otherwise> 標籤。接下來分別介紹這些標籤的功能和使用方式。

9.5.1 <c:if> 條件判斷標籤

在程式開發中，經常要用到 if 敘述進行條件判斷，同樣，JSP 頁面提供 <c:if> 標籤用於條件判斷。

其語法格式如下：

語法一：

```
<c:if test="cond" var="name" [scope="page|request|session|application"] />
```

語法二：

```
<c:if test="cond" var="name" [scope="page|request|session|application"]>
Content</c:if>
```

參數說明如下：

- test：用於存放判斷的條件，一般使用 EL 運算式來撰寫。
- var：指定變數名稱，用來存放判斷的結果為 true 或 false。
- scope：指定變數的作用域，預設值為 page，可選值包括 page、request、session 或 application。

範例程式如下：

```
<h3>&ltc:if&gt 條件判斷標籤 </h3>
<c:if var="key" test="${empty param.username}">
    <form name="form" method="post" action="">
        <label for="username">姓名：</label><input type="text" name="username"
id="username"><br>
        <input type="submit" name="Submit" value=" 確認 ">
    </form>
</c:if>
<c:if test="${!key}">
    <b>${param.username}</b>，歡迎您！
</c:if>
```

程式執行結果如圖 9.3 所示。

▲ 圖 9.3 JSTL 條件判斷標籤

9.5.2 <c:choose> 條件選擇標籤

<c:choose>、<c:when> 和 <c:otherwise> 三個標籤通常是一起使用的，<c:choose> 標籤作為 <c:when> 和 <c:otherwise> 標籤的父標籤來使用，其語法格式如下：

```
<c:choose>
    <c:when test=" 條件 1"> 業務邏輯 1</c:when>
    <c:when test=" 條件 2"> 業務邏輯 2</c:when>
    <c:when test=" 條件 n"> 業務邏輯 n</c:when>
    <c:otherwise> 業務邏輯 </c:otherwise>
</c:choose>
```

9.5.3 <c:when> 條件測試標籤

<c:when> 標籤是包含在 <c:choose> 標籤中的子標籤，它根據不同的條件執行相應的業務邏輯，可以存在多個 <c:when> 標籤來處理不同條件的業務邏輯。

<c:when> 的 test 屬性是條件運算式，如果滿足條件，即進入相應的業務邏輯處理模組。<c:when> 標籤必須出現在 <c:otherwise> 標籤之前。

其語法參考 <c:choose> 標籤。

9.5.4 <c:otherwise> 其他條件標籤

<c:otherwise> 標籤也是一個包含在 <c:choose> 標籤中的子標籤，用於定義 <c:choose> 標籤中的預設條件處理邏輯，如果沒有任何一個結果滿足 <c:when> 標籤指定的條件，則會執行這個標籤主體中定義的邏輯程式。在 <c:choose> 標籤範圍內只能存在該標籤的定義。

其語法參考 <c:choose> 標籤。

9.5.5 流程控制小結

通常情況下，流程控制都是一起使用的，下面透過頁面輸入成績來展示流程控制的使用，範例程式如下：

```
<h3>&ltc:choose&gt 條件選擇標籤 </h3>
<c:if test="${empty param.score }" var="result">
    <form action="" name="form1" method="post">
        成績： <input name="score" type="text" id="score"><br />
        <input type="submit" value=" 查詢 ">
    </form>
</c:if>
<c:if test="${!result}">
    <c:choose>
        <c:when test="${param.score>=90&&param.score<=100}"> 優秀！ </c:when>
        <c:when test="${param.score>=70&&param.score<=90}"> 良好！ </c:when>
```

```
        <c:when test="${param.score>=60&&param.score<=70}">及格！</c:when>
        <c:when test="${param.score>=0&&param.score<=60}">不及格！</c:when>
        <c:otherwise>成績無效！</c:otherwise>
    </c:choose>
</c:if>
```

讀者可以自行執行這段程式，然後在頁面上輸入分數，會顯示相應的結果。

9.6 迴圈標籤

迴圈標籤是程式演算法中的重要環節，有很多常用的演算法都是在迴圈中完成的，如遞迴演算法、查詢演算法和排序演算法等。同時，迴圈標籤也是十分常用的標籤，獲取的資料集在 JSP 頁面展示幾乎都是透過迴圈標籤來實現的。JSTL 標籤函式庫中包含 <c:forEach> 和 <c:forTokens> 兩個迴圈標籤。

9.6.1 <c:forEach> 迴圈標籤

<c:forEach> 迴圈標籤可以根據迴圈條件對一個 Collection 集合中的一系列物件進行迭代輸出，並且可以指定迭代次數，從中取出目標資料。如果在 JSP 頁面中使用 Java 程式來遍歷資料，則會使頁面非常混亂，不利於維護和分析。使用 <c:forEach> 迴圈標籤可以使頁面更加直觀、簡潔。

其語法格式如下：

```
<c:forEach items="collection" var="varName"
     [varStatus="varStatusName"][begin="begin"] [end="end"] [step="step"]>
     content
</c:forEach>
```

參數說明如下：

- var：也就是儲存在 Collection 集合類別中的物件名稱。
- items：將要迭代的集合類別名稱。
- varStatus：儲存迭代的狀態資訊，可以存取迭代自身的資訊。
- begin：如果指定了 begin 值，就表示從 items[begin] 開始迭代，如果沒有指定 begin 值，則從集合的第一個值開始迭代。
- end：表示迭代到集合的 end 位元時結束，如果沒有指定 end 值，則表示一直迭代到集合的最後一位。

- step：指定迭代的步進值。

  範例程式如下：

```
<%
    List<String> position = new ArrayList<String>();
    position.add("巨量資料開發工程師");
    position.add("巨量資料平臺架構師");
    position.add("資料倉儲工程師");
    position.add("ETL 工程師");
    position.add("軟體架構師");
    request.setAttribute("positions",position);
%>
<b><c:out value="全部查詢"></c:out></b><br>
<c:forEach items="${positions}" var="pos">
    <c:out value="${pos}"></c:out><br>
</c:forEach>
<br>
<b><c:out value="部分查詢(begin 和 end 的使用)"></c:out></b><br>
<c:forEach items="${positions}" var="pos" begin="1" end="3" step="2">
    <c:out value="${pos}"></c:out><br>
</c:forEach>
<br>
<b><c:out value="varStatus 屬性的使用"></c:out></b><br>
<c:forEach items="${positions}" var="item" begin="3" end="4" step="1"
varStatus="s">
    <li>
    <c:out value="${item}" />的 4 種屬性：<br>
    所在位置(索引)：<c:out value="${s.index}" /><br>
    總共已迭代的次數：<c:out value="${s.count}" /><br>
    是否為第一個位置：<c:out value="${s.first}" /><br>
    是否為最後一個位置：<c:out value="${s.last}" /><br>
    </li>
</c:forEach>
```

9.6.2 <c:forTokens> 迭代標籤

<c:forTokens> 標籤和 Java 中的 StringTokenizer 類別的作用非常相似，它透過 items 屬性來指定一個特定的字串，然後透過 delims 屬性指定一種分隔符號（可以同時指定多個分隔符號）。透過指定的分隔符號把 items 屬性指定的字串進行分組。和 forEach 標籤一樣，forTokens 標籤也可以指定 begin、end 以及 step 屬性值。

其語法格式如下：

```
<c:forTokens items="stringOfTokens" delims="delimiters" var="varName"
     [varStatus="varStatusName"][begin="begin"] [end="end"] [step="step"]>
```

```
  content
</c:forTokens>
```

參數說明如下：

- var：進行迭代的參數名稱。
- items：指定進行標籤化的字串。
- varStatus：每次迭代的狀態資訊。
- delims：使用這個屬性指定的分隔符號來分隔 items 指定的字串。
- begin：開始迭代的位置。
- end：迭代結束的位置。
- step：迭代的步進值。

範例程式如下：

```
<h4> 使用 ' ' 作為分隔符號 </h4>
```

```
<c:forTokens var="token" items=" 望廬山瀑布 李白 日照香爐生紫煙，遙看瀑布掛前川。飛流直下三千尺，疑是銀河落九天。" delims=" ">
```

```
      <c:out value="${token}"/><br>
</c:forTokens>
<h4> 使用 ' '、'，'、'。' 一起做分隔符號 </h4>
<c:forTokens var="token" items=" 望廬山瀑布 李白 日照香爐生紫煙，遙看瀑布掛前川。飛流直下三千尺，疑是銀河落九天。" delims=" ，。">
      <c:out value="${token}"/><br>
</c:forTokens>
<h4>begin 和 end 範圍設定 </h4>
<c:forTokens var="token" items=" 望廬山瀑布 李白 日照香爐生紫煙，遙看瀑布掛前川。飛流直下三千尺，疑是銀河落九天。" delims=" ，。" varStatus="s" begin="2" end="5">
      <c:out value="${token}"/><br>
</c:forTokens>
```

9.7 實作與練習

1. 掌握 JSTL 的設定，自行在本地環境設定並執行 JSTL 標籤。
2. 學會使用流程控制標籤，並使用流程控制標籤實現猜字謎遊戲：隨機生成一個資料，然後在頁面上輸入猜的數字，最後提示是否猜中。感興趣的讀者可以加上猜測次數，如果超過設定的次數，則顯示遊戲結束並提示「很遺憾您沒有猜出該數字」。

3. 在資料庫中建立使用者資料表（t_sys_user），資料表結構包含編號（id）、使用者名稱（username）、密碼（password）、性別（sex）、手機號（mobile）、電子郵件（email）等資訊，並嘗試用 JDBC 讀取使用者資訊列表。
4. 基於練習 3，讀取資料庫的資料集合，使用迴圈標籤在 JSP 頁面展示使用者資料。

第 10 章 Ajax 技術

隨著我們對 Java Web 的深入學習，需要掌握的基礎知識和技術越來越多，比如 JSP、HTML、XML、Servlet、EL、JSTL、JavaBean、JDBC 等。隨著使用的技術越來越多，使用的方法和學習的成本也越來越多。那麼，有沒有一種整合的技術能解決上述這些問題呢？針對這些問題，Ajax 技術應運而生。

10.1 Ajax 技術概述

Ajax（Asynchronous JavaScript And XML，非同步 JavaScript 和 XML）用來描述一種使用現有技術的集合，包括 HTML/XHTML、CSS、JavaScript、DOM、XML、XSLT 以及最重要的 XMLHttpRequest。使用 Ajax 技術，網頁應用能夠快速地將增量更新呈現在使用者介面上，而不需要多載（更新）整個頁面，這使得程式能夠更快地回應使用者的操作。之前沒有 Ajax 的時候是載入整個介面，現在 Ajax 技術在不載入整個介面的情況下，就可以對部分介面的功能進行更新。瀏覽器透過 JavaScript 中的 Ajax 向伺服器發送請求，然後將處理過後的資料回應給瀏覽器，把改變過的部分更新到瀏覽器介面。

Ajax 的主要特性如下：

- 隨選取資料，減少了容錯請求和回應對伺服器造成的負擔。頁面不讀取無用的容錯資料，而是在使用者操作過程中當某項互動需要某部分數據時，才會向伺服器發送請求。
- 無更新更新頁面，減少使用者實際和心理的等待時間。用戶端利用 XML HTTP 發送請求得到服務端的應答資料，在不重新載入整個頁面的情況下，用 JavaScript 操作 DOM 來更新頁面。
- Ajax 還能實現預先讀取功能。

10.2 Ajax 開發模式與傳統開發模式的比較

1. 傳統網站帶給使用者體驗不好之處

- 無法局部更新頁面。在傳統網站中，當頁面發生跳躍時，需要重新載入整個頁面。但是，一個網站中大部分網頁的公共部分（頭部、底部和側邊欄）都是一樣的，沒必要重新載入，這樣反而延長了使用者的等待時間。
- 頁面載入的時間長。使用者只能透過更新頁面來獲取伺服器端的資料，若資料量大、網速慢，則使用者等待的時間會很長。
- 表單提交的問題。使用者提交表單時，如果使用者在表單中填寫的內容有一項不符合要求，網頁就會重新跳躍回表單頁面。由於頁面發生了跳躍，使用者剛剛填寫的資訊都消失了，因此需要重新填寫。尤其當填寫的資訊比較多時，每次失敗都要重新填寫，使用者體驗就很差。

2. 工作原理差異

傳統網站從瀏覽器端向伺服器端發送請求的工作原理如圖 10.1 所示。

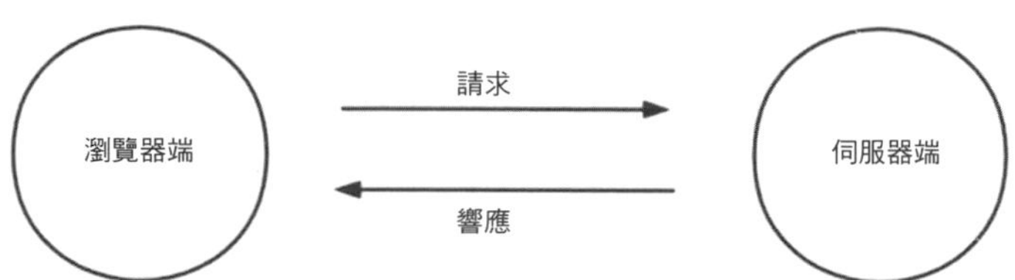

▲ 圖 10.1 傳統網站從瀏覽器端向伺服器端發送請求的工作原理

Ajax 網站從瀏覽器端向伺服器端發送請求的工作原理如圖 10.2 所示。

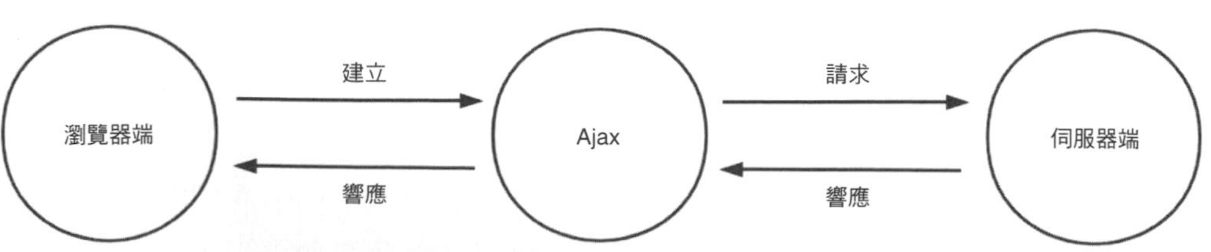

▲ 圖 10.2 Ajax 網站從瀏覽器端向伺服器端發送請求的工作原理

3. Ajax 開發模式的特點

- 頁面只需要部分更新。頁面部分更新極大地提高了使用者體驗，減少了使用者等待的時間。
- 頁面不會重新載入，而只做必要的資料更新。
- 非同步存取伺服器端，提高了使用者體驗。

可以看出，Ajax 開發模式相較於傳統模式有了很大的改善，它綜合了多種技術，降低了學習成本，提升了網頁回應速度，提升了使用者體驗。

10.3 Ajax 使用的技術

前面提到，Ajax 不是一個新技術，它實際上是幾種技術的集合，每種技術都有其獨特這處，合在一起就成了一個功能強大的新技術。Ajax 包括：

- JavaScript：JavaScript 是通用的指令碼語言，用來嵌入某些應用中。而 Ajax 應用程式就是使用 JavaScript 來撰寫的。
- CSS：CSS 為 Web 頁面元素提供了視覺化樣式的定義方法。在 Ajax 應用中，使用者介面的樣式可以透過 CSS 獨立修改。
- DOM：透過 JavaScript 修改 DOM，Ajax 應用程式可以在運用時改變使用者介面，或局部更新頁面中的某個節點。
- XMLHttpRequest 物件：XMLHttpRequest 物件允許 Web 程式設計師從 Web 伺服器以背景的方式來獲取資料。資料的格式通常是 XML 或文字。
- XML：可擴充的標記語言（Extensible Markup Language），具有一種開放的、可擴充的、可自描述的語言結構，它已經成為網上資料和文件傳輸的標準。它是用來描述資料結構的一種語言，正如它的名稱一樣。它使得對某些結構化資料的定義更加容易，並且可以透過它和其他應用程式交換資料。
- HTML：超文字標記語言，是一種標識性的語言。它包括一系列標籤，透過這些標籤可以將網路上的文件格式統一，使分散的 Internet 資源連接為一個邏輯整體。HTML 文字是由 HTML 命令組成的描述性文字，HTML 命令可以是說明文字、圖形、動畫、聲音、表格、連結等。

10.4 使用 XMLHttpRequest 物件

XMLHttpRequest 物件是 Ajax 技術的核心，透過 XMLHttpRequest 物件，Ajax 可以像桌面應用程式一樣，只與伺服器進行資料層的交換，而不用更新頁面，也不用每次都將資料處理的工作交給伺服器來完成。這樣既減輕了伺服器的負擔，又加快了回應速度，縮短了使用者等待的時間。

10.4.1 初始化 XMLHttpRequest 物件

在使用 XMLHttpRequest 物件發送請求和處理回應之前，首先需要初始化該物件，由於 XMLHttpRequest 物件不是一個 W3C 標準，因此在使用 XMLHttpRequest 物件發生請求和處理之前，需要先在 JavaScript 程式中獲取該物件。通常情況下，獲取 XMLHttpRequest 物件需要判斷瀏覽器的類型，範例程式如下：

```
<script type="text/javascript">
    let xmlhttpRequest;
    // 表示是符合 W3C 標準的瀏覽器
    if (window.XMLHttpRequest) {
        xmlhttpRequest = new XMLHttpRequest();
    }
    // 表示 IE 瀏覽器
    else if(!!window.ActiveXObject || "ActiveXObject" in window) {
        try {
            xmlhttpRequest = new ActiveXObject("Msxml2.XMLHTTP");
        } catch (e) {
            xmlhttpRequest = new ActiveXObject("Microsoft.XMLHTTP");
        }
    }
    if (xmlhttpRequest) {
        alert(" 成功建立 XMLHttpRequest 物件實例！ ");
    } else {
        alert(" 不能建立 XMLHttpRequest 物件實例！ ");
    }
</script>
```

程式執行結果如圖 10.3 所示。

localhost:8080 顯示

成功建立 XMLHttpRequest 物件實例！

確定

▲ 圖 10.3 建立 XMLHttpRequest 物件

10.4.2 XMLHttpRequest 物件的常用方法

XMLHttpRequest 物件提供了一些常用的方法，透過這些方法可以對請求操作。下面透過對幾個重要方法的講解來深入學習 Ajax 技術。

1. Open()

open() 方法用於設定進行非同步請求目標的 URL、請求方法以及其他參數資訊。其語法如下：

```
open(method, url, async, username, password)
```

參數說明如下：

- method：必填參數，用於指定用來發送請求的 HTTP 方法。按照 HTTP 規範，該參數要大寫。
- url：必填參數，用於指定 XMLHttpRequest 物件把請求發送到的目的伺服器所對應的 URI，可以使用絕對路徑或相對路徑，該路徑會被自動解析為絕對路徑，並且可以傳遞查詢字串。
- async：可選參數，該參數用於指定請求是否是非同步的，其預設值為 true。如果需要發送一個同步請求，則需要把該參數設定為 false。
- username、password：可選參數，如果需要伺服器驗證存取使用者的情況，那麼可以設定 username 和 password 這兩個參數。

呼叫這個方法是安全的，因為呼叫這個方法時，通常不會打開一個到 Web 伺服器的網路連接。

2. Send()

send() 方法用於向伺服器發送請求。如果請求宣告為非同步，該方法將立即傳回，否則等到接收到回應為止。呼叫 open() 方法後，就可以透過 send() 方法按照 open() 方法設定的參數發送請求。當 open() 方法中的 async 參數為 true 時，在 send() 呼叫後立即傳回，否則將中斷直到請求傳回。需要注意的是，send() 方法必須在 readyState 屬性值為 1 時，即呼叫 open() 方法以後才能呼叫。在呼叫 send() 方法以後到接收到回應資訊之前，readyState 屬性值將被設為 2；一旦接收到回應訊息，readyState 屬性值將被設為 3；直到回應接收完畢，readyState 屬性的值才會被設為 4。

其語法如下：

```
send(data)
```

3. abort()

abort() 方法用於停止或放棄當前的非同步請求，並且將 XMLHttpRequest 物件設定為初始化狀態。其語法如下：

```
abort()
```

4. setRequestHeader()

setRequestHeader() 方法用於為請求的 HTTP 標頭設定值。其語法如下：

```
setRequestHeader(header,value)
```

參數說明如下：

- header：用於指定 HTTP 標頭。
- value：用於為指定的 HTTP 標頭設定值。

注意：setRequestHeader() 方法必須在呼叫 open() 方法之後才能呼叫。

5. getRequestHeader()

getResponseHeader() 方法用於以字串形式傳回指定的 HTTP 標頭資訊。其語法如下：

```
getResponseHeader(headerLabel)
```

參數說明如下：

- headerLabel：用於指定 HTTP 標頭，包括 Server、Content-Type 和 Date 等。

6. getAllRequestHeaders()

getAllResponseHeaders() 方法用於以字串形式傳回完整的 HTTP 標頭資訊，其中包括 Server、Date、Content-Type 和 Content-Length。其語法如下：

```
getAllResponseHeaders()
```

XMLHttpRequest 物件常用的方法介紹完畢，下面的範例會逐步介紹這些方法的用法。

範例程式如下：

```
function funcOpen() {
    xmlhttpRequest.open("GET","ajax_request_result.jsp",false,"","");// 在發送
POST 請求時，需要設定 Content-Type 請求標頭的值為 application/x-www-form-urlencoded，這時就
可以透過 setRequestHeader() 方法進行設定
    xmlhttpRequest.setRequestHeader("Content-Type","application/x-www-form-
urlencoded");
    // 向伺服器發送資料
    xmlhttpRequest.send("?type=open");
    var str = xmlhttpRequest.getResponseHeader("Content-Type");
    console.log("============getResponseHeader:" + str);
    str = xmlhttpRequest.getAllResponseHeaders();
    console.log("============getAllResponseHeaders:" + str);
    xmlhttpRequest.onreadystatechange = function () {
        alert(this.readyState + "-" + this.status + "-" + this.responseText);
    }
}
<li><input type="button" value=" 常用方法 " onclick="funcOpen()" /></li>
```

10.4.3 XMLHttpRequest 物件的常用屬性

XMLHttpRequest 物件提供了一些常用屬性，透過這些屬性可以獲取伺服器的回應狀態及回應內容。

1. readyState 屬性

readyState 屬性用於獲取請求的狀態。當一個 XMLHttpRequest 物件被建立後，readyState 屬性標識了當前物件處於什麼狀態，可以透過對該屬性的存取來判斷此次請求的狀態，然後做出相應的操作。該屬性共包括 5 個屬性值，如表 10.1 所示。

▼ 表 10.1 readyState 屬性

值	狀 態	說 明
0	未初始化狀態	已經建立了一個 XMLHttpRequest 物件，但是還沒有初始化
1	準備發送狀態	已經呼叫了 XMLHttpRequest 物件的 open() 方法，並且 XMLHttpRequest 物件已經準備好將一個請求發送到伺服器端
2	已發送狀態	已經透過 send() 方法把一個請求發送到伺服器端，但是還沒有收到一個回應
3	正在接收狀態	已經接收到 HTTP 回應標頭的資訊，但是訊息本體部分還沒有完全接收到
4	完成回應狀態	已經完成了 HttpResponse 回應的接收

2. responseText 屬性

responseText 屬性用於獲取伺服器的回應資訊，採用字串的形式。responseText 屬性包含用戶端接收到的 HTTP 回應的文字內容。當 readyState 屬性值為 0、1 或 2 時，responseText 屬性包含一個空字串；當 readyState 屬性值為 3（正在接收）時，回應中包含用戶端尚未完成的回應資訊；當 readyState 屬性的值為 4（已載入）時，responseText 屬性才包含完整的回應資訊。

3. responseXML 屬性

responseXML 屬性用於獲取伺服器的回應，採用 XML 的形式。這個物件可以解析為一個 DOM 物件。只有當 readyState 屬性的值為 4，並且響應頭部的 Content-Type 的 MIME 類型被指定為 XML（text/XML 或 Application/XML）時，該屬性才會有值，並解析為一個 XML 檔案，否則該屬性值為 null。如果回傳的 XML 檔案結構有瑕疵或回應回傳未完成，則該屬性值也為 null。由此可見，responseXML 屬性用來描述被 XMLHttpRequest 解析後的 XML 檔案屬性。

4. status 屬性

status 屬性用於傳回伺服器的 HTTP 狀態碼。常用的狀態碼如表 10.2 所示。

▼ 表 10.2 status 屬性

值	說 明
200	表示成功
202	表示請求被接受，但是尚未成功
400	錯誤的請求
404	檔案未找到
500	內部伺服器錯誤

注意：僅當 readyState 屬性的值為 3（正在接收中）或 4（已載入）時，才能對此屬性進行存取。如果在 readyState 屬性值小於 3 時，試圖存取 status 屬性的值，則會發生一個異常。

5. statusText 屬性

statusText 屬性用於傳回 HTTP 狀態碼對應的文字，如「OK」或「Not Fount」（未找到）等。statusText 屬性描述了 HTTP 狀態碼文字，並且僅當 readyState 屬性值為

3 或 4 時才可以使用。當 readyState 屬性為其他值時，試圖存取 statusText 屬性值將引發一個異常。

6. onreadystatechange 屬性

onreadystatechange 屬性用於指定狀態改變時所觸發的事件處理器。在 Ajax 中，每當 readyState 屬性值發生改變時，就會觸發 onreadystatechange 事件，通常會呼叫一個 JavaScript 函式。

10.5 與伺服器通訊——發送請求與處理回應

10.5.1 發送請求

Ajax 可以透過 XMLHttpRequest 物件實現採用非同步方式在背景發送請求。通常情況下，Ajax 發送的請求有兩種：一種是 GET 請求；另一種是 POST 請求。但是無論發送哪種請求，都需要經過以下 4 個步驟：

（1）初始化 XMLHttpRequest 物件。為了提高程式的相容性，需要建立一個跨瀏覽器的 XMLHttpRequest 物件，並且判斷 XMLHttpRequest 物件的實例是否成功，如果不成功，則給予提示。

（2）為 XMLHttpRequest 物件指定一個傳回結果處理函式（回呼函式），用於對傳回結果進行處理。

（3）建立一個與伺服器的連接。在建立時，需要指定發送請求的方式（GET 或 POST），以及設定是否採用非同步方式發送請求。

（4）向伺服器發送請求。XMLHttpRequest 物件的 send() 方法用於向伺服器發送請求，該方法需要傳遞一個參數，如果發送的是 GET 請求，則可以將該參數設定為 null，如果發送的是 POST 請求，則可以透過該參數指定要發送的請求參數。

10.5.2 處理伺服器回應

當向伺服器發送請求後，接下來就需要處理伺服器回應。在向伺服器發送請求時，需要透過 XMLHttpRequest 物件的 onreadystatechange 屬性指定一個回呼函式，用於處理伺服器響應。在這個回呼函式中，首先需要判斷伺服器的請求狀態，保證請求已完成，然後根據伺服器的 HTTP 狀態碼判斷伺服器對請求的回應是否成功，如果成功，則把伺服器的回應回饋給用戶端。

XMLHttpRequest 物件提供了兩個用來存取伺服器回應的屬性：一個是 responseText 屬性，傳回字串響應；另一個是 responseXML 屬性，傳回 XML 回應。

1. 處理字串回應

字串回應通常應用在回應資訊不是特別複雜的情況下。舉例來說，將回應資訊顯示在提示對話方塊中，或回應資訊只是顯示成功或失敗的字串。

2. 處理 XML 回應

如果在伺服器端需要生成特別複雜的回應資訊，就需要應用 XML 回應。應用 XMLHttpRequest 物件的 responseXML 屬性可以生成一個 XML 檔案，而且當前瀏覽器已經提供了很好的解析 XML 檔案物件的方法。

處理 XML 的範例程式（userinfo.xml）如下：

```
<?xml version="1.0" encoding="UTF-8"?>
<users>
    <user>
        <name>清華</name>
        <age>111</age>
    </user>
    <user>
        <name>復旦</name>
        <age>117</age>
    </user>
    <user>
        <name>浙大</name>
        <age>125</age>
    </user>
</users>
```

Ajax 程式（ajax_request.jsp）如下：

```
function funcXml() {
    xmlhttpRequest.open("POST","userinfo.xml",true,"","");
    xmlhttpRequest.send();
    xmlhttpRequest.onreadystatechange = function () {
        if (xmlhttpRequest.readyState == 4) {
            if (xmlhttpRequest.status == 200) {
                let str = "";
                let tagNames = xmlhttpRequest.responseXML.
getElementsByTagName("user");
                for(i = 0; i < tagNames.length; i++) {
                    let name = tagNames.item(i);
                    str += name.getElementsByTagName("name")[0].firstChild.data +
",";
```

```
                    str += name.getElementsByTagName("age")[0].firstChild.data;
                    str += "<p>";
                }
                document.getElementById("divMsg").innerHTML = str;  //顯示內容
            } else {
                alert("您所請求的頁面有錯誤");
            }
        }
    }
}
<li><input type="button" value="處理 XML 回應" onclick="funcXml()" /></li>
<p></p>
<div id="divMsg"></div>
```

程式的執行結果如圖 10.4 所示。

▲ 圖 10.4 處理伺服器回應

10.5.3 一個完整的實例——檢測使用者名稱是否唯一

前面學習完 Ajax 技術，了解了向伺服器發送請求與處理伺服器回應，下面將透過一個完整的實例更進一步地展示在 Ajax 中如何與伺服器通訊。

本範例會綜合第 7 章所學的 JDBC，連接資料庫獲取使用者資訊，透過 Ajax 驗證使用者名稱的唯一性並在頁面中提示，具體操作步驟如下：

（1）建立註冊頁面，在該頁面中增加用於收集使用者註冊資訊的表單，並使用 Ajax 檢測使用者名稱是否唯一。

範例程式（ajax_register.jsp）如下：

```
<%@ page contentType="text/html;charset=UTF-8" language="java" %>
<html>
<head>
    <title>使用者註冊</title>
```

```
        <script type="text/javascript">
            /**
             * 檢測使用者名稱
             */
            function checkUser() {
                let name = document.getElementById("name").value ;
                if (!name) {
                    alert("請輸入使用者名稱！");
                    document.getElementById("name").focus();
                    return;
                }
                // 向伺服器發送 Ajax 請求
                var url = encodeURI("servlet/check?name=" + name + "&nocache="+new
Date().getTime());
                createRequest(url);
            }
            function createRequest(url) {
                let xmlhttpRequest;
                // 表示是符合 W3C 標準的瀏覽器
                if (window.XMLHttpRequest) {
                    xmlhttpRequest = new XMLHttpRequest();
                }
                // 表示 IE 瀏覽器
                else if(!!window.ActiveXObject || "ActiveXObject" in window) {
                    try {
                        xmlhttpRequest = new ActiveXObject("Msxml2.XMLHTTP");
                    } catch (e) {
                        xmlhttpRequest = new ActiveXObject("Microsoft.XMLHTTP");
                    }
                }
                if (!xmlhttpRequest) {
                    alert("不能建立 XMLHttpRequest 物件實例！");
                    return false;
                }
                xmlhttpRequest.onreadystatechange = function () {
                    if(xmlhttpRequest.readyState == 4) {
                        if(xmlhttpRequest.status == 200) {
                            document.getElementById("spMsg").innerHTML =
xmlhttpRequest.responseText;
                        } else {
                            alert("您所請求的頁面有錯誤");
                        }
                    }
                }
                xmlhttpRequest.open("GET",url,true);
                xmlhttpRequest.send(null);
            }
        </script>
    </head>
```

```
<body>
    <div style="align-content: center">請輸入註冊資訊
        <form name="regst">
            <table style="border: 0; align-content: center">
                <tr>
                    <td>使用者名稱：</td>
                    <td><input type="text" id="name" style="width:250px;" />
</td>
                </tr>
                <tr>
                    <td>密碼：</td>
                    <td><input type="password" id="pwd" style="width:250px;" />
</td>
                </tr>
                <tr>
                   <td><input type="button" value="提交" onclick="checkUser()" />
</td>
                    <td><input type="reset" value="取消" /></td>
                </tr>
            </table>
        </form>
        <b id="spMsg" style="color:red;"></b>
    </div>
</body>
</html>
```

（2）建立驗證使用者的 JavaBean。

範例程式（UserInfo.java）如下：

```
public class UserInfo {
    private String name;
    private String pwd;
    public String getName() {
        return name;
    }
    public void setName(String name) {
        this.name = name;
    }
    public String getPwd() {
        return pwd;
    }
    public void setPwd(String pwd) {
        this.pwd = pwd;
    }
}
```

（3）撰寫連接資料庫以檢測使用者唯一性的邏輯程式。

範例程式（UserDao.java）如下：

```
public class UserDao {
    private static final String url = "jdbc:mysql://localhost:3306/
test?useSSL=false";
    private static final String user = "root";
    private static final String pwd = "123456";
    public Connection getConnection() {
        Connection conn = null;
        try {
            Class.forName("com.mysql.cj.jdbc.Driver");
            conn = DriverManager.getConnection(url,user,pwd);
            return conn;
        } catch (SQLException e) {
            e.printStackTrace();
        } catch (ClassNotFoundException e) {
            e.printStackTrace();
        }
        return null;
    }
    public void closePst(Connection conn, PreparedStatement pst, ResultSet rs) {
        try {
            if (null != rs) {
                rs.close();
            }
            if (null != pst) {
                pst.close();
            }
            if (null != conn) {
                conn.close();
            }
        } catch (SQLException e) {
            e.printStackTrace();
        }
    }
    public List<UserInfo> queryUserInfoByName(String name) {
        Connection conn = getConnection();
        String sql="select * from user_info where name = ?";
        PreparedStatement pst = null;
        ResultSet rs = null;
        List<UserInfo> list = new ArrayList<>();
        try {
            pst = conn.prepareStatement(sql);
            pst.setString(1, name);
            rs = pst.executeQuery();
            UserInfo user = null;
            while (rs.next()) {
                user = new UserInfo();
                user.setName(rs.getString("name"));
                user.setPwd(rs.getString("pwd"));
                list.add(user);
```

```
                }
                return list;
            } catch (SQLException e) {
                e.printStackTrace();
            } finally {
                closePst(conn, pst, rs);
            }
            return null;
        }
    }
```

（4）撰寫用於檢測使用者名稱處理業務邏輯的 Servlet 類別。

範例程式（CheckUserServlet.java）如下：

```
@WebServlet(name = "check", urlPatterns = "/servlet/check")
public class CheckUserServlet extends HttpServlet {
    @Override
    protected void doGet(HttpServletRequest request, HttpServletResponse
response) throws ServletException, IOException {
        request.setCharacterEncoding("UTF-8");
        response.setCharacterEncoding("UTF-8");

        String name = request.getParameter("name");
        UserDao client = new UserDao();
        List<UserInfo> list = client.queryUserInfoByName(name);
        boolean isExist = false;
        if (null != list && list.size() > 0) {
            isExist = true;
        }
        PrintWriter out = response.getWriter();
        if (isExist) {
            out.println("很抱歉！使用者名稱【" + name + "】已經被註冊！");
        } else {
            out.println("恭喜您，該使用者名稱未被註冊！");
        }
        // 釋放 PrintWriter 物件
        out.flush();
        out.close();
    }
    @Override
    protected void doPost(HttpServletRequest req, HttpServletResponse resp)
throws ServletException, IOException {
        doGet(req, resp);
    }
}
```

程式執行的結果如圖 10.5 所示。

請輸入註冊資訊
使用者名：zara
密碼：••••••••••
提交 取消
很抱歉！使用者名【zara】已經被註冊！

▲ 圖 10.5 檢測使用者名稱是否唯一

10.6 解決中文亂碼問題

Ajax 不支援多種字元集，它預設的字元集是 UTF-8，所以在應用 Ajax 技術的程式中應及時進行編碼轉換，否則程式中出現的中文將變成亂碼。一般情況下，有兩種情況可能產生中文亂碼，接下來一一介紹。

10.6.1 發送請求時出現中文亂碼

將資料提交到伺服器有兩種方法：一種是使用 GET 方法提交；另一種是使用 POST 方法提交。使用不同的方法提交資料，在伺服器端接收參數時解決中文亂碼的方法是不同的。具體解決方法如下：

（1）當接收使用 GET 方法提交的資料時，要將編碼轉為 GBK 或 UTF-8。

（2）由於應用 POST 方法提交資料時，預設的字元編碼是 UTF-8，因此當接收使用 POST 方法提交的資料時，要將編碼轉為 UTF-8。

10.6.2 獲取伺服器的回應結果時出現中文亂碼

由於 Ajax 在接收 responseText 或 responseXML 的值時是按照 UTF-8 的編碼格式進行解碼的，因此如果伺服器端傳遞的資料不是 UTF-8 格式，在接收 responseText 或 responseXML 的值時就可能產生亂碼。解決的辦法是保證從伺服器端傳遞的資料採用 UTF-8 的編碼格式。

提示：在所有頁面，傳遞參數和接收參數的地方，編碼格式都使用 UTF-8，可以避免絕大部分亂碼異常。

10.7 Ajax 重構

Ajax 的實現主要依賴於 XMLHttpRequest 物件，但是在呼叫它進行非同步資料傳輸時，由於 XMLHttpRequest 物件的實例在處理完事件後就會被銷毀，因此如果不對該物件進行封裝處理，在下次需要呼叫它時就要重新建構，而且每次呼叫都需要寫一大段的程式，使用起來很不方便。雖然現在有很多開放原始碼的 Ajax 框架都提供了對 XMLHttpRequest 物件的封裝方案，但是如果應用這些框架，通常需要載入很多額外的資源，這勢必會浪費很多伺服器資源。不過 JavaScript 指令碼語言支援物件導向的編碼風格，透過它可以將 Ajax 所必需的功能封裝在物件中。

10.7.1 Ajax 重構的步驟

講到重構，不得不講設計模式。重構的目的就是減少重複程式，方便使用，解藕合，在儘量少改動或不改動程式的前提下新增或修改功能。Ajax 重構的步驟大致如下。

1. 封裝功能和方法

封裝功能和方法主要是把 Ajax 建立和使用的一套複雜的流程獨立定義處理，避免重複建立和發送請求的複雜程式。

範例如下：

```
// 定義一個全域變數 net
let net = new Object();
// 撰寫建構函式
net.AjaxSample = function (url, onload, onerror, method, params, async) {
    this.req = null;
    this.onload = onload;
    this.onerror = (onerror) ? onerror : this.defaultError;
    this.loadData(url, method, params, async);
}

// 撰寫用於初始化的 XMLHttpRequest 物件並指定處理函式，最後發送 HTTP 請求的方法
net.AjaxSample.prototype.loadData = function (url, method, params, async) {
    if (!method) {
        method = "GET";
    }
    if (async == null) {
        async = true;
    }
    // 建立 XMLHttpRequest 物件
```

```
        if (window.XMLHttpRequest) {
            this.req = new XMLHttpRequest();
        } else if (!!window.ActiveXObject || "ActiveXObject" in window) {
            try {
                this.req = new ActiveXObject("Msxml2.XMLHTTP");
            } catch (e) {
                try {
                    this.req = new ActiveXObject("Microsoft.XMLHTTP");
                } catch (e) {
                }
            }
        }
        if (this.req) {
            try {
                //設定請求傳回結果的處理函式
                let loader = this;
                this.req.onreadystatechange = function () {
                    net.AjaxSample.onReadyState.call(loader);
                }
                //建立對伺服器的呼叫
                this.req.open(method, url, async);
                //如果提交方式為 POST
                if (method == "POST") {
                    //設定請求標頭資訊
                    this.req.setRequestHeader("Content-Type",
"application/x-www-form-urlencoded");
                }
                //發送請求
                this.req.send(params);
            } catch (err) {
                this.onerror.call(this);
            }
        }
    }
    //重構回呼函式
    net.AjaxSample.onReadyState = function () {
        //判斷請求是否完成
        if (this.req.readyState == 4) {
            //判斷請求是否成功
            if (this.req.status == 200) {
                this.onload.call(this);
            } else {
                this.onerror.call(this);
            }
        }
    }

    //重構預設的錯誤處理函式
    net.AjaxSample.prototype.defaultError = function () {
```

```
        alert("錯誤資料\n回呼狀態：" + this.req.readyState + "\n狀態：" +
this.req.status);
    }
```

2. 引入封裝的指令稿

封裝的是 JavaScript 指令稿，其引入方式如下：

```
    <script style="language: javascript" src ="AjaxSample.js" />
```

src 內容可根據實際檔案存放的路徑進行調整。

3. 實現方法的回呼

使用 Ajax 頁面實現函式的回呼，在回呼方法中可以對獲取的資料和結果進行處理，此處的回呼類似於 Java 介面的回呼。

10.7.2 應用 Ajax 重構實現即時顯示資訊

下面使用 Ajax 重構實現即時資料顯示。

範例程式如下：

```
<%@ page contentType="text/html;charset=UTF-8" language="java" %>
<html>
<head>
    <title>Ajax 重構 -- 即時公告顯示 </title>
    <script type="text/javascript" src ="AjaxSample.js" ></script>
    <script type="text/javascript">
        function published() {
            let info = document.getElementById("info").value;
            alert(info);
            new net.AjaxSample("servlet/publish?info=" + info
                ,function () {
                    document.getElementById("displayInfo").innerHTML="<h4>公告
資訊：</h4>" + this.req.responseText;
                }
                ,function () {
                    alert("請求錯誤！");
                }
                ,"",false
            );
        }
    </script>
</head>
<body>
    <b>輸入公告資訊：</b>
```

```
        <input type="text" name="info" id="info" />
        <input type="button" id="btn" onclick="published();" value="發佈" />
        <p></p>
        <div id="displayInfo"></div>
    </body>
    </html>
```

Servlet 處理邏輯如下：

```
    @WebServlet(name = "publish", urlPatterns = "/servlet/publish")
    public class PublishServlet extends HttpServlet {
        @Override
        protected void doGet(HttpServletRequest request, HttpServletResponse
response) throws ServletException, IOException {
            request.setCharacterEncoding("UTF-8");
            response.setCharacterEncoding("UTF-8");
            HttpSession session = request.getSession();
            List<String> infos = (List<String>) session.getAttribute("infos");
            if (null == infos) {
                infos = new ArrayList<>();
            }
            String info = request.getParameter("info");
            if (null != info && !"".equals(info.trim()) && !infos.contains(info)) {
                infos.add(0,info);
            }
            session.setAttribute("infos",infos);
            response.setContentType("text/text");
            PrintWriter writer = response.getWriter();
            for (String str: infos) {
                writer.print(str + "<br>");
            }
            writer.flush();
        }
        @Override
        protected void doPost(HttpServletRequest req, HttpServletResponse resp)
throws ServletException, IOException {
            doGet(req, resp);
        }
    }
```

10.8 Ajax 常用實例

Ajax 的用途非常廣，比較常見的有串聯下拉清單，本節就以為串聯下拉清單和顯示進度指示器為例講解 Ajax 的用法。

10.8.1 串聯下拉清單

串聯下拉清單的應用比較常見，通常是多級分類的情況下，選擇大類之後，下一步篩選就是只選擇對應大類下面的小類，下面以常見的中國地方行政省市選擇為例來講解。

1. 省市資料入庫

建立省市資料庫，具體見附錄。

2. 撰寫從資料庫讀取省清單和市列表

連接資料庫，讀取省和城市列表，範例如下：

```
/**
 * 讀取省資料列表
 * @return
 */
public List<Map<String, Object>> queryProvinces() {
    Connection conn = getConnection();
    String sql = "select * from province";
    PreparedStatement pst = null;
    ResultSet rs = null;
    List<Map<String, Object>> list = new ArrayList<>();
    try {
        pst = conn.prepareStatement(sql);
        rs = pst.executeQuery();
        Map<String, Object> map = null;
        while (rs.next()) {
            map = new HashMap<>();
            map.put("pid", rs.getInt("pid"));
            map.put("province", rs.getString("province"));
            list.add(map);
        }
        return list;
    } catch (SQLException e) {
        e.printStackTrace();
    } finally {
        closePst(conn, pst, rs);
    }
    return null;
}

/**
 * 根據省 id 讀取對應城市列表
 * @param pid
 * @return
 */
```

```
public List<Map<String, Object>> queryCitiesByPid(int pid) {
    Connection conn = getConnection();
    String sql = "select * from city where pid = ?";
    PreparedStatement pst = null;
    ResultSet rs = null;
    List<Map<String, Object>> list = new ArrayList<>();
    try {
        pst = conn.prepareStatement(sql);
        pst.setInt(1, pid);
        rs = pst.executeQuery();
        Map<String, Object> map = null;
        while (rs.next()) {
            map = new HashMap<>();
            map.put("cid", rs.getInt("cid"));
            map.put("city", rs.getString("city"));
            map.put("pid", rs.getInt("pid"));
            list.add(map);
        }
        return list;
    } catch (SQLException e) {
        e.printStackTrace();
    } finally {
        closePst(conn, pst, rs);
    }
    return null;
}
```

3. Servlet 處理業務邏輯

範例程式如下：

```
@WebServlet(name = "prov", urlPatterns = "/servlet/prov")
public class ProvinceServlet extends HttpServlet {
    @Override
    protected void service(HttpServletRequest request, HttpServletResponse
response) throws ServletException, IOException {
        request.setCharacterEncoding("UTF-8");
        response.setCharacterEncoding("UTF-8");
        String para = request.getParameter("para"); // 獲取參數
        response.setContentType("text/text");
        PrintWriter writer = response.getWriter();
        // pid，如果pid為空，則讀取省列表，否則讀取pid下面的城市列表
        if (null != para && !"".equals(para.trim())) {
            writer.print(getCitiesByPid(Integer.parseInt(para)));
        } else {
            writer.print(getProvinces());
        }
        writer.flush();
    }
```

```
    private String getProvinces() {
        ProvinceDao client = new ProvinceDao();
        List<Map<String, Object>> list = client.queryProvinces();
        StringBuilder sb = new StringBuilder("<option value='-1'>選擇省份
</option>");
        for (Map<String, Object> map : list) {
            sb.append("<option value='" + map.get("pid") + "'>" +
map.get("province") + "</option>");
        }
        return sb.toString();
    }
    private String getCitiesByPid(int pid) {
        ProvinceDao client = new ProvinceDao();
        List<Map<String, Object>> list = client.queryCitiesByPid(pid);
        StringBuilder sb = new StringBuilder("<option value='-1'>城市列表
</option>");
        for (Map<String, Object> map : list) {
            sb.append("<option value='" + map.get("cid") + "'>" +
map.get("city") + "</option>");
        }
        return sb.toString();
    }
}
```

4. 清單拼接並展示在 JSP 頁面

範例程式如下：

```
<%@ page contentType="text/html;charset=UTF-8" language="java" %>
<html>
<head>
    <title>Title</title>
    <script type="text/javascript" src ="AjaxSample.js" ></script>
    <script type="text/javascript">
        // 頁面載入完成後，立即獲取省列表，選擇省份後，再獲取城市列表
        // 避免因一次全部載入省市資料而非常耗時
        window.onload = function () {
            // 背景請求的路徑
            new net.AjaxSample("servlet/prov?type=1"
                ,function () {
                    let pro = document.getElementById("province");
                    pro.length = 0;
                    pro.innerHTML = this.req.responseText;
                }
                ,function () {
                    let pro = document.getElementById("province");
                    pro.length = 0;
                    pro.options.add(new Option("選擇省份","-1"));
```

```
                }
                ,"",false
            );
        }
        function changeCityOptions() {
            let prov = document.getElementById("province");
            let city = document.getElementById("city");
            city.length = 0;
            if(prov.value == -1) {
                city.options.add(new Option("城市列表","-1"));
            } else {
                search(prov.value);
            }
            return;
        }
        //非同步回應函式
        function search(para) {
            alert(para);
            //背景請求的路徑
            new net.AjaxSample("servlet/prov?para=" + para
                ,function () {
                    let city = document.getElementById("city");
                    city.length = 0;
                    city.innerHTML = this.req.responseText;
                }
                ,function () {
                    let city = document.getElementById("city");
                    city.length = 0;
                    city.options.add(new Option("城市列表","-1"));
                }
                ,"",false
            );
        }
    </script>
</head>
<body>
    <h4>串聯列表</h4>
    <select name="province" id="province" onchange="changeCityOptions()">
</select>
    <select name="city" id="city"></select>
</body>
</html>
```

10.8.2 顯示進度指示器

在 Web 專案開發中，有些場景會碰到比較耗時的操作，比如上傳大檔案或處理一些檔案解析的任務，下面來簡單講解一些進度指示器的實現。

首先是 Servlet 的實現，程式如下：

```
@WebServlet(name = "progress", urlPatterns = "/servlet/progress")
public class ProgressBarServlet extends HttpServlet {
    private int counter = 1;
    @Override
    protected void service(HttpServletRequest request, HttpServletResponse
response) throws IOException {
        request.setCharacterEncoding("UTF-8");
        response.setCharacterEncoding("UTF-8");
        String task = request.getParameter("task");
        String res = "";
        if (task.equals("create")) {
            res = "<key>1</key>";
            counter = 1;
        } else {
            String percent = "";
            switch(counter) {
                case 1:percent = "10";break;
                case 2:percent = "23";break;
                case 3:percent = "35";break;
                case 4:percent = "51";break;
                case 5:percent = "64";break;
                case 6:percent = "73";break;
                case 7:percent = "89";break;
                case 8:percent = "100";break;
            }
            counter++;
            res = "<percent>"+percent+"</percent>";
        }
        PrintWriter out = response.getWriter();
        response.setContentType("text/xml");
        response.setHeader("Cache-Control", "no-cache");
        out.println("<response>");
        out.println(res);
        out.println("</response>");
        out.close();
    }
}
```

Servlet 類別主要處理建立進度指示器，並設定進度指示器顯示的百分比。接下來看 JSP 頁面處理進度的邏輯，程式如下：

```
<%@ page contentType="text/html;charset=UTF-8" language="java" %>
<html>
<head>
    <title>Ajax 進度指示器 </title>
    <script type="text/javascript" src ="AjaxSample.js" ></script>
```

```
        <script type="text/javascript">
            // 根據進度百分比設定進度顯示的格子
            function processResult(percent_complete) {
                var ind;
                if (percent_complete.length == 1) {
                    ind = 1;
                } else if (percent_complete.length == 2) {
                    ind = percent_complete.substring(0, 1);
                } else {
                    ind = 9;
                }
                return ind;
            }
            // 開始執行進度指示器
            function start(para) {
                // 顯示進度指示器
                let progress_bar = document.getElementById("progressBar");
                if (progress_bar.style.visibility == "visible") {
                    // 清空進度指示器
                    for (let i = 1; i < 10; i++) {
                        let elem = document.getElementById("block" + i);
                        elem.innerHTML = "   ";
                        elem.style.background = "white";
                    }
                    document.getElementById("complete").innerHTML = "";
                } else {
                    progress_bar.style.visibility = "visible";
                }
                new net.AjaxSample("servlet/progress?task=create"
                    ,function () {
                        setTimeout("pollServer()",2000);
                    }
                    ,function () {
                    }
                    ,"",false
                );
            }
            function pollServer() {
                let button = document.getElementById("go");
                button.disabled = true;
                new net.AjaxSample("servlet/progress?task=poll"
                    ,function () {
                        // 獲取 Servlet 傳遞過來的進度百分比
                        let percent_complete = this.req.responseXML.
getElementsByTagName("percent")[0].firstChild.data;
                        let index = processResult(percent_complete);
                        console.log("percent_complete: " + percent_complete + ",
index :" + index);
                        for(let i = 1; i <= index; i++) {
```

```
                            let elem = document.getElementById("block" + i);
                            elem.innerHTML = "   ";
                            elem.style.backgroundColor = 'gray';
                            let next_cell = i + 1;
                            if (next_cell > index && next_cell <= 9) {
                                // 在下一個格子顯示百分比進度
                                document.getElementById("block" + next_cell).
innerHTML = percent_complete + "%";
                            }
                        }
                        if (index < 9) {
                            setTimeout("pollServer()",2000);
                        } else {
                            document.getElementById("complete").innerHTML =
"Complete!";
                            document.getElementById("go").disabled = false;
                        }
                    }
                    ,function () {
                        button.disabled = false;
                    }
                    ,"",false
                );
            }
        </script>
    </head>
    <body>
    <h1>Ajax 顯示進度指示器範例 </h1>
    按一下按鈕開始顯示進度指示器 :<input type="button" value=" 開始 " id="go"
onclick="start();" /><br>
    <table style="align-content: center">
        <tbody>
        <tr>
            <td>
                <div id="progressBar" style="padding:2px;border:solid black
2px;visibility:hidden">
                    <span id="block1">   </span>
                    <span id="block2">   </span>
                    <span id="block3">   </span>
                    <span id="block4">   </span>
                    <span id="block5">   </span>
                    <span id="block6">   </span>
                    <span id="block7">   </span>
                    <span id="block8">   </span>
                    <span id="block9">   </span>
                </div>
            </td>
        </tr>
        <tr><td style="align-content: center" id="complete"></td></tr>
```

```
    </tbody>
</table>
</body>
</html>
```

Ajax 每次呼叫 Servlet 更新進度指示器的百分比和進度顯示，執行結果如圖 10.6 所示。

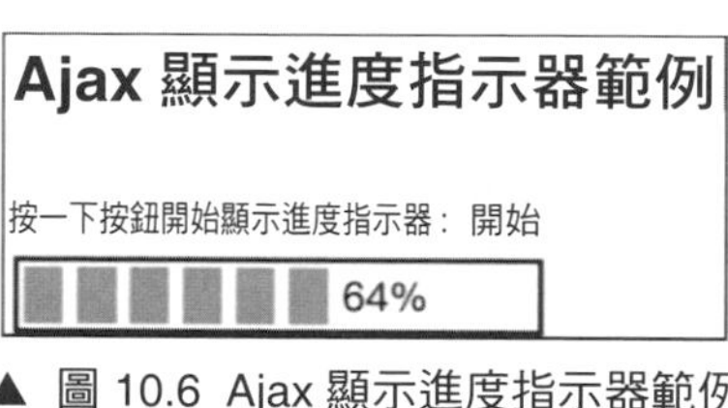

▲ 圖 10.6 Ajax 顯示進度指示器範例

10.9 實作與練習

1. 建立一個簡單的 XMLHttpRequest，從一個 TXT 檔案中傳回資料。
2. 建立一個簡單的 XMLHttpRequest，從一個 XML 檔案中傳回資料。
3. 讀取資料中的使用者資料表資料，透過 Ajax 展示使用者列表。
4. 根據省份 id 查詢省份名稱。資料表和資料如下：

```
CREATE TABLE province_info (
    id int NOT NULL AUTO_INCREMENT ,
    name varchar(255) DEFAULT NULL COMMENT '省份名稱',
    jiancheng varchar(255) DEFAULT NULL COMMENT '簡稱',
    shenghui varchar(255) DEFAULT NULL,
    PRIMARY KEY(id)
);
INSERT INTO province_info VALUES ('1','河北','冀','石家莊');
INSERT INTO province_info VALUES ('2','山西','晉','太原市');
INSERT INTO province_info VALUES ('3','內蒙古','蒙','呼和浩特市');
INSERT INTO province_info VALUES ('4','遼寧','遼','瀋陽');
INSERT INTO province_info VALUES ('5','江蘇','蘇','南京');
INSERT INTO province_info VALUES ('6','浙江','浙','杭州');
INSERT INTO province_info VALUES ('7','安徽','皖','合肥');
INSERT INTO province_info VALUES ('8','福建','閩','福州');
INSERT INTO province_info VALUES ('9','江西','贛','南昌');
```

5. 使用 Ajax 重構功能實現頁面更新功能。

第 4 篇

SSM 框架

本篇重點介紹以下內容：

- Spring IoC。
- Spring AOP。
- MyBatis 技術。
- Spring MVC 技術。
- Maven。
- SSM 框架整合。

第 11 章 Spring 核心之 IoC

到目前為止，Spring 框架可以說已經發展成為一個生態系統或技術系統，它包含 Spring Framework、Spring Boot、Spring Cloud、Spring Data、Spring Security、Spring AMQP 等專案。而通常所說的 Spring 一般意義上指的是 Spring Framework，即 Spring 框架，如圖 11.1 所示。

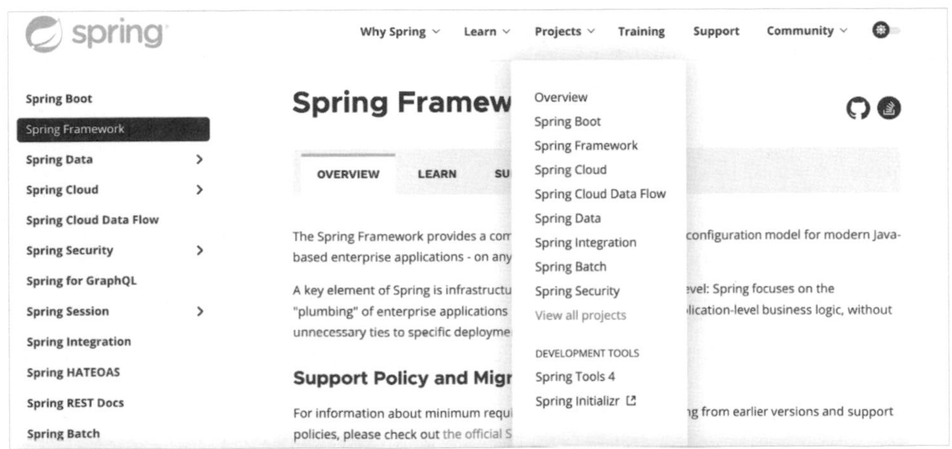

▲ 圖 11.1 Spring 官網首頁

Spring 框架是一個開放原始碼的 Java 平臺，最初是由 Rod Johnson 撰寫的，並且於 2003 年 6 月首次在 Apache 2.0 許可下發佈。

11.1 Spring 概述

Spring 框架是分層的全端羽量級開放原始碼框架，以 IoC 和 AOP 為核心，提供了展現層 Spring MVC 和業務層事務管理等許多的企業級應用技術，為任何類型的部署平臺上的基於 Java 的現代企業應用程式，提供了全面的程式設計和設定模型，已經成為使用最多的 JavaEE 企業應用開放原始碼框架。

簡單來說，Spring 是一個免費、開放原始碼的框架，為簡化企業級專案開發提供全面的開發部署解決方案。

更多 Spring 相關知識可參閱 Spring 官網。

模組化的思想是 Spring 中非常重要的思想，每個模組既可以單獨使用，又可以與其他模組聯合使用。在專案中用到某些技術的時候，選擇相應的技術模組來使用即可，不需要將其他模組引入進來。

Spring 的優點如下：

- Spring 是開放原始碼的且社區活躍，被世界各地開發人員信任以及使用，也有來自科技界所有大廠的貢獻，包括亞馬遜、Google、微軟等，不用擔心框架沒人維護或被廢棄的情況。
- Spring Framework 提供了一個簡易的開發方式，其基礎就是 Spring Framework 的 IoC（Inversion of Control，控制反轉）和 DI（Dependency Injection，相依注入）。這種開發方式將避免可能致使底層程式變得繁雜混亂的大量屬性檔案和幫助類別。
- Spring 提供了對其他各種優秀框架（Struts、Hibernate、Hessian、Quartz 等）的直接支援，不同的框架整合更加流暢。
- Spring 是高生產力的。Spring Boot 改變了程式設計師的 Java 程式設計方式，約定大於設定的思想以及嵌入式的 Web 伺服器資源，從根本上簡化了很多繁雜的工作。同時可以將 Spring Boot 與 Spring Cloud 豐富的支援函式庫、伺服器、範本相結合，快速地建構微服務專案並完美地實現服務治理。
- Spring 是高性能的。使用 Spring Boot 能夠快速啟動專案，同時新的 Spring 5.x 支援非阻塞的響應式程式設計，能夠極大地提升回應效率，並且 Spring Boot 的 DevTools 可以幫助開發者快速迭代專案。而對於初學者，甚至可以使用 Spring Initializr 在幾秒之內啟動一個新的 Spring 專案。
- Spring 是安全的。Spring Security 讓使用者可以更輕鬆地與業界標準安全方案整合，並提供預設安全的可信解決方案。

11.1.1 初識 Spring

Spring 已經發展到了第 5 個大版本，新的 Spring 5.x 有以下幾個模組：

- Core：所有 Spring 框架元件能夠正常執行所依賴的核心技術模組，包括 IoC 容器（依賴注入、控制反轉）、事件、資源、i18n、驗證、資料綁定、類型轉換、SpEL、AOP 等。在使用其他模組的時候，核心技術模組是必需的，它提供了基本的 Spring 功能支援。
- Testing：測試支援模組，包括模擬物件、TestContext 框架、Spring MVC 測試、WebTestClient（Mock Objects、TestContext Framework、Spring MVC Test、WebTestClient）。
- Data Access：資料庫支援模組，包括事務、DAO 支援、JDBC、ORM、編組 XML（Transactions、DAO Support、JDBC、O/R Mapping、XML Marshalling）。
- Web Servlet：基於 Servlet 規範的 Web 框架支援模組，包括 Spring MVC、WebSocket、SockJS、STOMP Messaging。它們是同步阻塞式通訊的。
- Web Reactive：基於響應式的 Web 框架支援模組，包括 Spring WebFlux、WebClient、WebSocket。它們是非同步非阻塞式（響應式）通訊的。
- Integration：第三方功能支援模組，包括遠端處理、JMS、JCA、JMX、電子郵件、任務、排程、快取等服務支援。
- Languages：其他基於 JVM 的語言支援的模組，包括 Kotlin、Groovy 等動態語言。
- Appendix：Spring 屬性模組。控制 Spring 框架某些底層方面的屬性的靜態持有者。

Spring Framework 5.x（以下簡稱 Spring 5.x）版本的程式現在已升級為使用 Java 8 中的新特性，比如介面的 static 方法、lambda 運算式與 stream 串流。因此，如果想要使用 Spring 5.x，那麼要求開發人員使用的 JDK 最低版本為 JDK 8。

Spring 5 引入了 Spring Web Flux，它是一個更優秀的非阻塞響應式 Web 程式設計框架，而且能更進一步地處理大量併發連接，不需要依賴 Servlet 容器，不呼叫 Servlet API，可以在不是 Servlet 容器的伺服器上（如 Netty）執行，希望用它來替代 Spring MVC。因為 Spring MVC 是基於 Servlet API 建構的同步阻塞式 I/O 的 Web 框架，這表示不適合處理大量併發的情況，但是目前 Spring 5.x 仍然支援 Spring MVC。

目前 Spring 官網提供的快速開始教學都已被替換成了 Spring Boot 專案。Spring Boot 基於約定大於設定的思想，相比傳統的 Spring 專案，提供了開箱即用的程式設計體驗，大大地減少了開發人員撰寫設定檔的工作，隱藏了很多原理性的東西。

為了學得更加深入，先從手寫設定檔開始架設 Spring 專案，後面再使用 Spring Boot 技術。

11.1.2 Spring 的獲取

首先，下載 spring-5.3.22-dist 套件。打開 https://repo.spring.io/ 網站，下載頁面如圖 11.2 所示。這個頁面可以按圖中框線列出的目錄，逐層往下找到。

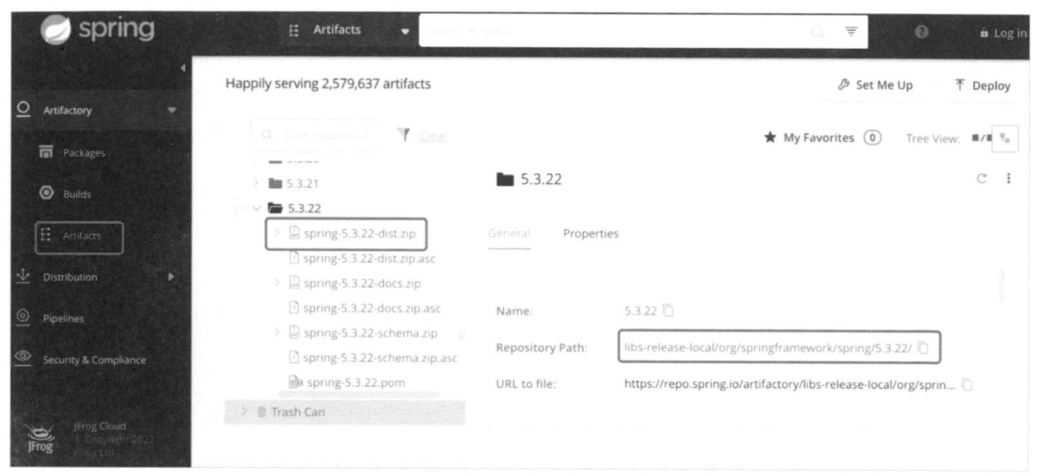

▲ 圖 11.2 Spring 下載頁面

解壓縮後，得到 spring-framework-5.3.22 目錄，其目錄結構如圖 11.3 所示。

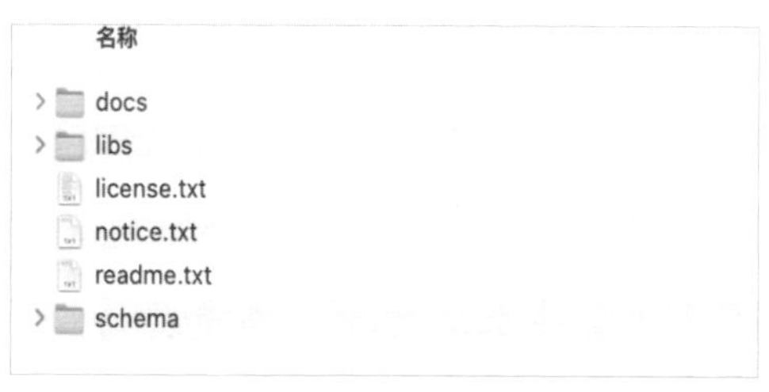

▲ 圖 11.3 Spring 目錄結構

接下來，在 IDEA 中新建專案，將剛才解壓後的 spring 下的 libs 資料夾下的 4 個核心 JAR 套件放入專案 lib 檔案中。另外，還需要一個日誌的套件—commons-logging-1.2.jar。Spring 專案需要引入的套件如圖 11.4 所示。

▲ 圖 11.4 Spring 專案需要引入的套件

11.1.3 簡單設定 Spring

Spring 的設定方式有很多，這裡先從 XML 的設定開始介紹，逐步理解 Spring 的用法。

1. 建立 Bean 類別，實現其方法

首先建立一個介面類別和一個實現類別，介面類別很簡單，包含 save() 和 deleteById() 兩個方法。實現類別程式（UserServiceImpl.java）如下：

```
public class UserServiceImpl implements UserService {
    @Override
    public void save() {
        System.out.println("=======UserServiceImpl.save()==========");
    }
    @Override
    public boolean deleteById(String id) {
        System.out.println("=======UserServiceImpl.deleteById()==========");
        return false;
    }
}
```

2. 設定 applicationContext.xml

在 src 下新建 applicationContext.xml 設定 AppliationContext 容器的資訊，Spring 檔案是基於 Schema 設定的，Schema 檔案的副檔名為 .xsd，可以簡單理解為 Schema 檔案是 DTD 檔案的升級版，它比 DTD 檔案有更好的擴充性。

設定檔以下（applicationContext.xml）：

```
<?xml version="1.0" encoding="UTF-8"?>
<beans xmlns="http://www.springframework.org/schema/beans"
       xmlns:xsi="http://www.w3.org/2001/XMLSchema-instance"
       xsi:schemaLocation="http://www.springframework.org/schema/beans
       http://www.springframework.org/schema/beans/spring-beans.xsd">

    <!-- 建立 Spring 控制資源，id 需要唯一，class 為實現類別 -->
    <bean id="userService" class="com.vincent.javaweb.service.impl.
UserServiceImpl" />

</beans>
```

3. 撰寫測試類別測試 Spring 的功能

建立測試類別，在測試類別的 main() 方法中獲取 Spring 的設定資訊，測試程式如下：

```
public class SpringTest {
    public static void main(String[] args) {
        ApplicationContext ac = new ClassPathXmlApplicationContext
("applicationContext.xml");
        UserServiceImpl service = ac.getBean("userService",
UserServiceImpl.class);
        service.save();
        service.deleteById("id");
    }
}
```

程式執行結果如圖 11.5 所示。

```
SpringTest2
"C:\Program Files\Java\jdk-18.0.2.1\bin\java.exe" "-javaagent:C:\Program Files\JetBrains\IntelliJ
=======UserServiceImpl.save()==========
=======UserServiceImpl.deleteById()==========

Process finished with exit code 0
```

▲ 圖 11.5 Spring 簡單設定

在測試類別中用到了 ClassPathXmlApplicationContext 類別，它的作用是從類別路徑 ClassPath 中尋找指定的 XML 設定檔並載入類別，完成 ApplicationContext 的實例化工作。例如：

```
// 加載單一設定檔實例化 ApplicationContext 容器
ApplicationContext cxt = new ClassPathXmlApplicationContext
("applicationContext.xml");
// 加載多個設定檔實例化 ApplicationContext 容器
```

```
String[] configs = {"bean1.xml","bean2.xml","bean3.xml"};
ApplicationContext cxt = new ClassPathXmlApplicationContext(configs);
```

11.1.4 使用 BeanFactory 管理 Bean

在 Spring 中，BeanDefinition 用來描述一個 Bean 的內容，容器根據 BeanDefinition 的描述來建立 Bean，同時容器還要提供查詢 Bean 等一系列功能。這個部分被稱作 Bean 的管理，而管理這些 Bean 的任務就交給了 BeanFactory。所以 BeanFactory 的核心功能就是管理容器中的 Bean。

BeanFactory 僅作為 IoC 容器的超級介面，但是真正可用的容器實現卻不是它，而是它的一系列子類別。BeanFactory 有兩個主要的容器實現：DefaultListableBeanFactory（類別）和 ApplicationContext（介面）。

建立實體類別 CarInfo 和 CarInfo2，然後設定 Bean，設定 Bean 的範例程式如下：

```
<bean id="carInfo" class="com.vincent.javaweb.entity.CarInfo" >
    <property name="brand">
        <value> 奧迪 </value>
    </property>
    <property name="crop" value=" 一汽 " />
    <property name="price" value="12345.6" />
</bean>
<bean id="carInfo2" class="com.vincent.javaweb.entity.CarInfo2" >
    <constructor-arg index="0" value=" 寶馬 "/>
    <constructor-arg index="1" value=" 寶馬 "/>
    <constructor-arg index="2" value="54321.9"/>
</bean>
```

使用 BeanFactory 管理 Bean 的程式如下：

```
    System.out.println("\n================ 使用 BeanFactory 管理
Bean=====================");
    BeanFactory factory = new DefaultListableBeanFactory();
    BeanDefinitionReader bdr = new XmlBeanDefinitionReader((BeanDefinitionRegistry)
factory);
    bdr.loadBeanDefinitions(new ClassPathResource("applicationContext.xml"));
    CarInfo car = factory.getBean("carInfo", CarInfo.class);
    System.out.println(car.getBrand() + ":" + car.getPrice());
    CarInfo2 car2 = factory.getBean("carInfo2", CarInfo2.class);
    System.out.println(car2);
```

XmlBeanDefinitionReader 讀取解析 XML 檔案，透過 Parser 解析 XML 檔案的標籤。針對 Beans 標籤，生成對應的 BeanDefinitions，然後註冊到 BeanFactory 中。最後透過 factory 的 getBean 方法獲取設定。

BeanDefinitionRegistry 提供 registerBeanDefinition、removeBeanDefinition 等方法，用來從 BeanFactory 註冊或移除 BeanDefinition。通常 BeanFactory 介面的實現類別需要實現這個介面。

ApplicationContext 是一個 Spring 容器，也叫作應用上下文。它繼承 BeanFactory，同時也是 BeanFactory 的擴充升級版。由於 ApplicationContext 的結構決定了它與 BeanFactory 的不同，它們的主要區別如下：

- 繼承 MessageSource，提供國際化的標準存取策略。
- 繼承 ApplicationEventPublisher，提供強大的事件機制。
- 擴充 ResourceLoader，可以用來載入多個 Resource，靈活存取不同的資源。
- 對 Web 應用的支援。

11.1.5 註解設定

之前學習 Servlet 就已經接觸過註解，註解的目的是簡化 XML 設定檔，Spring 對註解的支援也非常完善。

AnnotatedBeanDefinitionReader 可以使用程式設計方法顯式指定將哪些類別註冊到 BeanFactory。它主要是被 AnnotationConfigApplicationContext 使用，即基於註解設定的 ApplicationContext，這是 Spring 的預設 ApplicationContext。

範例程式如下：

```
@Configuration
public class BeanConfig {
    @Bean("car1")
    public CarInfo carInfo() {
        CarInfo info = new CarInfo();
        info.setBrand("賓利");
        info.setPrice(9999999.99);
        return info;
    }
    @Bean("car2")
    public CarInfo2 carInfo2() {
        return new CarInfo2("比亞迪","比亞迪", 21212.34);
    }
}
```

呼叫的程式如下：

```
System.out.println("\n=================註解方式設定Bean=====================");
```

```
    ApplicationContext context = new AnnotationConfigApplicationContext
(BeanConfig.class);
    CarInfo info = context.getBean("car1", CarInfo.class);
    System.out.println(info);
    CarInfo2 info2 = context.getBean("car2", CarInfo2.class);
    System.out.println(info2);
```

在 JavaConfig 類別上加 @Configuration 註解，相當於設定了 <beans> 標籤。而在方法上加 @Bean 註解，相當於設定了 <bean> 標籤。

11.2 相依注入

11.2.1 什麼是控制反轉與相依注入

控制反轉（Inversion of Control，IoC）是 Spring 的核心機制，就是將物件建立的方式、屬性設定方式反轉，以前是開發人員自己透過 new 控制物件的建立，自己為物件屬性賦值。使用 Spring 之後，將物件和屬性的建立及管理交給了 Spring，由 Spring 來負責物件的生命週期、屬性控制以及和其他物件間的關係，達到類別與類別之間的解耦功能，同時還能實現類別實例的重複使用。

DI（Dependency Injection）即相依注入。Spring 官方文件中說：「IoC is also known as dependency injection（DI）」，即 IoC 也被稱為 DI。DI 是 Martin Fowler 在 2004 年初的一篇論文中首次提出的，用於具體描述一個物件獲得相依物件的方式，不是自己主動查詢和設定的（比如 new、set），而是被動地透過 IoC 容器注入（設定）進來的。

Spring 中管理物件的容器稱為 IoC 容器，IoC 容器負責實例化、設定和組裝 Bean。org.Springframework.beans 和 org.Springframework.context 套件是 Springframework 的 IoC 容器的基礎。

IoC 是一個抽象的概念，具體到 Spring 中是以程式的形式實現的，Spring 提供了許多 IoC 容器的實現，其核心是 BeanFactory 介面以及它的實現類別。BeanFactory 介面可以視為 IoC 容器的抽象，提供了 IoC 容器的基本功能，比如對單一 Bean 的獲取、對 Bean 的作用域判斷、獲取 Bean 類型、獲取 Bean 別名等功能。BeanFactory 直譯過來就是 Bean 工廠，實際上 IoC 容器中 Bean 的獲取就是一種典型的工廠模式，裡面的 Bean 常常是單例的（當然也可以是其他類型的）。

簡單地說，IoC 容器可以視為一個大的映射 Map（鍵 - 值對），透過設定的 id、name 或其他唯一標識就可以從容器中獲取對應的物件。

11.2.2 Bean 的設定

在 Spring 中設定 Bean 有 3 種方式，分別說明如下。

1. 傳統 XML 設定

傳統 XML 模式設定就是 11.1.3 節講解的在 applicationContext.xml 中設定 Bean。

2. 工廠模式設定

（1）透過靜態工廠方式設定 Bean（靜態工廠，就是將物件直接放在一個靜態區裡面，想用的時候直接呼叫就行）。範例程式如下：

```
    <!-- 靜態工廠方式設定 Bean -->
    <bean id="userInfo" class="com.vincent.javaweb.HelloInstanceFactory"
factory-method="getStaticUserInfo">
        <constructor-arg value="1"></constructor-arg>
    </bean>
```

（2）透過實例工廠方式設定 Bean。實例工廠與靜態工廠的區別在於一個是靜態的，可以直接呼叫，另一個需要先實例化工廠，再獲取工廠裡面的物件。

```
    <!-- 實例工廠方式設定 Bean -->
    <bean id="factory" class="com.vincent.javaweb.HelloInstanceFactory"></bean>
    <bean id="userInfo2" factory-bean="factory" factory-method="getUserInfo">
        <constructor-arg value="2"></constructor-arg>
    </bean>
```

兩種設定方法引用了同一個類別，程式如下：

```
public class HelloInstanceFactory {
    private Map<Integer, UserInfo> map;
    public HelloInstanceFactory() {
        map = new HashMap<Integer, UserInfo>();
        map.put(2, new UserInfo("李白", new AddrInfo("四川")));
    }
    public UserInfo getUserInfo(int id){
        return map.get(id);
    }
    public static UserInfo getStaticUserInfo(int id) {
        HashMap<Integer, UserInfo> mmap = new HashMap<Integer, UserInfo>();
```

```
        mmap.put(1, new UserInfo("金庸",new AddrInfo("浙江")));
        return mmap.get(id);
    }
}
```

11.2.3 Setter 注入

Setter 現在是 Spring 主流的注入方式，它可以利用 Java Bean 規範所定義的 set 和 get 方法來完成注入，可讀性和靈活性高，它不需要使用建構元注入時出現的多個參數，可以把建構方法宣告成無參建構元，再使用 Setter 注入設定相對應的值，其本質上是透過 Java 反射技術來實現的。

範例程式如下：

```
<!-- 設定 Setter 注入 -->
<bean id="carInfo" class="com.vincent.javaweb.entity.CarInfo" >
    <property name="brand">
        <value>奧迪</value>
    </property>
    <property name="crop" value="一汽" />
    <property name="price" value="12345.6" />
</bean>
```

11.2.4 建構元注入

建構元注入主要依賴建構方法來實現，建構方法可以是附帶參數的，也可以是無參的，通常都是透過類別的建構方法來建立類別物件，以及給它賦值，同樣 Spring 也可以採用反射的方式，透過建構方法來完成注入（賦值）。

範例程式如下：

```
<bean id="carInfo2" class="com.vincent.javaweb.entity.CarInfo2" >
    <constructor-arg index="0" value="寶馬"/>
    <constructor-arg index="1" value="寶馬"/>
    <constructor-arg index="2" value="54321.9"/>
</bean>
```

11.2.5 引用其他的 Bean

元件應用程式的 Bean 經常需要相互協作以完成應用程式的功能，要求 Bean 能夠相互存取，所以就必須在 Bean 設定檔中指定 Bean 的引用。在 Bean 的設定檔中

可以透過 <ref> 元素或 ref 屬性為 Bean 的屬性或建構元參數指定對 Bean 的引用。也可以在屬性或建構元中包含 Bean 的宣告，這樣的 Bean 稱為內部 Bean。

範例程式如下：

```
<bean id="u1" class="com.vincent.javaweb.entity.UserInfo">
    <property name="name" value=" 北斗七星 "></property>
    <property name="addr" ref="a1"></property>
</bean>
<bean id="a1" class="com.vincent.javaweb.entity.AddrInfo">
    <property name="addr" value=" 天樞 "></property>
    <property name="post" value="222222"></property>
</bean>
```

11.2.6 匿名內部 JavaBean 的建立

當 Bean 的實例僅供一個特定的屬性使用時，可以將它宣告為內部 Bean，內部 Bean 宣告直接包含在 <property> 或 <constructor-arg> 元素中，不需要設定任何的 id 或 name 屬性，內部 Bean 不能使用在任何其他地方。

實際很簡單，設定更改如下：

```
<!-- 匿名內部 Bean -->
<bean id="u1" class="com.vincent.javaweb.entity.UserInfo">
    <property name="name" value=" 北斗七星 "></property>
    <property name="addr">
        <bean class="com.vincent.javaweb.entity.AddrInfo">
            <property name="addr" value=" 天樞 "></property>
            <property name="post" value="222222"></property>
        </bean>
    </property>
</bean>
```

11.3 自動裝配

自動裝配是使用 Spring 滿足 Bean 相依的一種方法，根據指定裝配規則（屬性名稱或屬性類型），Spring 自動將匹配的屬性值注入，不再需要手動裝配 <property name="xxx" ref="xxx"></property>。利用 Bean 標籤中的 autowire 屬性進行設定，常用的有兩種類型：按 Bean 名稱裝配和按 Bean 類型裝配。

11.3.1 按 Bean 名稱裝配

byName：根據屬性名稱注入，注入值 Bean 的 id 值和類別屬性名稱一樣。

範例程式（bean.xml）如下：

```
<bean id="dog" class="com.vincent.javaweb.auto.Dog"></bean>
<bean id="cat" class="com.vincent.javaweb.auto.Cat"></bean>
<bean id="animal" class="com.vincent.javaweb.auto.Animal" autowire="byName">
    <!-- <property name="cat" ref="cat"></property> -->
</bean>
```

Java 程式如下：

```
ApplicationContext ac = new ClassPathXmlApplicationContext("bean.xml");
Animal service = ac.getBean("animal", Animal.class);
System.out.println("=================Test byName=================");
service.getCat().eat();
service.getDog().eat();
```

程式執行結果如圖 11.6 所示。

```
SpringTest3
"C:\Program Files\Java\jdk-18.0.2.1\bin\java.exe" "-javaagent:C:\Program Files\JetBrains\IntelliJ
=================Test byName=================
fish~
bone~

Process finished with exit code 0
```

▲ 圖 11.6 Spring 按 Bean 名稱裝配

當一個 Bean 節點帶有 autowire byName 的屬性時：

- 將查詢其類別中所有的 set 方法名稱，例如 setCat，獲得將 set 去掉並且首字母小寫的字串，即 cat。
- 去 Spring 容器中尋找是否有此字串名稱 id 的物件。如果有，就取出注入；如果沒有，就報空指標異常。

11.3.2 按 Bean 類型裝配

byType：根據類型，如果有兩個指定類型的 Bean，則顯示出錯。

透過屬性的類型查詢 JavaBean 相依的物件並為其注入。如果容器中存在一個與指定屬性類型相同的 Bean，那麼將與該屬性進行自動裝配。如果存在多個該類型的 Bean，那麼將拋出異常，並指出不能使用 byType 方式進行自動裝配。若沒有找到相匹配的 Bean，則什麼事都不發生，屬性也不會被設定。

用法和範例跟 byName 基本一致，特別注意的是，如果存在多個該類型的 Bean，那麼將拋出異常。

11.3.3 自動裝配的其他方式

官方列出的自動裝配一共有 4 種模式，除了前面講的兩種外，還有 no 和 constructor 模式。

- no：不啟用自動裝配，自動裝配預設的值。
- constructor：與 byType 的方式類似，與 byType 的區別在於它不是使用 setter 方法注入，而是使用建構元注入。如果在容器中沒有找到與建構元參數類型一致的 Bean，那麼將拋出異常。

11.4 Bean 的作用域

建立一個 Bean 定義，其實質是使用該 Bean 定義對應的類別來建立真正實例的範本。把 Bean 定義看成一個範本很有意義，它與 class 類似，只根據一個範本就可以建立多個實例。

使用者不僅可以控制注入物件中的各種相依和設定值，還可以控制該物件的作用域。這樣可以靈活選擇所建物件的作用域，而不必在 Java Class 級定義作用域。Spring Framework 支援兩種作用域，下面來介紹一下這兩種作用域的用法。

11.4.1 Singleton 的作用域

如果 Bean 的作用域的屬性被宣告為 Singleton，那麼 Spring IoC 容器只會建立一個共用的 Bean 實例。對於所有的 Bean 請求，只要 id 與該 Bean 定義的相匹配，那麼 Spring 在每次需要時都傳回同一個 Bean 實例。

Singleton 是單例類型，就是在建立容器時就同時自動建立了一個 Bean 的物件，無論使用者是否使用，它都存在，每次獲取到的物件都是同一個物件。注意，Singleton 作用域是 Spring 中的預設作用域。使用者可以在 Bean 的設定檔中設定作用域的屬性為 Singleton，程式以下（本範例使用註解形式，對於 XML 設定方式，讀者可以根據前面的章節自行學習）：

```
@Component("singletonBean")
@Scope("singleton")
public class SingletonBean {
    private String message;
    public void setMessage(String message) {
        this.message = message;
    }
    public void getMessage() {
        System.out.println("Your Message : " + message);
    }
}
```

測試 Java 程式如下：

```
ApplicationContext context = new AnnotationConfigApplicationContext
(SingletonBean.class);
SingletonBean bean = context.getBean("singletonBean", SingletonBean.class);
bean.setMessage("This is first bean～");
bean.getMessage();
SingletonBean bean2 = context.getBean("singletonBean", SingletonBean.class);
bean2.getMessage();
```

由於 SingletonBean 是單例的作用域，建立兩個 SingletonBean 物件，第二個物件獲取 SingletonBean 物件中的訊息值的時候，即使是由一個新的 getBean() 方法來獲取，不用設定物件中訊息的值，就可以直接獲取 SingletonBean 中的訊息，因為這時的訊息已經由第一個物件初始化了。在單例中，每個 Spring IoC 容器只有一個實例，無論建立多少個物件，呼叫多少次 getMessage() 方法獲取它，它總是傳回同一個實例。

11.4.2 Prototype 的作用域

如果 Bean 的作用域的屬性被宣告為 Prototype，則表示一個 Bean 定義對應多個物件實例。宣告為 Prototype 作用域的 Bean 會導致在每次對該 Bean 請求（將其注入另一個 Bean 中，或以程式的方式呼叫容器的 getBean() 方法）時都會建立一個新的 Bean 實例。Prototype 是原型類型，它在建立容器的時候並沒有實例化，而是當獲取 Bean 的時候才會去建立一個物件，而且每次獲取到的物件都不是同一個物件。一般來說，對有狀態的 Bean 應該使用 Prototype 作用域，而對無狀態的 Bean 則應該使用 Singleton 作用域。

範例程式如下：

```
    System.out.println("\n================= scope: prototype ===================");
    ApplicationContext prototype = new AnnotationConfigApplicationContext
(PrototypeBean.class);
    PrototypeBean pbean1 = prototype.getBean("prototypeBean", PrototypeBean.class);
    pbean1.setMessage("This is first bean～");
    pbean1.getMessage();
    PrototypeBean pbean2 = prototype.getBean("prototypeBean", PrototypeBean.class);
    pbean2.getMessage();
```

程式執行結果如圖 11.7 所示。

```
SpringTest5
"C:\Program Files\Java\jdk-18.0.2.1\bin\java.exe" "-javaagent:C:\Program Files\JetBrains\IntelliJ

================= scope: prototype ===================
Your Message : This is first bean~
Your Message : null

Process finished with exit code 0
```

▲ 圖 11.7 Bean 作用域

11.5 Bean 的初始化與銷毀

在實際開發的時候，經常會遇到在 Bean 使用之前或之後做一些必要的操作，Spring 對 Bean 的生命週期的操作提供了支援。

在 Spring 下實現初始化和銷毀方法的主要方式如下：

（1）自訂初始化和銷毀方法，宣告 Bean 時透過 initMethod、destroyMethod 指定。

（2）實現 InitializingBean、DisposableBean 介面。

（3）實現 Spring 提供的 BeanPostProcessor 介面。

以上 3 種方法優先順序逐漸升高，即物件建立後最先呼叫 BeanPostProcessor 介面的 postProcessBeforeInitialization 方法，最後呼叫自訂的透過 initMethod 宣告的初始化方法。初始化結束後，最先呼叫 BeanPostProcessor 介面的 postProcessAfterInitialization，最後呼叫自訂的透過 destroyMethod 宣告的初始化方法。這 3 種方法只針對某個具體的類別，BeanPostProcessor 會攔截容器中所有的物件。在單例模式下，在 Spring

容器關閉時會銷毀物件。但是在原型模式下，Spring 容器不會再管理這個 Bean，如果需要，則要自己呼叫銷毀方法。

11.5.1 自訂初始化和銷毀方法

容器管理 Bean 的生命週期，可以自訂初始化和銷毀方法，容器在 Bean 進行到當前生命週期的時候來呼叫自訂的初始化和銷毀方法。

在 XML 設定中，可以透過 init-method 和 destroy-method 指定初始化方法和銷毀方法。該方法必須沒附帶參數數，但是可以拋出異常。

更常用的是透過 @Bean(initMethod="init",destroyMethod="destroy") 的方式指定 Bean 的初始化方法和銷毀方法。接下來主要以註解形式來講解。

定義 LifecycleBean 類別，然後定義兩個方法，一個是初始化方法 init() 方法，另一個是作為銷毀方法的 destroy() 方法，程式如下：

```
public class LifecycleBean {
    public LifecycleBean() {
        System.out.println(".......LifecycleBean 建構元方法 ......");
    }
    public void init() {
        System.out.println(".......LifecycleBean 初始化 ......");
    }
    public void mdestroy() {
        System.out.println(".......LifecycleBean 銷毀 ......");
    }
}
```

增加註解設定類別（LifecycleConfig1.java），程式如下：

```
@Configuration
public class LifecycleConfig1 {
    @Bean(initMethod = "init", destroyMethod = "mdestroy")
    public LifecycleBean getLifecycle() {
        return new LifecycleBean();
    }
}
```

測試程式如下：

```
@Test
public void testLifecycle() {
    AnnotationConfigApplicationContext context = new
AnnotationConfigApplicationContext(LifecycleConfig1.class);
    String[] defBeans = context.getBeanDefinitionNames();
```

```
        for (String name : defBeans) {
            System.out.println(name);
        }
        // 呼叫 close() 方法就會執行 LifecycleBean mdestroy 方法，否則就不會呼叫 mdestroy 方法
        context.close();
    }
```

程式執行結果如圖 11.8 所示。

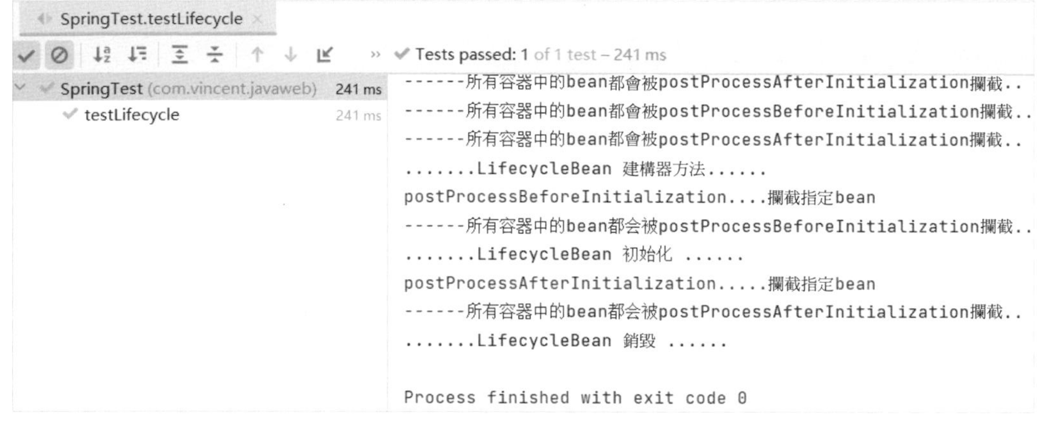

▲ 圖 11.8 自訂 Bean 初始化和銷毀方法的執行結果

可以看到，在容器啟動時，執行了無參建構方法，然後緊接著執行了自訂 Bean 的初始化方法 init()。在容器關閉時，執行了自訂 Bean 的銷毀方法 destroy()。

這裡需要注意的是，@Bean 預設是單例的，如果將 scope 改為多實例的，那麼執行結果就不是這樣的，請看註解設定類別（LifecycleConfig2.java），程式如下：

```
@Configuration
public class LifecycleConfig2 {
    @Bean(initMethod = "init", destroyMethod = "mdestroy")
    @Scope("prototype")
    public LifecycleBean getLifecycle() {
        return new LifecycleBean();
    }
}
```

按照之前的測試程式執行，結果如圖 11.9 所示。

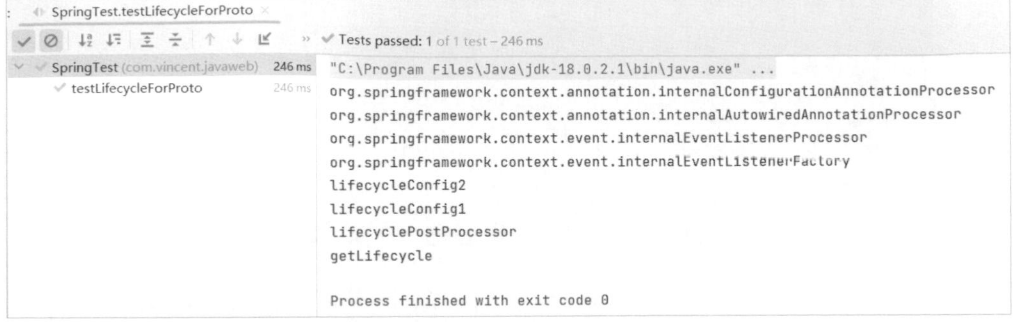

▲ 圖 11.9 自訂 Bean 執行順序

可以看到，容器啟動時，並沒有執行實例化和初始化，在容器關閉時，也沒有呼叫 mdestroy() 方法。

調整測試方法，程式如下：

```
@Test
public void testLifecycleForProto() {
    AnnotationConfigApplicationContext context = new
AnnotationConfigApplicationContext(LifecycleConfig2.class);
    String[] defBeans = context.getBeanDefinitionNames();
    for (String name : defBeans) {
        System.out.println(name);
    }
    context.getBean("getLifecycle");
    context.close();
}
```

程式執行結果如圖 11.10 所示。

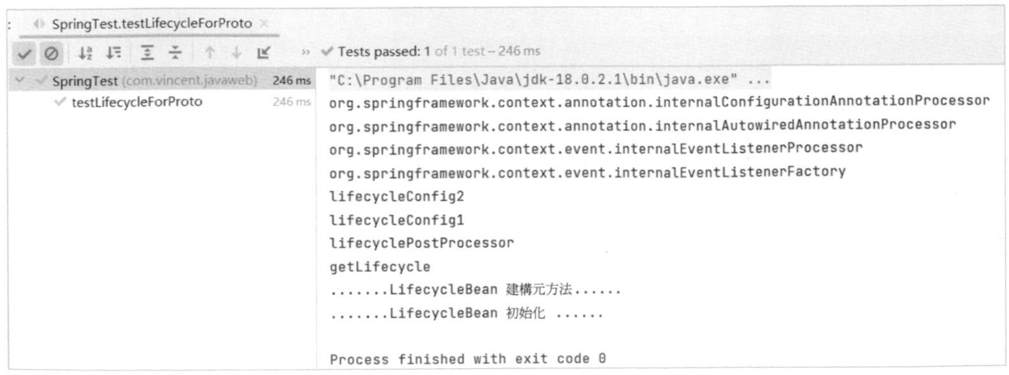

▲ 圖 11.10 自訂 Bean 生命週期

可以看到，非單例模式下，即使容器關閉也不會呼叫 mdestroy() 方法。因此，只有單例的 Bean，在容器建立時才會實例化並執行初始化方法，在容器關閉時執行銷毀方法。對於非單例的 Bean，只有在建立 Bean 的時候才會實例化並執行初始化方法，如果要執行多實例 Bean 的銷毀方法，則需要手動呼叫。

11.5.2 實現 InitializingBean 和 DisposableBean 介面

透過 Bean 實現 InitializingBean（定義初始化邏輯）和 DisposableBean（定義銷毀邏輯）的程式如下：

```
public class Lifecycle2Bean implements InitializingBean, DisposableBean {
    public Lifecycle2Bean() {
        System.out.println(".......LifecycleBean 建構元方法......");
    }
    public void init() {
        System.out.println(".......LifecycleBean 初始化 ......");
    }
    public void mdestroy() {
        System.out.println(".......LifecycleBean 銷毀 ......");
    }
    @Override
    public void destroy() throws Exception {
        System.out.println("......LifecycleBean DisposableBean.destroy......");
    }
    @Override
    public void afterPropertiesSet() throws Exception {
        System.out.println("......LifecycleBean InitializingBean.
afterPropertiesSet......");
    }
}
```

實現了 InitializingBean 介面，還需要重寫 afterPropertiesSet() 方法，同樣，實現了 DisposableBean 介面，還需要重寫 destroy() 方法。

執行之前的測試程式 testLifecycle()，結果如圖 11.11 所示。

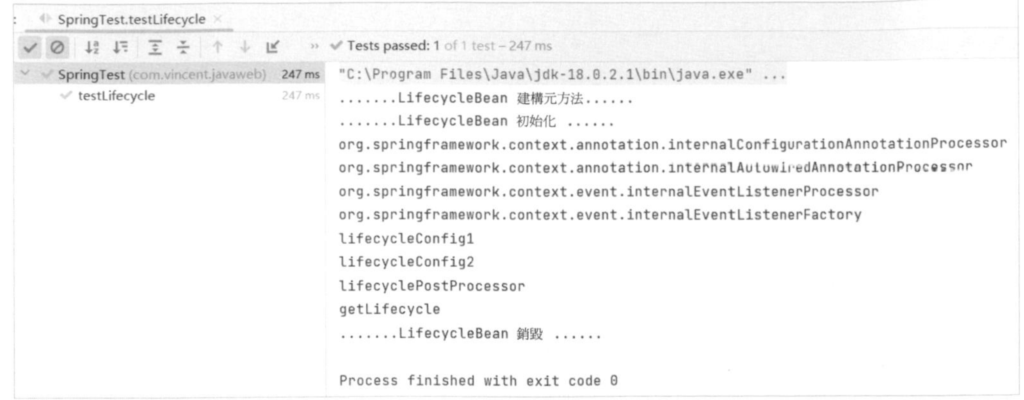

▲ 圖 11.11 自訂 Bean 實現 InitializingBean

初始化過程：容器先呼叫 LifecycleBean 的無參建構方法來實例化 LifecycleBean 物件實例，接著執行 InitializingBean 的初始化方法 afterPropertiesSet() 方法，最後執行自訂的 init() 初始化方法。

銷毀過程：同樣，容器也是先執行 DisposableBean 的 destroy() 方法，然後才執行自訂的 mdestroy() 銷毀方法。

執行之前的測試程式 testLifecycleForProto()，結果如圖 11.12 所示。

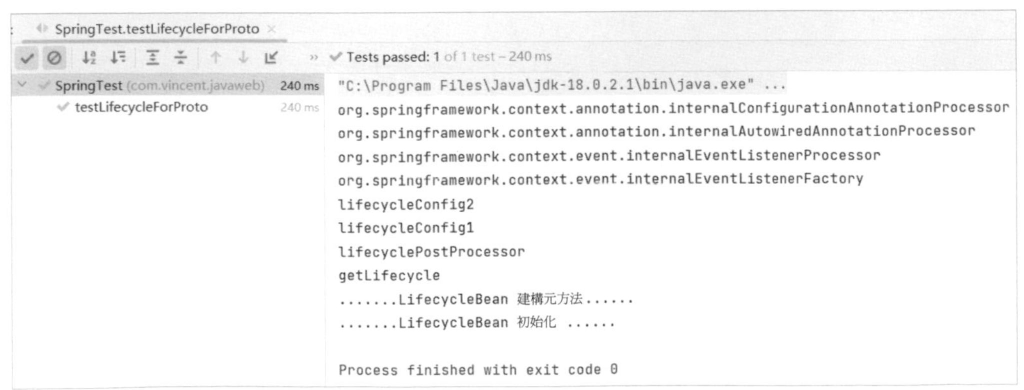

▲ 圖 11.12 自訂 Bean 註解實現 InitializingBean

執行順序並沒有發生變化，但是銷毀方法都沒有執行，需要手動呼叫。

11.5.3 實現 Spring 提供的 BeanPostProcessor 介面

BeanPostProcessor 是 Bean 的後置處理器，在 Bean 初始化前後要進行一些處理工作：

（1）在初始化之前執行 postProcessBeforeInitialization。

（2）在初始化之後執行 postProcessAfterInitialization。

首先自訂 LifecyclePostProcessor 類別，程式如下：

```
@Component
public class LifecyclePostProcessor implements BeanPostProcessor {
    @Override
    public Object postProcessBeforeInitialization(Object bean, String beanName)
throws BeansException {
        if (bean instanceof LifecycleBean) {
            System.err.println("postProcessBeforeInitialization.... 攔截指定
bean");
        }
        System.out.println("------ 所有容器中的 Bean 都會被 postProcessBeforeInitial
ization 攔截 .. beanName=" + beanName + "==>" + bean);
        return bean;
    }
    @Override
    public Object postProcessAfterInitialization(Object bean, String beanName)
throws BeansException {
        if (bean instanceof LifecycleBean) {
            System.err.println("postProcessAfterInitialization..... 攔截指定
bean");
        }
        System.out.println("------ 所有容器中的 Bean 都會被 postProcessAfterInitial
ization 攔截 .. beanName=" + beanName + "==>" + bean);
        return bean;
    }
}
```

接著，將自訂的 LifecyclePostProcessor 增加設定到容器中，程式如下：

```
@Configuration
@ComponentScan("com.vincent.javaweb.life")
public class LifecycleConfig1 {
    @Bean(initMethod = "init", destroyMethod = "mdestroy")
    public LifecycleBean getLifecycle() {
        return new LifecycleBean();
    }
}
```

註解 @ComponentScan 表示自動掃描套件下的 BeanPostProcessor。

最後執行測試程式 testLifecycle()，結果如圖 11.13 所示。

說明所有容器載入的 Bean 在實例化之後、初始化之前都會執行 postProcessBeforeInitialization() 方法，在初始化完成後執行 postProcessAfterInitialization() 方法。

需要注意的是，BeanPostProcessor 提供的兩個方法是針對初始化前後的攔截操作，與容器的關閉、Bean 的銷毀無關。

▲ 圖 11.13 自訂 Bean 實現 BeanPostProcessor

11.6 屬性編輯器

在 Spring 設定檔或設定類別中，往往透過字面額為 Bean 各種類型的屬性提供設定值：無論是 double 類型還是 int 類型，在設定檔中都對應字串類型的字面額。BeanWrapper 填充 Bean 屬性時，如何將這個字面額轉為對應的 double 或 int 等內部資料型態呢？這裡有一個轉換器在其中起作用，這個轉換器就是屬性編輯器。換言之，就是 Spring 根據已經註冊好的屬性編輯器解析這些字串，實例化成對應的類型。

11.6.1 內建屬性編輯器

Spring 的屬性編輯器沒有 UI 介面，只是將設定檔中的文字設定值轉為 Bean 屬性的對應值。Spring 在 PropertyEditorRegistrySupport 中為常見的屬性類型提供了預設屬性編輯器，分為三大類，具體如表 11.1 所示。

▼ 表 11.1 Spring 內建的屬性編輯器

類型		說明
基礎資料型態	基本類型	boolean、char、int、double、float、short、byte、long
	封裝類型	Boolean、Character、Integer、Double、Float、Short、Byte、Long
	陣列類型	char[]、byte[]
	大數類型	BigDecimal、BigInteger
集合類型		Collection、Set、SortedSet、List、SortedMap
資源類型		Charset、Class、Class[]、Currency、File、InputStream、InputSource、Locale、Path、Pattern、Properties、Reader、Resource[]、TimeZone、URI、URL、UUID、ZoneId

11.6.2 自訂屬性編輯器

如果 Spring 應用定義了特殊類型的屬性，並且希望在設定檔中以字面額方式來設定屬性值，那麼就可以撰寫自訂屬性編輯器並註冊到 Spring 容器的方式來實現。

Spring 預設的屬性編輯器大都擴充自 java.beans.PropertyEditorSupport，可以透過擴充 PropertyEditorSupport 來自訂屬性編輯器。在 Spring 環境下僅需要將設定檔中的字面額轉為屬性類型的物件即可，並不需要提供 UI 介面，所以僅需要覆蓋 PropertyEditorSupport 的 setAsText() 方法就可以了。

1. 自訂屬性編輯器的具體步驟

自訂一個實現了 PropertyEditorSupport 介面的編輯器，重寫 setAsText() 方法，然後註冊介面。

2. 自訂屬性編輯器的場景

先來看一個範例：

```
public class DateBean {
    private Date dateValue;
    private String desc;
    public Date getDateValue() {
        return dateValue;
    }
    public void setDateValue(Date dateValue) {
        this.dateValue = dateValue;
    }
```

```
        public String getDesc() {
            return desc;
        }
        public void setDesc(String desc) {
            this.desc = desc;
        }
    }
```

按照常規的 Spring Bean 設定，程式如下：

```
<bean id="dateBean" class="com.vincent.javaweb.propertyeditor.DateBean">
    <property name="dateValue">
        <value>2022-07-31</value>
    </property>
</bean>
```

測試程式如下：

```
@Test
public void testPropertyEditor() {
    ApplicationContext ac = new ClassPathXmlApplicationContext
("propertyEditorBean.xml");
    DateBean service = ac.getBean("dateBean", DateBean.class);
    System.out.println(service.getDateValue());;
}
```

程式執行結果如圖 11.14 所示。

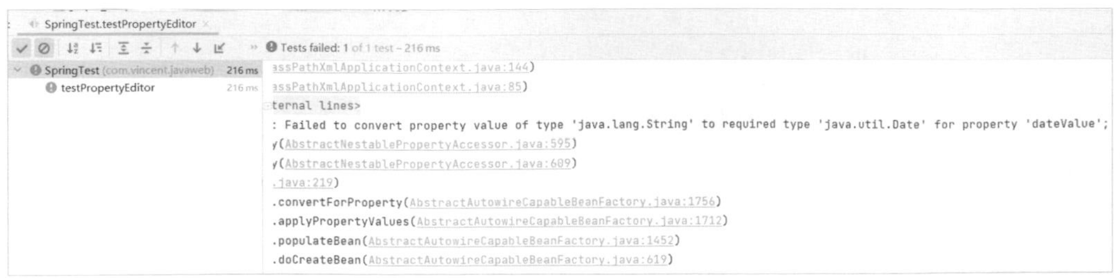

▲ 圖 11.14 屬性編輯器類型轉換

3. 自訂屬性編輯器

自訂一個實現了 PropertyEditorSupport 介面的編輯器，重寫 setAsText() 方法，程式如下：

```
public class MyDatePropertyEditor extends PropertyEditorSupport {
    private String formatParttern = "yyyy-MM-dd";

    public MyDatePropertyEditor() {
```

```
        }
        public MyDatePropertyEditor(String formatParttern) {
            this.formatParttern = formatParttern;
        }
        @Override
        public void setAsText(String text) throws IllegalArgumentException {
            System.out.println("=======MyDatePropertyEditor.setAsText========text:"
+  text + ", formatParttern:" + formatParttern);
            try {
                SimpleDateFormat sdf = new SimpleDateFormat(getFormatParttern());
                Date d = sdf.parse(text);
                this.setValue(d);
            } catch (ParseException e) {
                e.printStackTrace();
            }
        }
        public String getFormatParttern() {
            return formatParttern;
        }
        public void setFormatParttern(String formatParttern) {
            this.formatParttern = formatParttern;
        }
    }
```

在 XML 中註冊介面，程式如下：

```
    <!-- 將 Bean 中的 Date 賦值 2022-07-31，Spring 會認為 2022-07-31 是 String 類型的字串，
無法轉換成 Date，會顯示出錯！ -->
    <bean id="dateBean" class="com.vincent.javaweb.propertyeditor.DateBean">
        <property name="dateValue" value="2022-07-31 12:00:30" />
    </bean>
    <!-- 註冊自訂的屬性編輯器 -->
    <bean class="org.springframework.beans.factory.config.CustomEditorConfigurer">
        <property name="customEditors">
            <map>
                <entry key="java.util.Date" value="com.vincent.javaweb.
propertyeditor.MyDatePropertyEditor" />
            </map>
        </property>
    </bean>
```

測試程式如下：

```
    @Test
    public void testPropertyEditor() {
        ApplicationContext ac = new ClassPathXmlApplicationContext
("propertyEditorBean.xml");
        DateBean service = ac.getBean("dateBean", DateBean.class);
        System.out.println(service.getDateValue());
    }
```

程式執行結果如圖 11.15 所示。

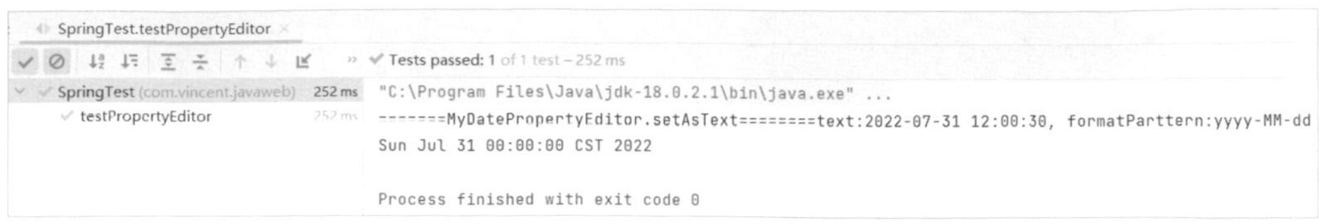

▲ 圖 11.15 自訂屬性編輯器

可以看到，透過介面實現類型轉換，在轉換過程中，雖然格式化輸出了日期類型，但是結果輸出的並不是格式化設定的結果，因為在轉換過程中，其日期格式用了預設日期類型，在 getAsText() 方法中實現控制字元顯示的程式碼。

11.7 實作與練習

1. 了解 Spring 系統，學會 Spring 的下載與基本設定。
2. 深入理解什麼是控制反轉，什麼是相依注入。
3. 理解 Spring Bean 的設定方式和其作用域。
4. 簡述 Spring IoC 的作用。
5. 透過本章講解的 Spring IoC 實現以下功能：

   總共有 3 個類別：Course 類別、Student 類別和 Teacher 類別。

   總共有 3 門課程，5 名學生和兩位老師，每個學生只有一位老師，但是老師可以有多個學生，每名學生可以選擇多門課程，同樣課程也可以被多名學生選擇。

   要求：透過老師來查詢老師所教的學生的選課情況，但是老師只可以查詢自己的學生，不能查詢其他老師的學生的選課。

第 12 章 Spring 核心之 AOP

12.1 AOP 概述

AOP（Aspect Oriented Programming，切面導向程式設計）是透過預先編譯方式和執行期間動態代理實現程式功能統一維護的一種技術。AOP 是 OOP（Object Oriented Programming，物件導向程式設計）的延續，是軟體開發中的熱點，也是 Spring 框架中的重要內容。

在 OOP 的程式設計思維中，基本模組單元是類別（Class），OOP 將不同的業務物件抽象成一個個類別，不同的業務操作抽象成不同的方法，這樣的好處是能獲得更加清晰、高效的邏輯單元劃分。一個完整的業務邏輯是呼叫不同的物件、方法來組合完成的，每一個步驟都按照循序執行。這樣容易導致業務邏輯之間的耦合關係過於緊密，核心業務的程式之間通常需要手動嵌入大量非核心業務的程式，比如日誌記錄、事務管理。對於這種跨物件和跨業務的重複的、公共的非核心的程式邏輯，OOP 沒有特別好的處理方式。

AOP 的基本模組單元是切面（Aspect），所謂切面，其實就是對不同業務管線中的相同業務邏輯進行進一步取出形成的橫截面。AOP 計數讓業務中的核心模組和非核心模組的耦合度進一步降低，實現了程式的重複使用，減少了程式量，提升了開發效率，並有利於程式未來的可擴充性和可維護性。

簡單地說，OOP 對業務中每一個功能進行取出，封裝成類別和方法，讓程式更加模組化，在一定程度上實現了程式的重複使用。此時，一個完整的業務透過按一定順序呼叫物件的方法模組來實現。如果脫離物件層面，基於業務邏輯，站在更高層面來看這種程式設計方式，帶來的缺點是對於業務中的重複程式模組，在原始程式碼中需要在業務的不同階段重複呼叫。而 AOP 則可以對業務中重複呼叫的模組進行取出，讓業務中的核心邏輯與非核心邏輯進一步解耦，在原始程式碼中不需要手動呼叫這個重複程式的模組，在更高的層級實現了程式的重複使用，有利於後續程式的維護和升級。

12.1.1 了解 AOP

前面講了這麼多，其實 AOP 就是在不修改程式的情況下為程式統一增加額外功能的一種技術。AOP 可以攔截指定的方法並且對方法增強，而無須侵入業務程式中，讓業務與非業務處理邏輯分離。比如 Spring 的事務，透過事務的註解設定，Spring 會自動在業務方法中開啟、提交業務，並且在業務處理失敗時執行相應的導回策略。

下面整理 AOP 的一些核心概念，方便理解 AOP。

1. Joinpoint

Joinpoint（連接點）指的是那些被連接的點，在 Spring 中指的是可以被攔截的目標類別的方法，比較常見的如表 12.1 所示。

▼ 表 12.1 Spring AOP 連接點點位

連接點點位	說　明
Method Call	方法被呼叫時
Method Execution	方法執行時
Constructor Call	某個建構元被呼叫時
Constructor Execution	建構元內部開始執行時
Field Set	透過方法或直接設定某個變數的值時
Field Get	透過方法或直接存取某個變數的值時
Exception Handlers	異常拋出時
Static Initialization	類的靜態屬性 / 程式區塊被初始化 / 執行時
Initialization	物件透過建構元初始化時

在 Spring AOP 中，連接點隻支援 method execution，即方法執行連接點，並且不能應用於在同一個類別中相互呼叫的方法。

2. Pointcut

Pointcut（切入點）用來匹配要進行切入的 Joinpoint 集合的運算式，透過切入點運算式（Pointcut Expression，類似於正規表示法）可以確定符合條件的連接點作為切入點。12.2 節會重點講解 Spring 的切入點。

3. Advice

Advice（通知）是指攔截到連接點之後要做的事，是對切入點增強的內容，也就是切面的具體行為和功能，在 Pointcut 匹配到的 Joinpoint 位置，會插入指定類型的 Advice。

Spring AOP 中的通知類型如表 12.2 所示。

▼ 表 12.2 Spring Advice 的類型

類　型	說　明
Before Advice	前置通知。在切入點方法之前執行，但不能阻止執行切入點方法的通知（除非它拋出異常）
After Returning Advice	後置通知。在切入點方法正常完成後要執行的通知（舉例來說，方法傳回並且不引發異常）
After Throwing Advice	異常通知。如果切入點方法透過引發異常而退出，則要執行的通知
After Finally Advice	最終通知。無論切入點方法退出的方式如何（正常或異常傳回），都要執行的通知
Around Advice	環繞通知。Around 通知可以在切入點方法呼叫前後執行自訂行為。它是 Spring 框架提供的一種可以在程式中手動控制增強方法何時執行的方式

Advice 是基於攔截器進行攔截實現的，表示在 Pointcut 上要執行的方法，其類型是定義 Pointcut 執行的時機。

4. Aspect

Aspect（切面）是切入點（Pointcut）和該位置的通知（Advice）的結合，或說是前面所講的跨多個業務的被抽離出來的公共業務模組，就像一個橫截面一樣，對應 Java 程式中被 @AspectJ 標注的切面類別或使用 XML 設定的切面。

5. Target

所有被通知的物件（也可以視為被代理的物件）都是 Target（目標物件）。目標物件被 AOP 所關注，它的屬性的改變會被關注，它的行為的呼叫也會被關注，它的方法傳參的變化仍然會被關注。AOP 會注意目標物件的變動，隨時準備向目標物件「注入切面」。

6. Weaving

Weaving（編織）是將切面功能應用到目標物件的過程。由代理工廠建立一個代理物件，這個代理物件可以為目標物件執行切面功能。

AOP 的織入方式有 3 種：編譯時期（Compile Time）織入、類別載入時期（Classload Time）織入、執行時期期（Runtime）織入。Spring AOP 一般多見於執行時期期（Runtime）織入。

7. Introduction

Introduction（引入）就是對於一個已編譯完的類別（Class），在執行時期期，動態地向這個類別載入屬性和方法。

12.1.2 Spring AOP 的簡單實現

利用 Spring AOP 使日誌輸出與方法分離，使得在呼叫目標方法之前執行日誌輸出。傳統的做法是把輸出敘述寫在方法區塊的內部，在呼叫該方法的時候，用輸出敘述輸出資訊來記錄方法的執行。AOP 可以分離與業務無關的程式。日誌輸出與方法都做些什麼是無關的，它主要的目的是記錄方法被執行過。

下面透過講解 Spring AOP 簡單實例的實現過程來了解 AOP 程式設計的特點。

首先建立 MyTarget 類別，它是被代理的目標物件，其中有一個 execute() 方法，它可以專注於自己的職能，現在使用 AOP 對 execute() 方法進行日誌輸出。在執行 execute() 方法前，進行日誌輸出。目標物件的程式如下：

```
public class MyTarget {
    public void execute(String paras) {
        System.out.println("------------MyTarget.execute-----------paras:" +
paras);
    }
}
```

攔截目標物件的 execute() 方法並執行通知，程式如下：

```
public class MyAspect implements MethodInterceptor {
    @Override
    public Object invoke(MethodInvocation invocation) throws Throwable {
        try {
            before();
            invocation.proceed();
            afterReturning();
```

```
        } catch (Exception e) {
            afterThrowing();
        } finally {
            after();
        }
        return null;
    }
    private void before() {
        System.out.println("------------MyAspect.before-----------");
    }
    private void afterReturning() {
        System.out.println("------------MyAspect.afterReturning----------");
    }
    private void afterThrowing() {
        System.out.println("------------MyAspect.afterThrowing-----------");
    }
    private void after() {
        System.out.println("------------MyAspect.after-----------");
    }
}
```

- proceed() 方法：invocation 為 MethodInvocation 類型，invocation.proceed() 用於執行目標物件的 execute() 方法。
- before() 方法：before() 方法將在 invocation.proceed() 之前執行，用於輸出提示訊息。
- afterReturning() 方法：在 invocation.proceed() 之後執行。
- afterThrowing() 方法：在 invocation.proceed() 異常時執行。
- after() 方法：最後執行。

若想使用 AOP 的功能，則必須建立代理。建立代理的程式如下：

```
@Test
public void testFirst() {
    ProxyFactory factory = new ProxyFactory();
    factory.addAdvice(new MyAspect());
    factory.setTarget(new MyTarget());
    MyTarget target = (MyTarget) factory.getProxy();
    // 代理執行 execute() 方法
    target.execute("AOP 的簡單實現 ");
}
```

可以看到，最終程式執行了 MyTarget 的 execute() 方法，並且能看到 Advice 相關的通知。

12.2 Spring 的切入點

Spring 切入點即 Pointcut，用於設定切面的切入位置。Spring 中切入點的粒度是方法級的，因此在 Spring AOP 中切入點的作用是設定哪些類別中哪些方法在定義的切入點內，哪些方法應該被過濾排除。

Spring 的切入點分為靜態切入點、動態切入點和使用者自訂切入點 3 種，其中靜態切入點只需要考慮類別名稱、方法名稱，動態切入點除此之外，還要考慮方法的參數，以便在執行時期可以動態地確定切入點的位置。

12.2.1 靜態切入點與動態切入點

1. 靜態切入點

靜態往往表示不變，相對動態切入點來說，靜態切入點具有良好的性能，因為靜態切入點隻在代理建立時執行一次，而非在執行期間，每次目標方法執行前都要執行。

優點：由於靜態切入點隻在代理建立的時候執行一次，然後將結果快取起來，下一次被呼叫的時候直接從快取中獲取即可。因此，在性能上靜態切入點要遠高於動態切入點。靜態切入點在第一次織入切面時，首先會計算切入點的位置：它透過反射在程式執行的時候獲得呼叫的方法名稱，如果這個方法名稱是定義的切入點，就會織入切面。然後，將第一次計算的結果快取起來，以後就不需要再進行計算了。這樣使用靜態切入點的程式性能會好很多。

缺點：雖然使用靜態切入點的性能會高一些，但是它也具有一些不足：當需要通知的目標物件的類型多於一種，且需要織入的方法很多時，使用靜態切入點程式設計會很煩瑣，而且不是很靈活，性能降低。這時可以選用動態切入點。

2. 動態切入點

動態切入點是相對於靜態切入點的。靜態切入點只能應用在相對不變的位置，而動態切入點應用在相對變化的位置。例如在方法的參數上，由於在程式執行過程中傳遞的參數是變化的，因此切入點也隨之變化，它會根據不同的參數來織入不同的切面。由於每次織入都要重新計算切入點的位置，而且結果不能快取，因此動態切入點比靜態切入點的性能低很多，但是它能夠隨著程式中參數的變化而織入不同的切面，因而它要比靜態切入點靈活很多。

在程式中，靜態切入點和動態切入點可以選擇使用，當程式對性能要求很高且相對注入不是很複雜時，可以使用靜態切入點，當程式對性能要求不是很高且注入比較複雜時，可以使用動態切入點。

12.2.2 深入靜態切入點

靜態切入點是在某個方法名稱上織入切面的，所以在織入程式碼前要進行方法名稱的匹配，判斷當前正在呼叫的方法是不是已經定義的靜態切入點，如果該方法已經被定義為靜態切入點，則說明該方法匹配成功，織入切面。如果該方法沒有被定義為靜態切入點，則匹配失敗，不織入切面。這個匹配過程是 Spring 自動進行的，不需要人為程式設計的干預。

靜態切入點只限於給定的方法和目標類別，而不考慮方法的參數。Spring 在呼叫靜態切入點時只在第一次呼叫的時候計算靜態切入點的位置，然後快取起來。透過 org.springframework.aop.support.RegexpMethodPointcut 可以實現靜態切入點，這是一個通用的正規表示法切入點。

首先定義介面和實現類別，程式如下：

```
public interface IService {
    public void saveEmp(String id, String name);
    public void saveEmpPic(String id, String empid, String url);
    public void saveUser(String id, String name) ;
    public void delete(String id);
    public void doPost();
}
@Repository
public class MyServiceImpl implements IService {
    @Override
    public void saveEmp(String id, String name) {
        System.out.println("=========== MyService.saveEmp ===========");
    }
    @Override
    public void saveEmpPic(String id, String empid, String url) {
        System.out.println("=========== MyService.saveEmpPic ===========");
    }
    @Override
    public void saveUser(String id, String name) {
        System.out.println("=========== MyService.saveUser ===========");
    }
    @Override
    public void delete(String id) {
        System.out.println("=========== MyService.delete ===========");
```

```
        }
        @Override
        public void doPost() {
            System.out.println("=========== MyService.doPost ===========");
        }
    }
```

然後是 Bean 檔案設定，程式如下：

```
    <context:component-scan base-package="com.vincent.javaweb.pointcut" />
    <bean id="myservice" class="com.vincent.javaweb.pointcut.MyServiceImpl" />
    <bean id="loggerInfo" class="com.vincent.javaweb.pointcut.LoggerInfo" />
    <bean id="setPointcut" class="org.springframework.aop.support.
RegexpMethodPointcutAdvisor">
        <property name="advice" ref="loggerInfo" />
        <property name="patterns">
            <!-- 設定切入點 -->
            <list>
                <value>.*save.*</value>
                <value>.*do.*</value>
            </list>
        </property>
    </bean>
    <!-- ### 代理專案  -->
    <bean id="proxyFactory" class="org.springframework.aop.framework.
ProxyFactoryBean" >
        <property name="target" ref="myservice" />
        <property name="interceptorNames">
            <list>
                <value>setPointcut</value>
            </list>
        </property>
    </bean>
```

最後撰寫測試類別，程式如下：

```
    @Test
    public void testPointcut() throws BeansException {
        ApplicationContext context = new ClassPathXmlApplicationContext
("spring-config.xml");
        IService service = (IService) context.getBean("proxyFactory");
        service.saveEmp("1","2");
        System.out.println("----------------------------------");
        service.delete("1");
        System.out.println("----------------------------------");
        service.doPost();
    }
```

程式執行結果如圖 12.1 所示。

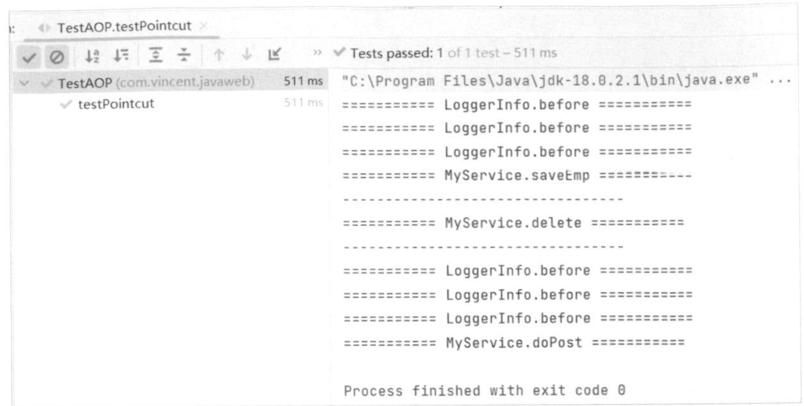

▲ 圖 12.1 Spring 切入點

可以看到，以設定 patterns 正規列表的方法實現了橫切，而不能匹配的方法則沒有執行。

12.2.3 深入切入點底層

掌握 Spring 切入點底層將有助更加深刻地理解切入點。Pointcut 介面是切入點的定義介面，用它來規定可切入的連接點的屬性。透過對此介面的擴充可以處理其他類型的連接點，例如域等。定義切入點介面的程式如下：

```
public interface Pointcut {
    ClassFilter getClassFilter();
    MethodMatcher getMethodMatcher();
    Pointcut TRUE = TruePointcut.INSTANCE;
}
```

使用 ClassFilter 介面匹配目標類別，程式如下：

```
public interface ClassFilter {
    boolean matches(Class<?> clazz);
    ClassFilter TRUE = TrueClassFilter.INSTANCE;
}
```

可以看到，在 ClassFilter 介面中定義了 matches() 方法，意思是與「…」相匹配，其中 class 代表被檢測的 Class 實例，該實例是應用切入點的目標物件，如果傳回 true，則表示目標物件可以被應用切入點；如果傳回 false，則表示目標物件不可以應用切入點。

使用 MethodMatcher 介面來匹配目標類別的方法或方法的參數，程式如下：

```
public interface MethodMatcher {
    boolean matches(Method method, Class<?> targetClass);
    boolean isRuntime();
    boolean matches(Method method, Class<?> targetClass, Object... args);
    MethodMatcher TRUE = TrueMethodMatcher.INSTANCE;
}
```

Spring 支援兩種切入點：靜態切入點和動態切入點。究竟執行靜態切入點還是動態切入點，取決於 isRuntime() 方法的傳回值。在匹配切入點之前，Spring 會呼叫 isRuntime()，如果傳回 false，則執行靜態切入點，如果傳回 true，則執行動態切入點。

12.2.4 Spring 中的其他切入點

Spring 提供了豐富的切入點，目的是使切面靈活地注入程式中的位置。例如使用流程切入點，可以根據當前呼叫的堆疊中的類別和方法來實施切入。

Spring 常見的切入點如表 12.3 所示。

▼ 表 12.3 Spring 常見的切入點

切入點實現類別	說　明
org.springframework.aop.support.JdkRegexpMethodPointcut	JDK 正規表示法方法切入點
org.springframework.aop.support.NameMatchMethodPointcut	名稱匹配器方法切入點
org.springframework.aop.support.StaticMethodMatcherPointcut	靜態方法匹配器切入點
org.springframework.aop.support.ControlFlowPointcut	流程切入點
org.springframework.aop.support.DynamicMethodMatcherPointcut	動態方法匹配器切入點

12.3 Aspect 對 AOP 的支援

12.3.1 了解 Aspect

Aspect 是對系統中的物件操作過程中截面邏輯進行模組化封裝的 AOP 概念實體。在通常情況下，Aspect 可以包含多個切入點和通知。

AspectJ 是 Spring 框架 2.0 版本之後增加的新特性，Spring 使用了 AspectJ 提供的函式庫來做切入點解析和匹配的工作。但是 AOP 在執行時期仍舊是純粹的 Spring AOP，它並不依賴於 AspectJ 的編譯器或織入器，在底層中使用的仍然是 Spring 2.0 之前的實現系統。

在使用 AspectJ 框架之前，需要匯入 JAR 套件：aspectjrt.jar 和 aspectjweaver.jar。Spring 使用 AspectJ 主要有兩種方法：基於 XML 和基於註解。

12.3.2 基於 XML 設定的 AOP 實現

定義業務處理介面和實現，程式如下：

```
public interface UserService {
    public void addUser();
    public int deleteUserById(int id);
    public int updateUserById(int id);
    public List queryUserList();
}
public class UserServiceImpl implements UserService {
    @Override
    public void addUser() {
        System.out.println("=======UserServiceImpl.addUser=======");
    }
    @Override
    public int deleteUserById(int id) {
        System.out.println("=======UserServiceImpl.deleteUserById =======");
        return 0;
    }
    @Override
    public int updateUserById(int id) {
        System.out.println("=======UserServiceImpl.updateUserById =======");
        int x = 1 / 0;
        return 0;
    }
    @Override
    public List queryUserList() {
        System.out.println("=======UserServiceImpl.queryUserList =======");
        return null;
    }
}
```

接著定義要「橫切」的類別，此處以記錄日誌為例，程式如下：

```
public class MyLogger {
    public  void beforePrintLog() {
        System.out.println("=======MyLogger.beforePrintLog 方法開始記錄日誌了。");
    }
    public  void afterReturnPrintLog(){
        System.out.println("=======MyLogger.afterReturnPrintLog 方法開始記錄日誌了。
");
    }
    public  void afterThrowingPrintLog() {
```

```
        System.out.println("=======MyLogger.afterThrowingPrintLog 方法開始記錄日誌了。");
    }
    public  void afterPrintLog() {
        System.out.println("=======MyLogger.afterPrintLog 方法開始記錄日誌了。");
    }
}
```

然後是基於 XML 設定 Bean，程式如下：

```
<?xml version="1.0" encoding="UTF-8"?>
<beans xmlns="http://www.springframework.org/schema/beans"
       xmlns:xsi="http://www.w3.org/2001/XMLSchema-instance"
       xmlns:aop="http://www.springframework.org/schema/aop"
       xsi:schemaLocation="http://www.springframework.org/schema/beans
       http://www.springframework.org/schema/beans/spring-beans.xsd
        http://www.springframework.org/schema/aop
        http://www.springframework.org/schema/aop/spring-aop.xsd">

    <!-- 設定 Spring 的 IoC，把 service 物件設定進來 -->
    <bean id="userService" class="com.vincent.javaweb.UserServiceImpl" />

    <!-- 設定 Logger 類別 -->
    <bean id="mylogger" class="com.vincent.javaweb.MyLogger" />

    <aop:config>
        <aop:aspect id="logAdvice" ref="mylogger" >
            <!-- 前置通知 -->
            <aop:before method="beforePrintLog" pointcut="execution
(* com.vincent.javaweb.*.*(..))"></aop:before>
            <!-- 後置通知 -->
            <aop:after-returning method="afterReturnPrintLog"
pointcut="execution(* com.vincent.javaweb.*.*(..))"></aop:after-returning>
            <!-- 異常通知 -->
            <aop:after-throwing method="afterThrowingPrintLog"
pointcut="execution(* com.vincent.javaweb.*.*(..))"></aop:after-throwing>
            <!-- 最終通知 -->
            <aop:after method="afterPrintLog" pointcut="execution
(* com.vincent.javaweb.*.*(..))"></aop:after>
        </aop:aspect>
    </aop:config>

</beans>
```

使用 aop:config 標籤表明開始 AOP 的設定。

使用 aop:aspect 標籤表明設定切面：

id 屬性：給切面提供一個唯一標識。

ref 屬性：指定通知類別 Bean 的 Id。

在 aop:aspect 標籤內部使用對應標籤來設定通知的類型：

```
    aop:before：表示設定前置通知
        method 屬性：用於指定 Logger 類別中哪個方法是前置通知
        pointcut 屬性：用於指定切入點運算式，該運算式的含義指的是對業務層中哪些方法增強
    切入點運算式的寫法：
        關鍵字：execution(運算式)
        運算式：存取修飾符號  傳回值  套件名稱.套件名稱.套件名稱...類別名稱.方法名稱
(參數列表)
        標準的運算式寫法：
            public void com.vincent.javaweb.UserServiceImpl.addUser()
        存取修飾符號可以省略
            void com.vincent.javaweb.UserServiceImpl.addUser()
        傳回值可以使用萬用字元，表示任意傳回值
            * com.vincent.javaweb.UserServiceImpl.addUser()
        套件名稱可以使用萬用字元，表示任意套件。但是有幾級套件，就需要寫幾個 *。
            * *.*.*.UserServiceImpl.addUser()
        套件名稱可以使用 .. 表示當前套件及其子套件
                * *..AccountServiceImpl.saveAccount()
        類別名稱和方法名稱都可以使用 * 來實現通配：* *..*.*()
        參數列表：
            可以直接寫資料型態：
                基本類型直接寫名稱          int
                參考類型寫套件名稱.類別名稱的方式    java.lang.String
            可以使用萬用字元表示任意類型，但是必須附帶參數數
                可以使用 .. 表示有無參數均可，附帶參數數可以是任意類型
        全通配寫法：* *..*.*(..)
```

接下來撰寫測試類別，程式如下：

```
@Test
public void testXmlAOP() throws BeansException {
    ApplicationContext context = new ClassPathXmlApplicationContext
("spring-config.xml");
    UserService service = context.getBean("userService", UserService.class);
    service.addUser();
    System.out.println("--------------------------------");
    service.updateUserById(2);
}
```

程式執行結果如圖 12.2 所示。

```
TestAOP.testXmlAOP
Tests failed: 1 of 1 test – 437 ms
TestAOP (com.vincent.javaweb) 437 ms
  testXmlAOP 437 ms
"C:\Program Files\Java\jdk-18.0.2.1\bin\java.exe" ...
=======MyLogger.beforePrintLog方法開始記錄日誌了。。。
==========UserServiceImpl.addUser==========
=======MyLogger.afterReturnPrintLog方法開始記錄日誌了。。。
=======MyLogger.afterPrintLog方法開始記錄日誌了。。。
---------------------------------
=======MyLogger.beforePrintLog方法開始記錄日誌了。。。
==========UserServiceImpl.updateUserById==========
=======MyLogger.afterThrowingPrintLog方法開始記錄日誌了。。。
=======MyLogger.afterPrintLog方法開始記錄日誌了。。。

java.lang.ArithmeticException: / by zero

    at com.vincent.javaweb.xml.UserServiceImpl.updateUserById(UserServiceImpl.java:20) <2 internal lines>
```

▲ 圖 12.2 Spring AOP 基於 XML 的 Aspect

可以看到，通用的通知模式會執行開始、傳回和結束，而出現異常的方法會執行開始、異常記錄和結束。

12.3.3 基於註解的 AOP 實現

基於註解，完全不需要 XML 設定，只需要定義一個設定項即可，程式如下：

```
@Configuration
@ComponentScan(basePackages = "com.vincent.javaweb")
// Java 設定開啟 AOP 註解支援
@EnableAspectJAutoProxy
public class SpringAOPConfiguration {
}
```

然後修改業務類別和「橫切」類別，增加註解（增加註解其實就是在程式中實現 XML 設定功能），業務類別程式如下：

```
@Service("userServiceImpl2")
public class UserServiceImpl2 implements UserService {
    @Override
    public void addUser() {
        System.out.println("=======userServiceImpl2.addUser=======");
    }
    @Override
    public int deleteUserById(int id) {
        System.out.println("=======userServiceImpl2.deleteUserById =======");
        return 0;
    }
    @Override
    public int updateUserById(int id) {
        System.out.println("=======userServiceImpl2.updateUserById =======");
        int x = 1 / 0;
        return 0;
```

```
    }
    @Override
    public List queryUserList() {
        System.out.println("=======userServiceImpl2.queryUserList =======");
        return null;
    }
}
```

「橫切」類別的日誌程式如下：

```
@Component("mylogger2")
// 表示當前類別是一個切面類別
@Aspect
public class MyLogger2 {
    @Pointcut("execution(* com.vincent.javaweb.*.*(..))")
    private void ptc() {
    }
    @Before("ptc()")
    public  void beforePrintLog() {
        System.out.println("=======MyLogger2.beforePrintLog 方法開始記錄日誌了。");
    }
    @AfterReturning("ptc()")
    public  void afterReturnPrintLog(){
        System.out.println("=======MyLogger2.afterReturnPrintLog 方法開始記錄日誌
了。");
    }
    @AfterThrowing("ptc()")
    public  void afterThrowingPrintLog() {
        System.out.println("=======MyLogger2.afterThrowingPrintLog 方法開始記錄日誌
了。");
    }
    @After("ptc()")
    public  void afterPrintLog() {
        System.out.println("=======MyLogger2.afterPrintLog方法開始記錄日誌了。。。");
    }
    // @Around("ptc()")
    public void aroundPringLog(ProceedingJoinPoint proceedingJoinPoint) {
        Object rtValue = null;
        try {
            Object[] args = proceedingJoinPoint.getArgs();
            System.out.println("=======MyLogger2.aroundPringLog 方法開始記錄日誌了
1。");
            rtValue = proceedingJoinPoint.proceed(args);
            System.out.println("=======MyLogger2.aroundPringLog 方法開始記錄日誌了
2。");
        } catch (Throwable throwable) {
            System.out.println("=======MyLogger2.aroundPringLog 方法開始記錄日誌了
3。");
            throw new RuntimeException(throwable);
```

```
            } finally {
                System.out.println("=======MyLogger2.aroundPringLog 方法開始記錄日誌了
4。");
            }
        }
    }
```

增加測試程式，程式如下：

```
    @Test
    public void testAnnAOP() throws BeansException {
        ApplicationContext context = new AnnotationConfigApplicationContext
(SpringAOPConfiguration.class);
        UserService service = context.getBean("userServiceImpl2",
UserService.class);
        service.addUser();
        System.out.println("--------------------------------");
        service.updateUserById(2);
    }
```

可以看到，最終輸出跟 XML 設定是一樣的，如圖 12.3 所示。

▲ 圖 12.3 Spring AOP 基於註解的 Aspect

使用註解可以減少 XML 設定，也是後面比較常用的方式。

12.4 Spring 持久化

12.4.1 DAO 模式介紹

DAO（Data Access Object，資料存取物件）的存在提供了讀寫資料庫中資料的一種方法，這個功能透過介面提供對外服務，程式的其他模組透過這些介面來存取資料庫。

使用 DAO 模式有以下好處：

- 服務物件不再和特定的介面實現綁定在一起，使得它易於測試，因為它提供的是一種服務，在不需要連接資料庫的條件下就可以進行單元測試，極大地提高了開發效率。
- 透過使用不依賴持久化技術的方法存取資料庫，在應用程式的設計和使用上都有很大的靈活性，對於整個系統無論是在性能上還是應用上都是一個巨大的飛躍。
- DAO 的主要目的是將持久性相關的問題與業務規則和工作流隔離開來，它為定義業務層可以存取的持久性操作引入了一個介面，並且隱藏了實現的具體細節，該介面的功能將依賴於採用的持久性技術而改變，但是 DAO 介面可以基本上保持不變。
- DAO 屬於 O/R Mapping 技術的一種。在 O/R Mapping 技術發佈之前，開發者需要直接借助 JDBC 和 SQL 來完成與資料庫的相互通訊，在 O/R Mapping 技術出現之後，開發者能夠使用 DAO 或其他不同的 DAO 框架來實現與 RDBMS（關聯式資料庫管理系統）的互動。借助 O/R Mapping 技術，開發者能夠將物件屬性映射到資料表的欄位，將物件映射到 RDBMS 中，這些 Mapping 技術能夠為應用自動建立高效的 SQL 敘述等，除此之外，O/R Mapping 技術還提供了延遲載入、快取等進階特徵，而 DAO 是 O/R Mapping 技術的一種實現，因此使用 DAO 能夠大量節省程式開發時間，減少程式量和開發的成本。

12.4.2 Spring 的 DAO 理念

Spring 提供了一套抽象的 DAO 類別供開發者擴充，這有利於以統一的方式操作各種 DAO 技術，例如 JDO、JDBC 等，這些抽象 DAO 類別提供了設定資料來源及相關輔助資訊的方法，而其中的一些方法與具體 DAO 技術相關。

目前，Spring DAO 提供了以下幾種類別：

- JdbcDaoSupport：JDBC DAO 抽象類別，開發者需要為它設定資料來源（DataSource），透過其子類別，開發者能夠獲得 JdbcTemplate 來存取資料庫。
- HibernateDaoSupport：Hibernate DAO 抽象類別。開發者需要為它設定 Hibernate SessionFactory。透過其子類別，開發者能夠獲得 Hibernate 實現。
- JdoDaoSupport：Spring 為 JDO 提供的 DAO 抽象類別，開發者需要為它設定

PersistenceManagerFactory，透過其子類別，開發者能夠獲得 JdoTemplate。

在使用 Spring 的 DAO 框架進行資料庫存取的時候，無須使用特定的資料庫技術，透過一個資料存取介面來操作即可。下面透過一個簡單的實例來講解如何實現 Spring 中的 DAO 操作。

定義一個實體類別 Employee，然後在類別中定義對應資料表（筆者這裡使用第 7 章的 Employees 資料表）欄位的屬性，關鍵程式如下：

```
public class Employee {
    private int id;
    private int age;
    private String first;
    private String last;
    public Employee() {
    }
    public Employee(int id, int age, String first, String last) {
        this.id = id;
        this.age = age;
        this.first = first;
        this.last = last;
    }
    public int getId() {
        return id;
    }
    public void setId(int id) {
        this.id = id;
    }
    public int getAge() {
        return age;
    }
    public void setAge(int age) {
        this.age = age;
    }
    public String getFirst() {
        return first;
    }
    public void setFirst(String first) {
        this.first = first;
    }
    public String getLast() {
        return last;
    }
    public void setLast(String last) {
        this.last = last;
    }
    @Override
    public String toString() {
        return "Employee {" +
```

```
                "id=" + id +
                ", age=" + age +
                ", first='" + first + '\'' +
                ", last='" + last + '\'' +
                '}';
    }
}
```

建立介面 IEmployeeDAO，並定義用來執行資料增加的 insert() 方法，其中 insert() 方法中使用的參數是 Employees 實體物件，程式如下：

```
public interface IEmployeeDAO {
    public void insert(Employee emp);
    public List<Employee> queryEmployees();
}
```

撰寫 Spring 的設定檔 applicationContext.xml，在這個設定檔中首先定義一個名稱為 dataSource 的資料來源，其具體的設定程式如下：

```
<!-- 設定資料來源 -->
<bean id="dataSource" class="org.springframework.jdbc.datasource.
DriverManagerDataSource">
    <property name="driverClassName">
        <value>com.mysql.cj.jdbc.Driver</value>
    </property>
    <property name="url">
        <value>jdbc:mysql://localhost:3306/test?useSSL=false</value>
    </property>
    <property name="username">
        <value>root</value>
    </property>
    <property name="password">
        <value>123456</value>
    </property>
</bean>
```

讀者可以自行透過 JUnit 測試 dataSource 設定成功與否。確認設定成功之後，接下來就是 IEmployeeDAO 介面的實現類別 EmployeeDAOImpl。這個類別中實現了介面的抽象方法 insert()，透過這個方法存取資料庫，程式如下：

```
public class EmployeeDAOImpl implements IEmployeeDAO {
    private DataSource dataSource;
    public DataSource getDataSource() {
        return dataSource;
    }
    public void setDataSource(DataSource dataSource) {
        this.dataSource = dataSource;
    }
```

```
        @Override
        public void insert(Employee emp) {
            Connection conn = null;
            PreparedStatement pstmt = null;
            String sql = "insert into Employees values (?,?,?,?);";
            try {
                conn = dataSource.getConnection();
                pstmt = conn.prepareStatement(sql);
                pstmt.setInt(1, emp.getId());
                pstmt.setInt(2, emp.getAge());
                pstmt.setString(3, emp.getFirst());
                pstmt.setString(4, emp.getLast());
                pstmt.execute();
            } catch (SQLException e) {
                e.printStackTrace();
            } finally {
                try {
                    if (null != pstmt)
                        pstmt.close();
                    if (null != conn)
                        conn.close();
                } catch (SQLException e) {
                    throw new RuntimeException(e);
                }
            }
    }
    public List<Employee> queryEmployees() {
        Connection conn = null;
        PreparedStatement pstmt = null;
        String sql = "select id,age,first,last from Employees;";
        List<Employee> result = new ArrayList<>();
        try {
            conn = dataSource.getConnection();
            pstmt = conn.prepareStatement(sql);
            ResultSet resultSet = pstmt.executeQuery();
            while (resultSet.next()) {
                Employee emp = new Employee();
                emp.setId(resultSet.getInt("id"));
                emp.setAge(resultSet.getInt("age"));
                emp.setFirst(resultSet.getString("first"));
                emp.setLast(resultSet.getString("last"));
                result.add(emp);
            }
            resultSet.close();
        } catch (SQLException e) {
            e.printStackTrace();
        } finally {
            try {
                if (null != pstmt)
                    pstmt.close();
                if (null != conn)
```

```
                conn.close();
            } catch (SQLException e) {
                throw new RuntimeException(e);
            }
        }
        return result;
    }
}
```

撰寫好 DAO 的實現類別之後，需要在 XML 中設定，設定程式如下：

```
<!-- 為 DAO 注入資料來源 -->
<bean id="employeeDao" class="com.vincent.javaweb.dao.impl.EmployeeDAOImpl">
    <property name="dataSource" ref="dataSource" />
</bean>
```

此處注入了 dataSource 屬性，所以在 Impl 實現類別中可以直接使用資料來源。接下來建立測試程式，驗證方法，程式如下：

```
@Test
public void testInsert() throws BeansException {
    ApplicationContext context = new ClassPathXmlApplicationContext
("applicationContext.xml");
    IEmployeeDAO dao = (IEmployeeDAO) context.getBean("employeeDao");
    List<Employee> list = dao.queryEmployees();
    System.out.println("......before insert......");
    for (Employee employee : list) {
        System.out.println(employee);
    }
    dao.insert(new Employee(100,32,"Wang","Susan"));
    System.out.println("......after insert......");
    List<Employee> list2 = dao.queryEmployees();
    for (Employee employee : list2) {
        System.out.println(employee);
    }
}
```

程式執行結果如圖 12.4 所示。

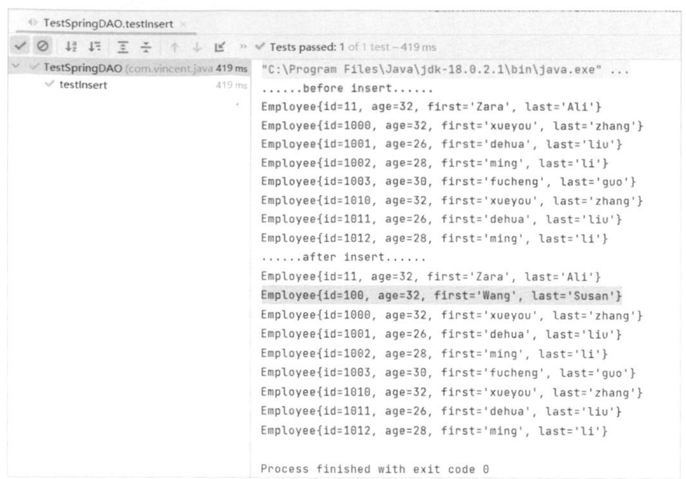

▲ 圖 12.4 Spring DAO 實例

定義 queryEmployees() 方法的目的是對比前後輸出，驗證 insert() 方法是否執行成功，可以看到，在執行 insert() 方法前，查詢出了 5 筆資料，執行 insert() 方法之後，資料變成 6 筆了，說明 insert() 方法執行成功。

12.4.3 事務應用的管理

Spring 中的事務是基於 AOP 實現的，而 Spring 的 AOP 是方法等級的，所以 Spring 的事務屬性就是對事務應用到方法上的策略描述。這些屬性分為傳播行為、隔離等級、唯讀和逾時屬性。

事務管理在應用程式中起著至關重要的作用，它是一系列任務組成的工作單元，在這個工作單元中，所有的任務必須同時執行，它們只有兩種可能的執行結果，不是所有任務全部成功執行，就是所有任務全部執行失敗。

事務管理通常分為兩種方式，即程式設計式事務管理和宣告式事務管理。在 Spring 中，這兩種事務管理方式被實現得更加優秀。

1. 程式設計式事務管理

在 Spring 中主要有兩種程式設計式事務的實現方法，即使用 PlatformTransaction Manager 介面的事務管理器實現和使用 TransactionTemplate 實現。雖然二者各有優缺點，但是推薦使用 TransactionTemplate 實現方式，因為它符合 Spring 的範本模式。

TransactionTemplate 範本和 Spring 的其他範本一樣，它封裝了資源的打開和關閉等常用的重複程式，在撰寫程式時只需完成需要的業務程式即可。

2. 宣告式事務管理

Spring 的宣告式事務不涉及元件相依關係，它透過 AOP 實現事務管理，Spring 本身就是一個容器，相對而言更為輕便小巧。在使用 Spring 的宣告式事務時不需要撰寫任何程式，便可實現基於容器的事務管理。Spring 提供了一些可供選擇的輔助類別，這些輔助類別簡化了傳統的資料庫操作流程，在一定程度上節省了工作量，提高了編碼效率，所以推薦使用宣告式事務。

在 Spring 中常用 TransactionProxyFactoryBean 完成宣告式事務管理。

使用 TransactionProxyFactoryBean 需要注入它所依賴的事務管理器，設定代理的目標物件、代理物件的生成方式和事務屬性。代理物件是在目標物件上生成的包含事務和 AOP 切面的新的物件，它可以賦予目標的引用來替代目標物件以支援事務或 AOP 提供的切面功能。

12.4.4 應用 JdbcTemplate 操作資料庫

JdbcTemplate 類別是 Spring 的核心類別之一，可以在 org.springframework.jdbc.core 套件中找到它。JdbcTemplate 類別在內部已經處理完了資料庫資源的建立和釋放，並且可以避免一些常見的錯誤，例如關閉連接、拋出異常等。因此，使用 JdbcTemplate 類別簡化了撰寫 JDBC 時所使用的基礎程式。

JdbcTemplate 類別可以直接透過資料來源的引用實例化，然後在服務中使用，也可以透過相依注入的方式在 ApplicationContext 中產生並作為 JavaBean 的引用供服務使用。

JdbcTemplate 類別執行了核心的 JDBC 工作流程，例如應用程式要建立和執行 Statement 物件，只需在程式中提供 SQL 敘述。這個類別還可以執行 SQL 中的查詢、更新或呼叫預存程序等操作，同時生成結果集的迭代資料。同時，這個類別還可以捕捉 JDBC 的異常並將它們轉換成 org.springframework.dao 套件中定義的通用的能夠提供更多資訊的異常系統。

JdbcTemplate 類別中提供了介面來方便地存取和處理資料庫中的資料，這些方法提供了基本的選項用於執行查詢和更新資料庫操作。在資料查詢和更新的方法中，JdbcTemplate 類別提供了很多多載的方法，提高了程式的靈活性。

JdbcTemplate 提供了很多常用的資料查詢方法，比較常見的如下：

- query。
- queryForObject。
- queryForList。
- queryForMap。

此處以 queryForList 為例，對第 7 章的員工資料表（Employees）操作，實現資料列表查詢。

在設定檔 applicationContext.xml 中，設定 JdbcTemplate 和資料來源，關鍵程式如圖 12.5 所示。

```
<!-- 為dao注入資料來源 -->
<bean id="employeeDao" class="com.vincent.javaweb.service.impl.EmployeeDAOImpl">
    <property name="dataSource" ref="dataSource" />
</bean>
<!-- 配置jdbcTemplate -->
<bean id="jdbcTemplate" class="org.springframework.jdbc.core.JdbcTemplate">
    <property name="dataSource" ref="dataSource" />
</bean>
```

▲ 圖 12.5 設定 JdbcTemplate 和資料來源的關鍵程式

對比 12.4.2 節的 Spring 的 DAO 理念，可以看出，JdbcTemplate 封裝了對資料庫的基本操作。接下來看測試程式：

```
    @Test
    public void testJdbcTemplate() throws BeansException {
        ApplicationContext context = new ClassPathXmlApplicationContext
("applicationContext.xml");
        JdbcTemplate dao = (JdbcTemplate) context.getBean("jdbcTemplate");
        List<Map<String, Object>> list = dao.queryForList("select id,age,first,last
from Employees;");
        System.out.println("......JdbcTemplate.before insert......");
        printJdbcTemplate(list);
        dao.execute("update Employees set last = 'wwwwwwww' where id = 100 and first
= 'Wang';");
        List<Map<String, Object>> list2 = dao.queryForList("select id,age,first,last
from Employees;");
        System.out.println("......JdbcTemplate.after insert......");
        printJdbcTemplate(list2);
    }
    private void printJdbcTemplate(List<Map<String, Object>> list) {
        for (Map<String, Object> map : list) {
            StringBuilder sb = new StringBuilder("Employee{");
            for (Map.Entry<String, Object> entry : map.entrySet()) {
                sb.append(entry.getKey()).append("=").append(entry.getValue()).
```

```
append(", ");
            }
            String result = sb.substring(0, sb.length() - 2);
            System.out.println(result + "}");
        }
    }
```

測試程式的執行結果如圖 12.6 所示。

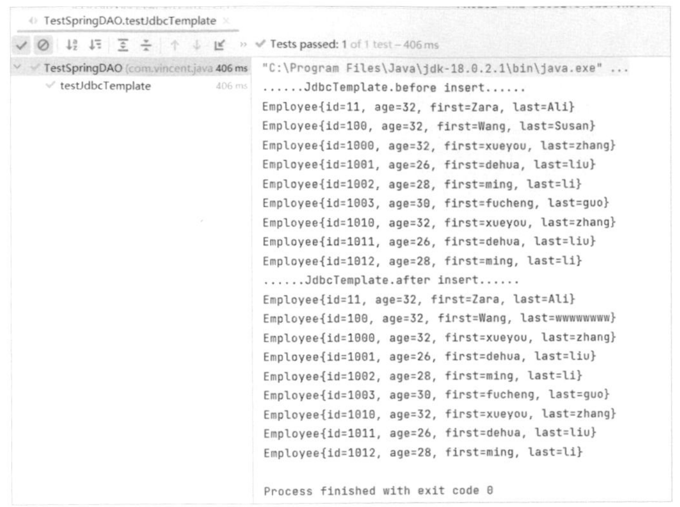

▲ 圖 12.6 JdbcTemplate 實例

JdbcTemplate 類別進行資料寫入主要有 execute()、update() 等方法，它實現了很多方法的多載特徵，在範例中呼叫了 JdbcTemplate 類別寫入資料的常用方法 execute(sql)。

12.5 實作與練習

1. 掌握 Spring 核心 IoC、AOP 核心理念和使用場景。
2. 使用 Spring DAO 實現使用者登入。

   要求使用 dataSource 來源設定，並且使用 JdbcTemplate 操作資料庫。
3. 基於習題 2，完成使用者登入後對使用者模組的管理和操作，包括使用者的增、刪、改、查操作。

第 13 章 MyBatis 技術

13.1 MyBatis 概述

13.1.1 框架

框架通常指的是為了實現某個業界標準或完成特定基本任務的軟體元件規範，也指為了實現某個軟體元件規範時，提供規範所要求的基礎功能的軟體產品。比如第 12 章學習的 Spring 框架。

使用框架開發極大地提升了開發效率，它有以下優勢：

- 省去大量的程式撰寫，減少開發時間，降低開發難度。
- 限製程式設計師必須使用框架規範開發，可以增強程式的規範性，降低程式設計師之間的溝通及日後維護的成本。
- 將程式設計師的注意力從技術中抽離出來，更集中於業務層面。
- 可以直觀地把框架比作汽車的零組件，汽車廠商只需要根據模型組合各個零組件就能造出不同性能的車子。

13.1.2 ORM 框架

ORM（Object Relational Mapping，物件關係映射）是一種為了解決物件導向與關聯式資料庫存在的互不匹配現象的技術。ORM 框架是連接資料庫的橋樑，只要提供了持久化類別與資料表的映射關係，ORM 框架在執行時期就能參照映射檔案的資訊把物件持久化到資料庫中。在具體操作業務物件的時候，不需要再去和複雜的 SQL 敘述打交道，只需簡單地操作物件的屬性和方法即可。

開發應用程式時可能會撰寫特別多資料存取層的程式，從資料庫儲存、刪除、讀取物件資訊，而這些程式都是重複的。使用 ORM 則會大大減少重複性程式。物件關係映射主要實現程式物件到關聯式資料庫資料的映射。

ORM 框架在開發中的作用如圖 13.1 所示，它實現了資料模型（Java 程式）與資料庫底層的直接接觸，封裝了資料物件與函式庫的映射，使資料模型不需要關心 SQL 的實現。

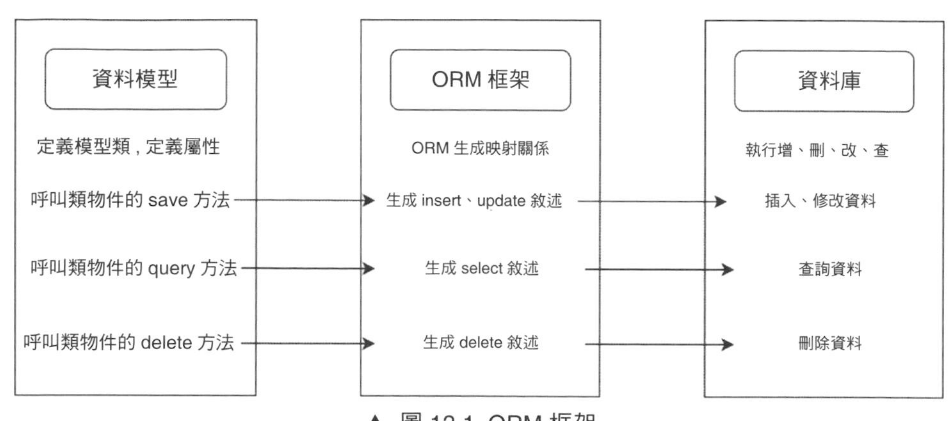

▲ 圖 13.1 ORM 框架

JDBC 操作資料庫的程式，資料庫資料與物件資料的轉換程式煩瑣、無技術含量。使用 ORM 框架代替 JDBC 後，框架可以幫助程式設計師自動進行轉換，只要像平時一樣操作物件，ORM 框架就會根據映射完成對資料庫的操作，極大地增強了開發效率。

13.1.3 MyBatis 介紹

MyBatis 是一款優秀的基於 Java 的持久層框架，它內部封裝了 JDBC，使開發者只需要關注 SQL 敘述本身，而不需要花費精力去處理載入驅動、建立連接、建立 statement 等繁雜的過程。

透過 XML 或註解的方式將要執行的各種 statement 設定起來，並透過 Java 物件和 statement 中 SQL 的動態參數進行映射，以生成最終執行的 SQL 敘述，最後由 MyBatis 框架執行 SQL 敘述並將結果映射為 Java 物件並傳回。

MyBatis 採用 ORM 思想解決了實體和資料庫映射的問題，對 JDBC 進行了封裝，遮罩了 JDBC API 底層存取細節，使開發時不用與 JDBC API 打交道，就可以完成對資料庫的持久化操作。

為優秀的持久層框架，其優勢十分明顯：

- 基於 SQL 敘述程式設計，相當靈活，不會對應用程式或資料庫的現有設計造成任何影響，SQL 寫在 XML 中，解除 SQL 與程式碼的耦合，便於統一管理。
- 提供 XML 標籤，支援撰寫動態 SQL 敘述，並且可以重複使用。
- 與 JDBC 相比，消除了 JDBC 大量容錯的程式，不需要手動開關連接。
- 資料庫相容性高（因為 MyBatis 使用 JDBC 來連接資料庫，所以只要是 JDBC 支援的資料庫，MyBatis 都支援）。
- 能夠與 Spring 極佳地整合。
- 提供映射標籤，支援對象與資料庫的 ORM 欄位關係映射。
- 提供物件關係映射標籤，支援對象關係元件維護。

任何框架都不可能盡善盡美，MyBatis 也有不足處：

- SQL 敘述的撰寫工作量較大，尤其當欄位多、連結資料表多時，對開發人員撰寫 SQL 敘述的功底有一定要求。
- SQL 敘述相依於資料庫，導致資料庫的移植性差，不能隨意更換資料庫。

13.1.4 MyBatis 的下載和使用

MyBatis 官網提供了 MyBatis 的使用說明，其套件下載託管在 GitHub 上，頁面如圖 13.2 所示。

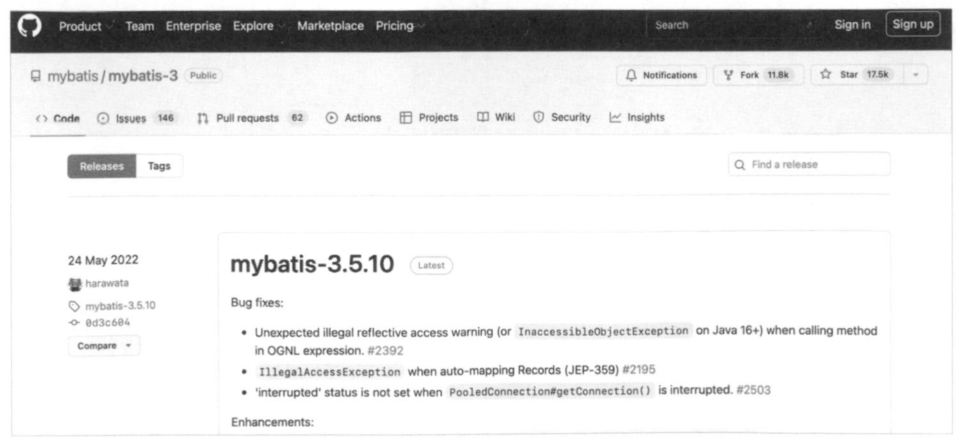

▲ 圖 13.2 MyBatis 下載頁面

頁面有下載連結，有 3 個資源：第一個是 MyBatis 框架壓縮檔，第二個和第三個分別為 Windows 和 Linux 系統下的原始程式碼。下載 mybatis-3.5.10.zip 套件，解壓縮，目錄結構如圖 13.3 所示。

名稱	日期
> lib	2022年5月23日 20:00
LICENSE	2022年5月23日 20:00
mybatis-3.5.10.jar	2022年5月23日 20:00
mybatis-3.5.10.pdf	2022年5月23日 20:00
NOTICE	2022年5月23日 20:00

▲ 圖 13.3 MyBatis 目錄結構

目錄說明如下：

- lib：MyBatis 相依套件。
- mybatis-3.4.2.jar：MyBatis 核心套件。
- mybatis-3.4.2.pdf：MyBatis 使用手冊。

在應用程式中匯入 MyBatis 的核心套件以及相依套件即可。

13.1.5 MyBatis 的工作原理

MyBatis 應用程式透過 SqlSessionFactoryBuilder 從 mybatis-config.xml 設定檔中建構出 SqlSessionFactory，然後 SqlSessionFactory 的實例直接開啟一個 SqlSession，再透過 SqlSession 實例獲得 Mapper 物件並執行 Mapper 映射的 SQL 敘述，完成對資料庫的 CRUD 和事務提交，之後關閉 SqlSession，如圖 13.4 所示。

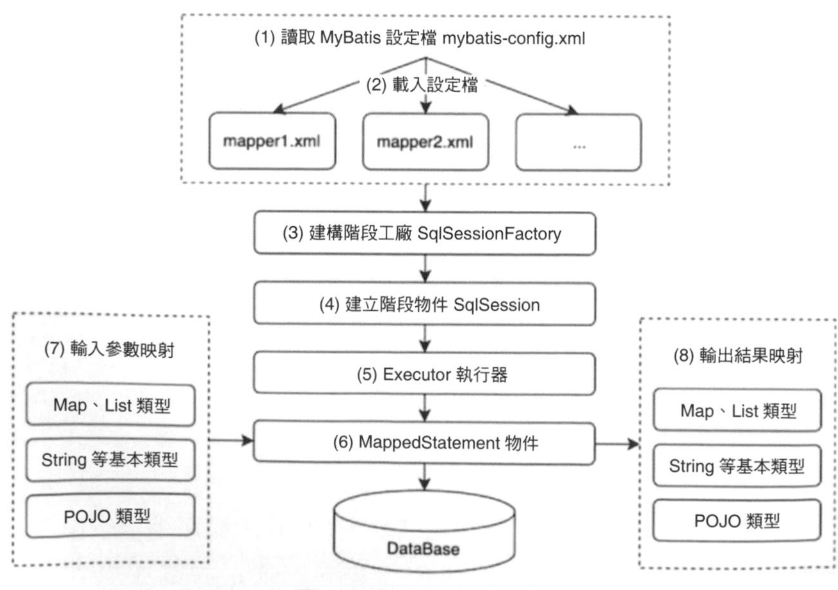

▲ 圖 13.4 MyBatis 的工作原理

從圖 13.4 可以看出，MyBatis 框架在操作資料庫時大致經過了 8 個步驟。對這 8 個步驟分析如下：

（1）讀取 MyBatis 的設定檔。mybatis-config.xml 為 MyBatis 的全域設定檔，用於設定資料庫連接資訊。

（2）載入映射檔案。映射檔案即 SQL 映射檔案，該檔案中設定了操作資料庫的 SQL 敘述，需要在 MyBatis 設定檔 mybatis-config.xml 中載入。mybatis-config.xml 檔案可以載入多個映射檔案，每個檔案對應資料庫中的一張資料表。

（3）建構階段工廠。透過 MyBatis 的環境設定資訊建構階段工廠 SqlSession Factory。

（4）建立階段物件。由階段工廠建立 SqlSession 物件，該物件中包含執行 SQL 敘述的所有方法。

（5）Executor 執行器。MyBatis 底層定義了一個 Executor 介面來操作資料庫，它將根據 SqlSession 傳遞的參數動態地生成需要執行的 SQL 敘述，同時負責查詢快取的維護。

（6）MappedStatement 物件。在 Executor 介面的執行方法中有一個 MappedStatement 類型的參數，該參數是對映射資訊的封裝，用於儲存要映射的 SQL 敘述的 id、參數等資訊。

（7）輸傳入參數數映射。輸傳入參數數類型可以是 Map、List 等集合類型，也可以是基底資料型態和 POJO 類型。輸傳入參數數映射過程類似於 JDBC 對 preparedStatement 物件設定參數的過程。

（8）輸出結果映射。輸出結果類型可以是 Map、List 等集合類型，也可以是基底資料型態和 POJO 類型。輸出結果映射過程類似於 JDBC 對結果集的解析過程。

MappedStatement 物件在執行 SQL 敘述後，將輸出結果映射到 Java 物件中。這種將輸出結果映射到 Java 物件的過程類似於 JDBC 程式設計中對結果的解析處理過程。

13.2 MyBatis 入門程式

下面以案例來講解 MyBatis，透過案例一步一步學習 MyBatis。

13.2.1 環境架設

建立專案，在 web/lib 下增加 mybatis-3.5.10.jar 和 mysql-connector-java-8.0.29.jar 兩個套件。

在專案中建立了 resource 資料夾，按右鍵選擇 Mark Directory as → resources root，resource 資料夾作為存放設定項的目錄。

1. db.properties

在 resource 中建立 db.properties 檔案，內容如下：

```
#mysql
db.username=root
db.password=123456
db.jdbcUrl=jdbc:mysql://localhost:3306/test?useSSL=false&characterEncoding=utf-8
db.driverClass=com.mysql.cj.jdbc.Driver
```

2. SqlMapConfig.xml

SqlMapConfig.xml 是 MyBatis 的核心設定檔，用於設定 MyBatis 的執行環境、資料來源、事務等。

首先，建立 MyBatis 核心設定檔範本，如圖 13.5 所示。

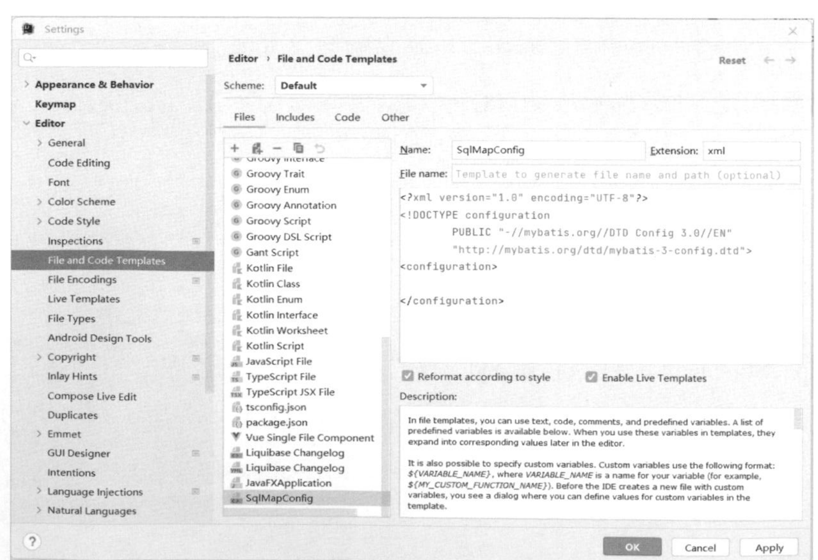

▲ 圖 13.5 SqlMapConfig 設定

在 resource 目錄下新建 SqlMapConfig.xml 核心設定檔，檔案內容如下：

```
<?xml version="1.0" encoding="UTF-8"?>
<!DOCTYPE configuration
        PUBLIC "-//mybatis.org//DTD Config 3.0//EN"
        "http://mybatis.org/dtd/mybatis-3-config.dtd">
<configuration>
    <!-- 載入屬性檔案 db.properties -->
    <properties resource="db.properties"></properties>
    <!-- 設定全域參數 -->
    <!--<settings></settings>-->
    <!-- 自訂別名：掃描指定套件下的實體類別，給這些類別取別名，預設是它的類別名稱或類別名稱首
字母小寫 -->
    <typeAliases>
        <package name="com.vincent.javaweb.entity"/>
    </typeAliases>
    <!-- 和 Spring 整合後，environments 設定將廢除 -->
    <environments default="development">
        <environment id="development">
            <!-- 使用 JDBC 事務管理，事務控制由 MyBatis 負責 -->
            <transactionManager type="JDBC" />
            <!-- 資料庫連接池，由 MyBatis 管理，透過 ${} 直接載入屬性檔案上的值 -->
            <!--  -->
            <dataSource type="POOLED">
                <property name="driver" value="${db.driverClass}" />
                <property name="url" value="${db.jdbcUrl}" />
                <property name="username" value="${db.username}" />
                <property name="password" value="${db.password}" />
            </dataSource>
        </environment>
    </environments>
    <!-- 批次載入 mapper 映射檔案 -->
    <mappers>
        <mapper resource="mapper/UserInfoMapper.xml" />
    </mappers>
</configuration>
```

SqlMapConfig.xml 設定檔除了 db.properties 資料庫設定之外，typeAliases 用於設定掃描實體物件目錄，mappers 用於設定 mapper 映射檔案的位置。

3. 資料庫建立資料表

以使用者管理的增、刪、改、查學習 MyBatis 入門，首先建立使用者資料表：

```
create table t_user_info (
    id int primary key AUTO_INCREMENT,
    name varchar(64),
    sex varchar(8),
```

```
    birthday date,
    address varchar (255)
);
```

4. 建立實體物件

實體物件 UserInfo 用於在 MyBatis 進行 SQL 映射時使用，通常屬性名稱與資料庫資料表欄位對應，程式如下：

```
package com.vincent.javaweb.entity;
import java.util.Date;
//屬性名稱和資料庫資料表的欄位對應
public class UserInfo {
    private int id;
    private String name;   //使用者姓名
    private String sex;              //性別
    private Date birthday; //生日
    private String address;//位址
    public UserInfo() {
    }
    public UserInfo(String name, String sex, Date birthday, String address) {
        this.name = name;
        this.sex = sex;
        this.birthday = birthday;
        this.address = address;
    }
    public int getId() {
        return id;
    }
    public void setId(int id) {
        this.id = id;
    }
    public String getName() {
        return name;
    }
    public void setName(String name) {
        this.name = name;
    }
    public String getSex() {
        return sex;
    }
    public void setSex(String sex) {
        this.sex = sex;
    }
    public Date getBirthday() {
        return birthday;
    }
    public void setBirthday(Date birthday) {
```

```
        this.birthday = birthday;
    }
    public String getAddress() {
        return address;
    }
    public void setAddress(String address) {
        this.address = address;
    }
    @Override
    public String toString() {
        return "UserInfo{" +
                "id=" + id +
                ", name='" + name + '\'' +
                ", sex='" + sex + '\'' +
                ", birthday=" + birthday +
                ", address='" + address + '\'' +
                '}';
    }
}
```

5. 建立 Mapper 介面

MyBatis 實現映射關係的規範如下：

- Mapper 介面和 Mapper 的 XML 檔案必須要名稱相同且一般在同一個套件下（這裡放在不同套件下，額外做了設定）。
- Mapper 的 XML 檔案中的 namespace 的值必須是名稱相同 Mapper 介面的全類別名稱。
- Mapper 介面中的方法名稱必須與 Mapper 的 XML 中的 id 一致。
- Mapper 介面中的方法的形參類型必須與 Mapper 的 XML 中的 parameterType 的值一致。
- Mapper 介面中的方法的傳回數值型態必須與 Mapper 的 XML 中的 resultType 的值一致。

介面定義資料庫增、刪、改、查的基本操作，程式如下：

```
package com.vincent.javaweb.mapper;
public interface UserInfoMapper {
    // 根據 id 查詢使用者資訊
    public UserInfo selectUserById(Integer id);
    // 根據使用者名稱模糊查詢使用者資訊
    public List<UserInfo> selectUserByName(String name);
    // 增加使用者
    public void insertUser(UserInfo user);
```

```
    // 修改使用者資訊（根據 id 修改）
    public void updateUser(UserInfo user);
    // 根據 id 刪除使用者
    public void deleteUser(Integer id);
}
```

6. 建立 Mapper.xml

在 resource 目錄下建立 mapper 目錄，mapper 主要存放 MyBatis 檔案，然後建立 UserInfoMapper.xml，檔案名稱必須與介面檔案名稱保持一致。其程式如下：

```
<?xml version="1.0" encoding="UTF-8" ?>
<!DOCTYPE mapper
        PUBLIC "-//mybatis.org//DTD Mapper 3.0//EN"
        "http://mybatis.org/dtd/mybatis-3-mapper.dtd">
<!-- namespace 必須是介面的名稱 -->
<mapper namespace="com.vincent.javaweb.mapper.UserInfoMapper">
</mapper>
```

7. 建立測試類別 UserInfoMapperTest

這裡需要設定 Junit 測試環境，筆者使用 Junit 4，選擇 Mapper 介面類別，按右鍵 Go To → Test，如圖 13.6 所示。

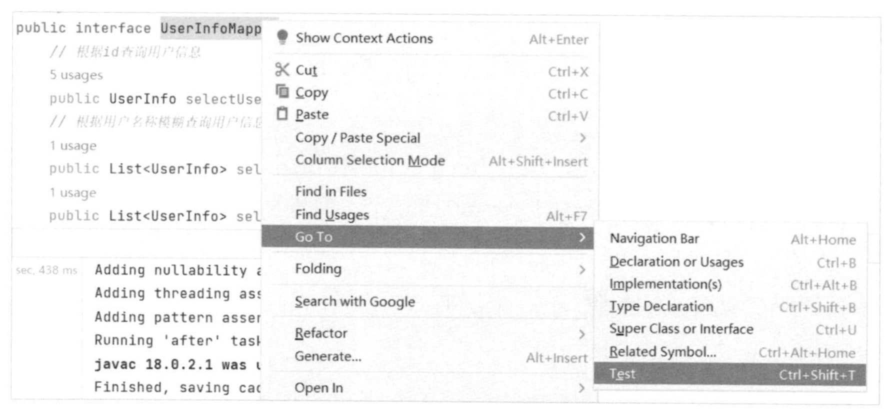

▲ 圖 13.6 建立 Mapper 測試類別

Testing Library 選擇 JUnit4，Class name 和 Destination package 根據讀者需要自行選擇，勾選 setUp/@Before 核取方塊，然後勾選介面的方法，按一下 OK 按鈕，如圖 13.7 所示。

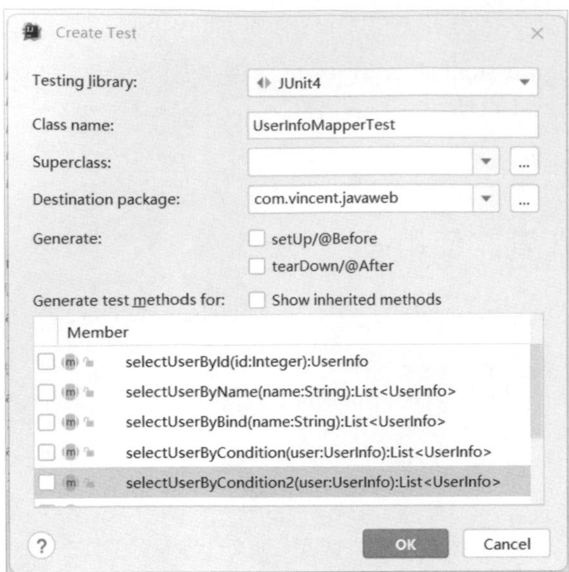

▲ 圖 13.7 Mapper 測試類別設定項

生成的程式如下：

```
public class UserInfoMapperTest {
    private SqlSessionFactory factory;
    @Before
    public void setUp() throws Exception {
        // 載入 MyBatis 核心設定檔
        InputStream inputStream = Resources.getResourceAsStream
("SqlMapConfig.xml");
        factory = new SqlSessionFactoryBuilder().build(inputStream);
    }
    @Test
    public void selectUserById() {
    }
    @Test
    public void selectUserByName() {
    }
    @Test
    public void insertUser() throws ParseException {
    }
    @Test
    public void updateUser() {
    }
    @Test
    public void deleteUser() {
    }
}
```

基於 MyBatis 的應用都是以一個 SqlSessionFactory 的實例為核心的。SqlSessionFactory 的實例可以透過 SqlSessionFactoryBuilder 獲得。而 SqlSessionFactoryBuilder 則可以透過 XML 設定檔或一個預先設定的 Configuration 實例來建構出 SqlSessionFactory 實例。

13.2.2 根據 id 查詢使用者

修改 UserInfoMapper.xml 方法，增加 selectUserById 查詢方法，程式如下：

```
<!-- namespace 必須是介面的名稱 -->
<mapper namespace="com.vincent.javaweb.mapper.UserInfoMapper">
    <!--
        根據使用者 id（主鍵）查詢使用者資訊
        1.id ：作為唯一標識
        2.parameterType：輸傳入參數數映射的類型
        3.resultType：輸出參數映射的類型，可以直接使用別名
        4.? 預留位置： #{}
            若是單一資料型態，則 {} 裡面的名稱可以任意寫；
            若是引用資料型態，則 {} 裡面的名稱只能與此類型中的屬性名稱一致
    -->
    <select id="selectUserById" parameterType="Integer"
resultType="com.vincent.javaweb.entity.UserInfo">
        select * from t_user_info where id = #{id}
    </select>
</mapper>
```

完善測試類別 selectUserById 的程式邏輯，程式如下：

```
@Test
public void selectUserById() {
    SqlSession sqlSesison = factory.openSession();
    UserInfoMapper mapper = sqlSesison.getMapper(UserInfoMapper.class);
    UserInfo info = mapper.selectUserById(2);
    System.out.println("=====selectUserById.UserInfo:" + info);
    sqlSesison.commit();
    sqlSesison.close();
}
```

在 IDEA 中按一下綠色的箭頭，執行後，結果如圖 13.8 所示。

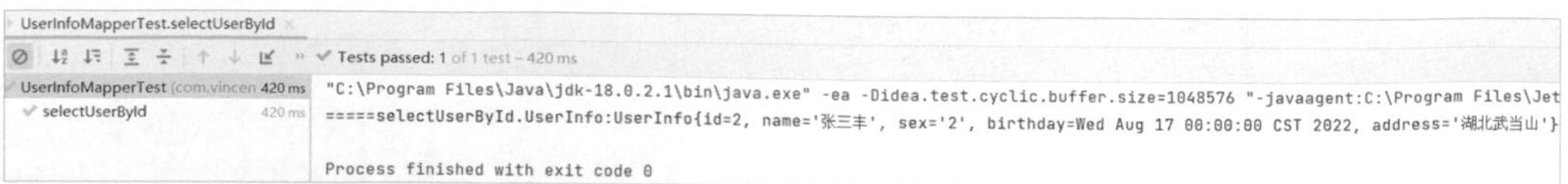

▲ 圖 13.8 根據 id 查詢使用者

透過 SqlSessionFactory 獲取 mapper 介面，mapper 介面在呼叫過程中呼叫 XML 的 SQL 查詢資料傳回結果。

13.2.3 增加使用者

修改 UserInfoMapper.xml 方法，增加 insertUser 方法，程式如下：

```
<insert id="insertUser" parameterType="com.vincent.javaweb.entity.UserInfo">
    <!-- 獲得當前插入物件的 id 值 -->
    <selectKey keyProperty="id" order="AFTER" resultType="Integer">
        select LAST_INSERT_ID()
    </selectKey>
    insert into t_user_info(name,birthday,sex,address) values(#{name},
#{birthday},#{sex},#{address})
</insert>
```

完善測試類別 insertUser 的邏輯，程式如下：

```
@Test
public void insertUser() throws ParseException {
    SqlSession sqlSesison = factory.openSession();
    UserInfoMapper mapper = sqlSesison.getMapper(UserInfoMapper.class);
    UserInfo user = new UserInfo(" 蔣三豐 ","2", new Date()," 浙江杭州灣 ");
    mapper.insertUser(user);
    System.out.println(user);
    sqlSesison.commit();
    sqlSesison.close();
}
```

在 IDEA 中按一下綠色的箭頭，執行後，效果如圖 13.9 所示。

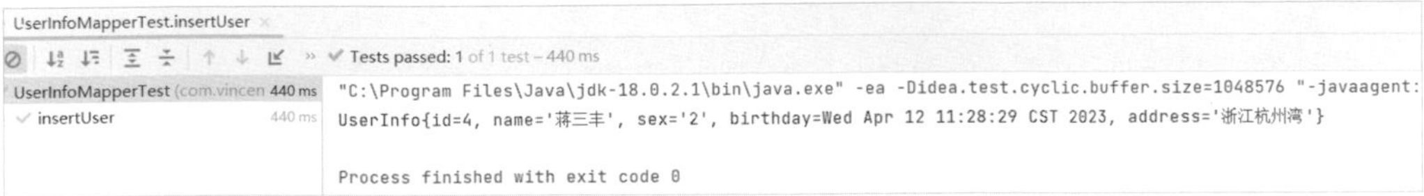

```
UserInfoMapperTest.insertUser
✓ Tests passed: 1 of 1 test – 440 ms
UserInfoMapperTest (com.vincen 440 ms   "C:\Program Files\Java\jdk-18.0.2.1\bin\java.exe" -ea -Didea.test.cyclic.buffer.size=1048576 "-javaagent:
  ✓ insertUser 440 ms                   UserInfo{id=4, name='蒋三丰', sex='2', birthday=Wed Apr 12 11:28:29 CST 2023, address='浙江杭州湾'}

                                        Process finished with exit code 0
```

▲ 圖 13.9 增加使用者效果

13.2.4 根據名稱模糊查詢使用者

修改 UserInfoMapper.xml 方法，增加 selectUserByName 查詢方法，程式如下：

```
<!-- 根據使用者名稱進行模糊查詢 -->
<select id="selectUserByName" parameterType="String" resultType="User">
    <!-- concat() 函式，實現拼接 -->
    select * from t_user_info where name like CONCAT('%',#{name},'%')
</select>
```

完善測試類別 insertUser 的程式邏輯，程式如下：

```
@Test
public void insertUser() throws ParseException {
    SqlSession sqlSesison = factory.openSession();
    UserInfoMapper mapper = sqlSesison.getMapper(UserInfoMapper.class);
    UserInfo user = new UserInfo("蔣三豐","2", new Date(),"浙江杭州灣");
    mapper.insertUser(user);
    System.out.println(user);
    sqlSesison.commit();
    sqlSesison.close();
}
```

在 IDEA 中按一下綠色的箭頭，執行後，結果如圖 13.10 所示。

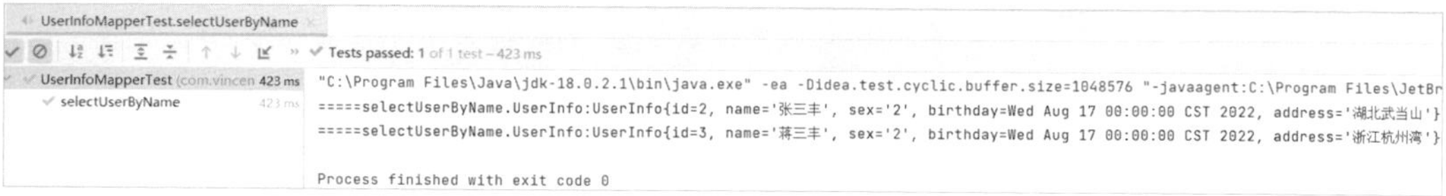

```
UserInfoMapperTest.selectUserByName
Tests passed: 1 of 1 test – 423 ms
UserInfoMapperTest (com.vincen 423 ms
  selectUserByName 423 ms
"C:\Program Files\Java\jdk-18.0.2.1\bin\java.exe" -ea -Didea.test.cyclic.buffer.size=1048576 "-javaagent:C:\Program Files\JetBr
=====selectUserByName.UserInfo:UserInfo{id=2, name='张三丰', sex='2', birthday=Wed Aug 17 00:00:00 CST 2022, address='湖北武当山'}
=====selectUserByName.UserInfo:UserInfo{id=3, name='蒋三丰', sex='2', birthday=Wed Aug 17 00:00:00 CST 2022, address='浙江杭州湾'}

Process finished with exit code 0
```

▲ 圖 13.10 增加使用者

13.2.5 修改使用者

修改 UserInfoMapper.xml 方法，增加 updateUser 方法，程式如下：

```
<!-- 更新使用者 -->
<update id="updateUser" parameterType="com.vincent.javaweb.entity.UserInfo">
    update t_user_info set name=#{name},birthday=#{birthday},sex=#{sex},
address=#{address}
    where id = #{id}
</update>
```

完善測試類別 updateUser 的程式邏輯，程式如下：

```
@Test
public void updateUser() {
    SqlSession sqlSesison = factory.openSession();
    UserInfoMapper mapper = sqlSesison.getMapper(UserInfoMapper.class);
    UserInfo info = mapper.selectUserById(1);
    System.out.println("=====updateUser.before:" + info);
    info.setName("呂洞玄");
    mapper.updateUser(info);
    info = mapper.selectUserById(1);
    System.out.println("=====updateUser.after:" + info);
    sqlSesison.commit();
    sqlSesison.close();
}
```

在 IDEA 中按一下綠色的箭頭，執行後，結果如圖 13.11 所示。

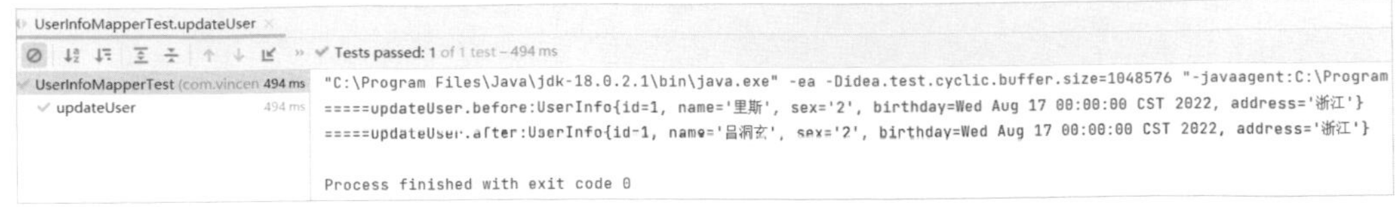
"C:\Program Files\Java\jdk-18.0.2.1\bin\java.exe" -ea -Didea.test.cyclic.buffer.size=1048576 "-javaagent:C:\Program
=====updateUser.before:UserInfo{id=1, name='里斯', sex='2', birthday=Wed Aug 17 00:00:00 CST 2022, address='浙江'}
=====updateUser.after:UserInfo{id=1, name='吕洞玄', sex='2', birthday=Wed Aug 17 00:00:00 CST 2022, address='浙江'}

Process finished with exit code 0

▲ 圖 13.11 修改使用者

筆者為了展示 update 的結果，在資料 update 前後列印出了使用者資訊用於對比。可以看到，修改使用者名稱之後，展示的是修改之後的資料，表示修改資料成功了。

13.2.6 刪除使用者

修改 UserInfoMapper.xml 方法，增加 deleteUser 方法，程式如下：

```
<!-- 刪除使用者 -->
<delete id="deleteUser" parameterType="int">
    delete from t_user_info where id = #{id}
</delete>
```

完善測試類別 deleteUser 的程式邏輯，程式如下：

```
@Test
public void deleteUser() {
    SqlSession sqlSesison = factory.openSession();
    UserInfoMapper mapper = sqlSesison.getMapper(UserInfoMapper.class);
    UserInfo info = mapper.selectUserById(1);
    System.out.println("=====deleteUser.before:" + info);
    mapper.deleteUser(1);
    info = mapper.selectUserById(1);
    System.out.println("=====deleteUser.after:" + info);
    sqlSesison.commit();
    sqlSesison.close();
}
```

在 IDEA 中按一下綠色的箭頭，執行後，結果如圖 13.12 所示。

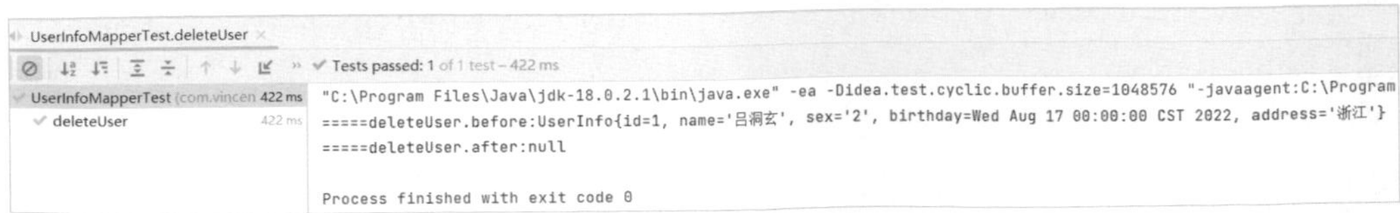
"C:\Program Files\Java\jdk-18.0.2.1\bin\java.exe" -ea -Didea.test.cyclic.buffer.size=1048576 "-javaagent:C:\Program
=====deleteUser.before:UserInfo{id=1, name='吕洞玄', sex='2', birthday=Wed Aug 17 00:00:00 CST 2022, address='浙江'}
=====deleteUser.after:null

Process finished with exit code 0

▲ 圖 13.12 刪除使用者

筆者為了展示 delete 的結果，在資料 delete 前後列印出了使用者資訊用於對比。可以看到，刪除 id 為 1 的使用者之後就查詢不到該戶的資料了。

13.3 MyBatis 的核心物件

首先介紹 MyBatis 的核心介面和類別，如圖 13.13 所示。

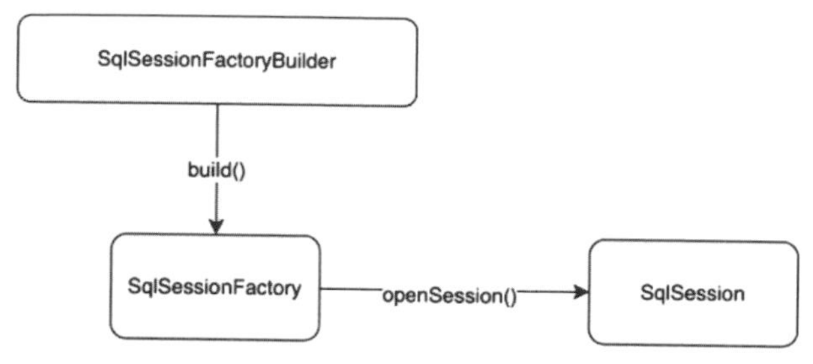

▲ 圖 13.13 MyBatis 的核心介面和類別

每個 MyBatis 的應用程式都以一個 SqlSessionFactory 物件的實例為核心。首先獲取 SqlSessionFactoryBuilder 物件，可以根據 XML 設定檔或 Configuration 類別的實例建構該物件。然後獲取 SqlSessionFactory 物件，該物件實例可以透過 SqlSessionFactoryBuilder 物件來獲取。有了 SqlSessionFactory 物件之後，就可以獲取 SqlSession 實例，SqlSession 物件中完全包含以資料庫為背景的所有執行 SQL 操作的方法，可以用該實例直接執行已映射的 SQL 敘述。

13.3.1 SqlSessionFactoryBuilder

SqlSessionFactoryBuilder 負責建構 SqlSessionFactory，並且提供了多個 build() 方法用於多載。透過 build() 參數分析，發現設定資訊能夠以 3 種形式提供給 SqlSessionFactoryBuilder 的 build() 方法，分別是 InputStream（位元組流）、Reader（字元流）和 Configuration（類別），由於位元組流與字元流都屬於讀取設定檔的方式，因此從設定資訊的來源就很容易想到建構一個 SqlSessionFactory 有兩種方式：讀取 XML 設定檔建構和程式設計建構。一般習慣採取 XML 設定檔的方式來建構 SqlSessionFactory。

SqlSessionFactoryBuilder 的最大特點是閱後即焚。一旦建立了 SqlSessionFactory 物件，這個類別就不再需要存在了，因此 SqlSessionFactoryBuilder 的最佳作用域就是存在於方法區塊內，也就是區域變數。

13.3.2 SqlSessionFactory

SqlSessionFactory 是 MyBatis 框架中十分重要的物件，它是單一資料庫映射關係經過編譯後的記憶體鏡像，主要用於建立 SqlSession。SqlSessionFactory 的實例可以透過 SqlSessionFactoryBuilder 物件來建立，而 SqlSessionFactoryBuilder 則可以透過 XML 設定檔或預先定義好的 Configuration 實例來建立 SqlSessionFactory 的實例。

其程式如下：

```
// 1. 讀取設定檔
InputStream inputStream = Resources.getResourceAsStream( 讀取設定檔 );
// 2. 根據設定檔建構
SqlSessionFactory SqlSessionFactory sqlSessionFactory = new
SqlSessionFactoryBuilder().build(inputStream);
```

SqlSessionFactory 物件是安全的，它一旦被建立，在整個應用執行期間都會存在。如果多次建立同一個資料庫的 SqlSessionFactory，那麼此資料庫的資源將容易被耗盡。為了解決此問題，通常每個資料庫都會只對應一個 SqlSessionFactory，所以在建立 SqlSessionFactory 實例時，建議使用單列模式。

13.3.3 SqlSession

SqlSession 是應用程式與持久層之間執行互動操作的單執行緒物件，其主要作用是執行持久化操作。SqlSession 物件包含資料庫中所有執行 SQL 操作的方法，由於其底層封裝了 JDBC 連接，所以直接使用其實例來執行已映射的 SQL 敘述。

每一個執行緒都應該有一個自己的 SqlSession 實例，並且該實例是不能被共用的。同時，SqlSession 實例也是執行緒不安全的，因此它的使用範圍最好是一次請求或一個方法中，絕對不能將它在一個類別的靜態欄位、實例欄位或任何類型的管理範圍中使用，使用 SqlSession 物件之後，要及時關閉它，通常可以將它放在 finally 區塊中關閉。

13.4 MyBatis 設定檔元素

這裡的設定檔指的是 SqlMapConfig.xml 檔案，MyBatis 設定 XML 檔案的層次結構是不能夠顛倒順序的。下面是 MyBatis 的全部設定：

```
<?xml version"1.0" encoding="UTF-8"?>
```

```
<!-- 設定 -->
<configuration>
    <!-- 屬性 -->
    <properties/>
    <!-- 設定 -->
    <settings/>
    <!-- 類型命名 -->
    <typeAliases/>
    <!-- 類型處理器 -->
    <typeHandlers/>
    <!-- 物件工廠 -->
    <objectFactory/>
    <!-- 外掛程式 -->
    <plugins/>
    <!-- 設定環境 -->
    <environments>
        <!-- 環境變數 -->
        <environment>
            <!-- 事務管理器 -->
            <transactionManager/>
            <!-- 資料來源 -->
            <dataSource/>
        </environment>
    </environments>
    <!-- 資料庫廠商標識 -->
    <databaseIdProvider/>
    <!-- 映射器 -->
    <mappers/>
</configuration>
```

初看比較複雜，其實理解後還是蠻簡單的，而且很多東西在初級的使用中使用預設設定就行了。

13.4.1 <properties> 元素

<properties> 是一個設定屬性的元素，該元素通常用於將內部的設定外在化，即透過引用外部的設定檔來動態地替換內部定義的屬性。舉例來說，資料庫的連接等屬性，這樣更方便程式的執行和部署。

建立 db.properties 的設定檔，程式如下：

```
db.username=root
db.password=123456
db.jdbcUrl=jdbc:mysql://localhost:3306/test?useSSL=false&characterEncoding=utf-8
db.driverClass=com.mysql.cj.jdbc.Driver
```

在 MyBatis 設定檔 SqlMapConfig.xml 中設定 <properties> 屬性：

```
<properties resource="db.properties"></properties>
```

修改設定檔中資料庫連接的資訊：

```
<environments default="development">
    <environment id="development">
        <!-- 使用 JDBC 事務管理，事務控制由 MyBatis 負責 -->
        <transactionManager type="JDBC" />
        <!-- 資料庫連接池，由 MyBatis 管理，透過 ${} 直接載入屬性檔案上的值 -->
        <!--  -->
        <dataSource type="POOLED">
            <property name="driver" value="${db.driverClass}" />
            <property name="url" value="${db.jdbcUrl}" />
            <property name="username" value="${db.username}" />
            <property name="password" value="${db.password}" />
        </dataSource>
    </environment>
</environments>
```

這裡講一下優先順序的問題：透過參數傳遞的屬性具有最高優先順序，然後是 resource/url 屬性中指定的設定檔，最後是 properties 屬性中指定的屬性。

13.4.2 <settings> 元素

<settings> 元素主要用於改變 MyBatis 執行時期的行為，例如開啟二級快取、開啟延遲載入等，雖然不設定 < settings> 元素，也可以正常執行 MyBatis，如表 13.1 所示。

▼ 表 13.1 MyBatis <setting> 元素常見的設定及其說明

設定參數	說　明	有效值	預設值
cacheEnabled	全域快取	true/false	false
lazyLoadingEnabled	延遲載入。開啟後所有連結物件都會延遲載入	true/false	false
aggressiveLazyLoading	連結物件屬性延遲載入開關	true/false	true
multipleResultSetsEnabled	是否允許單一敘述傳回多結果集	true/false	true
useColumnLabel	使用列標籤代替列名	true/false	true
useGeneratedKeys	允許 JDBC 支援自動生成主鍵	true/false	false

設定參數	說　明	有效值	預設值
autoMappingBehavior	自動映射列到欄位或屬性。NONE 表示取消映射，PARTIAL 只會自動映射沒有定義巢狀結構結果集映射的結果集，FULL 自動映射任意結果集	NONE/PARTIAL/FULL	PARTIAL
defaultExcutorType	設定預設的執行器	SIMPLE/REUSE/BATCH	SIMPLE
defaultStatementTimeout	設定逾時時間，它決定等待資料庫的秒數	正整數	無設定
mapUnderscoreToCamelCase	是否開啟自動駝峰命名規則	true/false	false
jdbcTypeForNull	為空值指定 JDBC 類型	NULL/VARCHAR/OTHER	OTHER

使用方法以下（以開啟快取為例）：

```
<settings>
    <setting name="cacheEnabled" value="true" />
</settings>
```

13.4.3 <typeAliases> 元素

<typeAliases> 元素用於為設定檔中的 Java 類型設定一個別名。別名的設定與 XML 設定相關，其使用的意義在於減少全限定類別名稱的容錯。別名的使用忽略字母大小寫。

使用 <typeAliases> 元素設定別名，程式如下：

```
<typeAliases>
    <typeAlias type="com.vincent.javaweb.entity.UserInfo" alias="UserInfo" />
</typeAliases>
```

<typeAliases> 元素的子元素 <typeAlias> 中的 type 屬性用於指定需要被定義別名的類別的全限定名稱；alias 屬性的屬性值 Book 就是自訂的別名，它可以代替 com.money.bean.Book 在 MyBatis 檔案的任何位置使用。如果省略 alias 屬性，MyBatis 會預設將類別名稱首字母小寫後的名稱作為別名。

當實體類別過多時，還可以透過自動掃描套件的形式自訂別名：

```
<typeAliases>
    <package name="com.vincent.javaweb.entity"/>
</typeAliases>
```

<typeAliases> 元素的子元素 <package> 中的 name 屬性用於指定要被定義別名的套件，MyBatis 會將所有 com.money.bean 套件中的實體類別以首字母小寫的非限定類別名稱來作為它的別名。

還可以在程式中使用註解，別名為其註解的值：

```
@Alias("userinfo")
public class UserInfo {
}
```

@Alias 註解將覆蓋設定檔中的 <typeAliases> 定義。

@Alias 要和 <package name=""/> 標籤配合使用，MyBatis 會自動查看指定套件內的類別名稱註解，如果沒有這個註解，那麼預設的別名就是類別的名稱，不區分字母大小寫。

13.4.4 <typeHandler> 元素

當 MyBatis 將一個 Java 物件作為輸傳入參數數執行 insert 敘述時，它會建立一個 PreparedStatement 物件，並且呼叫 set 方法對「?」預留位置設定相應的參數值，該參數值的類型可以是 Int、String、Date 等 Java 物件屬性類型中的任意一個。例如：

```
<insert id="insertUser" parameterType="com.vincent.javaweb.entity.UserInfo">
    <!-- 獲得當前插入物件的 id 值 -->
    <selectKey keyProperty="id" order="AFTER" resultType="Integer">
        select LAST_INSERT_ID()
    </selectKey>
    insert into t_user_info(name,birthday,sex,address) values(#{name},
#{birthday},#{sex},#{address})
</insert>
```

當執行上面的敘述時，MyBatis 會建立一個有預留位置的 PreparedStatement 介面：

```
PreparedStatement ps = connection.prepareStatement("insert into t_user_
info(name,birthday,sex,address) values(?,?,?,?)");
```

接下來就像 JDBC 的操作一樣，針對不同的「?」採用合適的 set 方法設定參數值。MyBatis 透過使用類型處理器 typeHandler 來決定針對不同資料型態進行匹配。typeHandler 的作用是將前置處理敘述中傳入的參數從 JavaType（Java 類型）轉為 JdbcType（JDBC 類型），或從資料庫取出結果時將 JdbcType 轉為 JavaType，如表

13.2 所示。

▼ 表 13.2 MyBatis 內建的類型處理器

類型處理器	JavaType	JdbcType
BooleanTypeHandler	java.lang.Boolean，boolean	boolean
ByteTypeHandler	java.lang.Byte，byte	numeric，byte
ShortTypeHandler	java.lang.Short，short	numeric，short integer
IntegerTypeHandler	java.lang.Integer，int	numeric，integer
LongTypeHandler	java.lang.Long，long	numeric，long Integer
FloatTypeHandler	java.lang.Float，float	numeric，float
DoubleTypeHandler	java.lang.Double，double	numeric，double
BigDecimalTypeHandler	java.math.BigDecimal	numeric，decimal
StringTypeHandler	java.lang.String	char，varchar
ClobTypeHandler	java.lang.String	clob，long varchar
ByteArrayTypeHandler	byte[]	byte
BlobTypeHandler	byte[]	clob，long binary
DateTypeHandler	java.util.Date	timestamp
SqlTimestampTypeHandler	java.sql.Timestamp	timestamp
SqlDateTypeHandler	java.sql.Date	date
SqlTimeTypeHandler	java.sql.Time	time

當 MyBatis 框架提供的這些類型處理器不能夠滿足需求時，還可以透過自訂的方式對類型處理器進行擴充（自訂類型處理器可以透過實現 TypeHandler 介面或繼承 BaseTypeHandler 類別來定義）。

13.4.5 <objectFactory> 元素

在 MyBatis 中，其 SQL 映射設定檔中的 SQL 敘述所得到的查詢結果被動態映射到 resultType 或其他處理結果集的參數設定對應的 Java 類型時，其中就有 JavaBean 等封裝類別。而 objectFactory 物件工廠就是用來建立實體物件的類別的。

預設的 objectFactory 要做的就是實例化查詢結果對應的目標類別，有兩種方式可以將查詢結果的值映射到對應的目標類別：一種是透過目標類別的預設建構方法；另一種是透過目標類別的附帶參數建構方法。

如果要再新建（new）一個物件（建構方法或附帶參數建構方法），在得到物件之前需要執行一些處理的程式邏輯，或在執行該類別的附帶參數建構方法時，在傳傳入參數數之前，要對參數進行一些處理，這時就可以建立自己的 objectFactory 來載入該類型的物件。

自訂的物件工廠需要實現 ObjectFactory 介面，或繼承 DefaultObjectFactory 類別：

```
public class MyObjectFactory extends DefaultObjectFactory {
}
```

在設定檔中使用 <objectFactory> 元素設定自訂的 ObjectFactory：

```
<objectFactory type="com.money.bean.MyObjectFactory">
    <property name="" value="MyObjectFactory" />
</objectFactory>
```

objectFactory 自訂物件類別被定義在專案中，在全域設定檔 SqlMapConfig.xml 中設定。當 Resource 資源類別載入 SqlMapConfig.xml 檔案，並建立出 SqlSessionFactory 時，會載入設定檔中自訂的 objectFactory，並設定設定標籤中的 property 參數。

13.4.6 <plugins> 元素

<plugins> 元素的作用是設定使用者所開發的外掛程式。

MyBatis 對某種方法進行攔截呼叫的機制被稱為 Plugin 外掛程式。使用 plugin 方法還能修改或重寫方法邏輯。MyBatis 中允許使用 plugin 攔截的方法如下：

```
Executor  // 操作介面類別
    (update, query, flushStatements, commit, rollback, getTransaction, close,
isClosed)
ParameterHandler // 處理參數介面
    (getParameterObject, setParameters)
ResultSetHandler // 結果集介面
    (handleResultSets, handleOutputParameters)
StatementHandler // 預先編譯狀態介面
    (prepare, parameterize, batch, update, query)
```

下面是一個簡單攔截器介面的實現：

```
@Intercepts({@Signature(type = Executor.class,method = "update",args =
{MappedStatement.class,Object.class})})
public class ExamplePlugin implements Interceptor {
    // 對目標方法進行攔截的抽象方法
    @Override
    public Object intercept(Invocation invocation) throws Throwable {
        return invocation.proceed();
    }
```

```
    // 將攔截器插入目標物件
    @Override
    public Object plugin(Object target) {
        return Plugin.wrap(target, this);
    }
    // 將全域設定檔中的參數注入外掛程式類別中
    @Override
    public void setProperties(Properties properties) {
    }
}
```

在類別頭部增加 @Intercepts 攔截器註解，宣告外掛程式類別。其中可宣告多個 @Signature 簽名註解，type 為介面類別型，method 為攔截器方法名稱，args 是參數資訊。

在 MyBatis 中的全域設定（SqlMapConfig.xml）造成攔截作用：

```
<plugins>
    <plugin interceptor="com.vincent.javaweb.helper.ExamplePlugin">
        <property name="username" value="zhangsan"/>
    </plugin>
</plugins>
```

這樣就可以對 Executor 中的 update 方法進行攔截了。

13.4.7 <environments> 元素

在設定檔中，<environments> 元素用於對環境進行設定。MyBatis 的環境設定實際上就是資料來源的設定，我們可以透過 <environments> 元素設定多種資料來源，即設定多種資料庫：

```
<!-- 和 Spring 整合後，environments 設定將廢除 -->
<environments default="development">
    <environment id="development">
        <!-- 使用 JDBC 事務管理，事務控制由 MyBatis 負責 -->
        <transactionManager type="JDBC" />
        <!-- 資料庫連接池，由 MyBatis 管理，透過 ${} 直接載入屬性檔案上的值 -->
        <dataSource type="POOLED">
            <property name="driver" value="${db.driverClass}" />
            <property name="url" value="${db.jdbcUrl}" />
            <property name="username" value="${db.username}" />
            <property name="password" value="${db.password}" />
        </dataSource>
    </environment>
</environments>
```

<environments> 元素是環境設定的根項目，它包含一個 default 屬性，該屬性用於指定預設的環境 ID。<environment> 是 <environments> 元素的子元素，它可以定義多個，其 id 屬性用於表示所定義環境的 ID 值，當有多個 environment 資料庫環境時，可以根據 environments 的 default 屬性值來指定哪個資料庫環境起作用（id 屬性匹配的那個 environment 資料庫環境起作用），也可以根據後續的程式改變資料庫環境。在 <environment> 元素內，包含事務管理和資料來源的設定資訊，其中 <transactionManager> 元素用於設定事務管理，它的 type 屬性用於指定事務管理的方式，即使用哪種事務管理器；<dataSource> 元素用於設定資料來源，它的 type 屬性用於指定使用哪種資料來源，該元素至少要設定 4 要素：driver、url、username 和 password。

MyBatis 可以設定兩種類型的事務管理器，分別是 JDBC 和 MANAGED。

- JDBC：此設定直接使用了 JDBC 的提交和導回設定，它依賴於從資料來源得到的連接來管理事務的作用域。
- MANAGED：此設定從來不提交或導回一個連接，而是讓容器來管理事務的整個生命週期。在預設情況下，它會關閉連接，但一些容器並不希望這樣，可以將 closeConnection 屬性設定為 false 來阻止它預設的關閉行為。

13.4.8 <mappers> 元素

在設定檔中，<mappers> 元素用於指定 MyBatis 映射檔案的位置，一般可以使用以下 4 種方式來引入映射檔案：

（1）使用類別路徑引入：

```
<mappers>
    <mapper resource="mapper/UserInfoMapper.xml" />
</mappers>
```

（2）使用本地檔案引入：

```
<mappers>
    <mapper url="file:/Users/mythwind/workspaces/mapper/UserMapper.xml" />
</mappers>
```

（3）使用介面類別引入：

```
<mappers>
    <mapper class="com.vincent.javaweb.mapper.UserInfo" />
</mappers>
```

（4）使用套件名稱引入：

```
<mappers>
    <package name="com.vincent.javaweb.mapper"/>
</mappers>
```

13.5 映射檔案

映射檔案是 MyBatis 框架中十分重要的檔案，可以說，MyBatis 框架的強大之處就表現在映射檔案的撰寫上。映射檔案的命名一般是實體類別名稱 +Mapper.xml。這個 XML 檔案中包括類別所對應的資料庫資料表的各種增、刪、改、查 SQL 敘述。在映射檔案中，<mapper> 元素是映射檔案的根項目，其他元素都是它的子元素，如圖 13.14 所示。

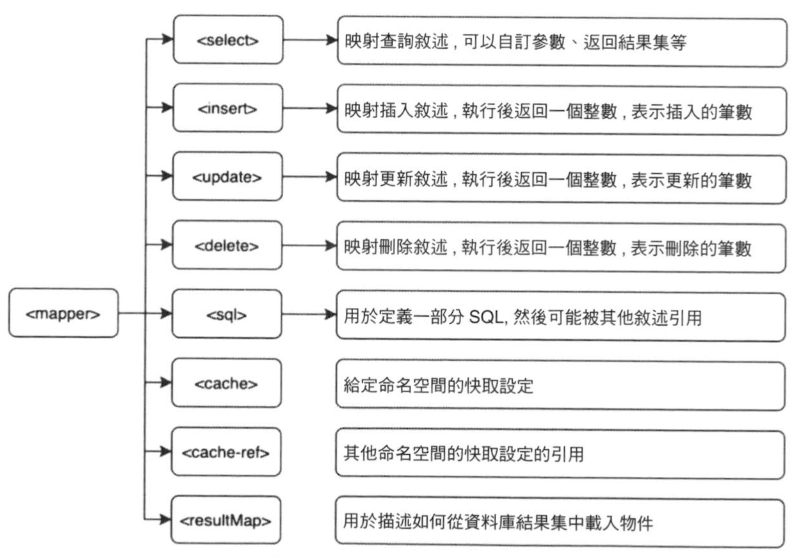

▲ 圖 13.14 MyBatis 映射檔案

<mapper> 元素有一個屬性是 namespace，它對應著實體類別的 mapper 介面，此介面就是 MyBatis 的映射介面，它對 mapper.xml 檔案中的 SQL 敘述進行映射。

13.5.1 <select> 元素

<select> 元素用於映射查詢敘述，它從資料庫中讀取資料，並將讀取的資料進行封裝。例如：

```
<select id="selectUserById" parameterType="Integer"
resultType="com.vincent.javaweb.entity.UserInfo">
    select * from t_user_info where id = #{id}
</select>
<select id="selectUserByName" parameterType="String" resultMap="UserInfoMap">
    <!-- concat() 函式，實現拼接 -->
    select * from t_user_info where name like CONCAT('%',#{name},'%')
</select>
```

id 屬性的值要和實體類別的 Mapper 映射介面中的方法名稱保持一致。resultMap 屬性為傳回的結果集，如果該類別沒有設定別名，就需要使用全限定名稱。resultType 屬性為查詢到的結果集中每一行所代表的資料型態。

當沒有設定 <resultMap> 元素且列名稱和實體類別中的 set 方法去掉 set 後剩餘的部分首字母小寫不一致時，就會出現映射不匹配的問題，此時可以透過給列名稱起別名的方法解決，別名必須和實體類別中的 set 方法去掉 set 後剩餘的部分首字母小寫得到的名稱一致。其弊端就是只在當前 select 敘述中有效，即只在當前映射方法中有效。設定 <resultMap> 元素可以有效解決這個問題。

<select> 元素常見的屬性如表 13.3 所示。

▼ 表 13.3 MyBatis <select> 元素常見的屬性

屬　性	說　明
id	表示命名空間中的唯一識別碼，常與命名空間組合使用
parameterType	該屬性工作表示傳入 SQL 敘述的參數類別的全限定名稱或別名
resultType	從 SQL 敘述中傳回的類別的全限定名稱或別名
resultMap	表示外部 resultMap 的命名引用
flushCache	表示在呼叫 SQL 敘述之後，是否需要 MyBatis 清空之前查詢的快取
useCache	用於控制二級快取的開啟和關閉
timeout	用於設定逾時參數，單位為秒
fetchSize	獲取記錄的總筆數
statementType	設定 JDBC 使用哪個 statement 工作，預設為 PreparedStatement
resultSetType	結果集的類型

13.5.2 <insert> 元素

<insert> 元素用於映射插入敘述，MyBatis 執行完一筆插入敘述後將傳回一個整數表示其影響的行數。<insert> 元素的屬性與 <select> 元素的屬性大部分相同，但有幾個特有屬性，如表 13.4 所示。

▼ 表 13.4 MyBatis <insert> 元素的特有屬性

屬 性	說 明
keyProperty	該屬性的作用是將插入或更新操作的傳回值賦給類別的某個屬性，通常會設定為主鍵對應的屬性。如果是聯合主鍵，則可以將多個值用逗點隔開
keyColumn	該屬性用於設定第幾列是主鍵，當主鍵列不是資料表中的第 1 列時需要設定。如果是聯合主鍵，則可以將多個值用逗點隔開
useGeneratedKeys	該方法獲主要用於獲取由資料庫內部產生的主鍵，需要資料庫支援，比如 MySQL、SQL Server 等自動遞增的欄位，其預設值為 false

1. 自動增加主鍵

MyBatis 呼叫 JDBC 的 getGeneratedKeys() 將使得如 MySQL、PostgreSQL、SQL Server 等資料庫的資料表，採用自動遞增的欄位作為主鍵，有時可能需要將這個剛剛產生的主鍵用於連結其他業務。

實現方式一（推薦）：

```
<insert id="insertUser" parameterType="com.vincent.javaweb.entity.UserInfo"
keyProperty="id" useGeneratedKeys="true">
    insert into t_user_info(name,birthday,sex,address) values(#{name},
#{birthday},#{sex},#{address})
</insert>
```

實現方式二：

```
<insert id="insertUser" parameterType="com.vincent.javaweb.entity.UserInfo">
    <!-- 獲得當前插入物件的 id 值（了解一下，不推薦）-->
    <selectKey keyProperty="id" order="AFTER" resultType="Integer">
        select LAST_INSERT_ID()
    </selectKey>
    insert into t_user_info(name,birthday,sex,address) values(#{name},
#{birthday},#{sex},#{address})
</insert>
```

2. 自訂主鍵

在實際開發中，如果使用的資料庫不支援主鍵自動遞增（例如Oracle資料庫），或取消了主鍵自動遞增的規則，則可以使用 MyBatis 的 <selectKey> 元素來自訂生成主鍵。

13.5.3 <update> 元素和 <delete> 元素

<update> 元素和 <delete> 元素比較簡單，它們的屬性和 <insert> 元素、<select> 元素的屬性差不多，執行後也傳回一個整數，表示影響了資料庫的記錄行數。

<update> 元素用於映射更新敘述，<delete> 元素用於映射刪除敘述。

範例程式如下：

```
<!-- 更新使用者 -->
<update id="updateUser" parameterType="com.vincent.javaweb.entity.UserInfo">
    update t_user_info set name=#{name},birthday=#{birthday},sex=#{sex},address=
#{address}
    where id = #{id}
</update>
<!-- 刪除使用者 -->
<delete id="deleteUser" parameterType="int">
    delete from t_user_info where id = #{id}
</delete>
```

13.5.4 <sql> 元素

<sql> 元素標籤用來定義可重複使用的 SQL 程式部分，使用時只需要用 include 元素標籤引用即可，最終達到 SQL 敘述重複使用的目的。同時它可以被靜態地（在載傳入參數數時）參數化，不同的屬性值透過包含的實例進行相應的變化。

範例程式如下：

```
<sql id="userInfoCols">
    id,name,sex,birthday,address
</sql>
<select id="selectUserById" parameterType="Integer"
resultType="com.vincent.javaweb.entity.UserInfo">
    select <include refid="userInfoCols" /> from t_user_info where id = #{id}
</select>
```

<sql> 元素用來封裝 SQL 敘述或 SQL 部分程式，而 <include> 元素用來呼叫封裝的程式部分。

13.5.5 <resultMap> 元素

<resultMap> 元素表示結果映射集，是一個非常重要的元素。它的主要作用是定義映射規則、串聯的更新以及定義類型轉化器等。它可以引導 MyBatis 將結果映射為 Java 物件。範例程式如下：

```
<!-- 將實體類別與資料庫列匹配 -->
<resultMap id="UserInfoMap" type="com.vincent.javaweb.entity.UserInfo">
    <id property="id" column="id" />
    <result property="name" column="name" />
    <result property="sex" column="sex" />
    <result property="birthday" column="birthday" />
    <result property="address" column="address" />
</resultMap>
```

使用 resultMap 方式：

```
<!-- 根據使用者名稱進行模糊查詢 -->
<select id="selectUserByName" parameterType="String" resultMap="UserInfoMap">
    select * from t_user_info where name like CONCAT('%',#{name},'%')
</select>
```

<resultMap> 元素的 type 屬性工作表示需要映射的實體物件，id 屬性是這個 resultMap 的唯一標識，因為在一個 XML 檔案中 resultMap 可能有多個。它有一個子元素 <constructor> 用於設定建構方法（當一個實體物件中未定義無參的建構方法時，就可以使用 <constructor> 元素進行設定）。子元素 <id> 用於表示哪個列是主鍵，而 <result> 用於表示實體物件和資料表中普通列的映射關係。property 屬性的值一般是實體物件中的 set 方法去掉 set 後剩餘的部分首字母小寫，column 一般是資料表中的列名稱或列名稱的別名。當只有單資料表查詢，且資料表中一部分或全部 property 和 column 的值完全相同時，<resultMap> 元素那一部分或全部可以不用設定。

設定 property 和 type 的原因：透過反射建立類別物件。attribute 一般是類別的成員變數名稱。

此外，還有 <association> 和 <collection> 用於處理多資料表時的連結關係，而 <discriminator> 元素主要用於處理一個單獨的資料庫查詢傳回很多不同資料型態結果集的情況。

13.6 動態 SQL

MyBatis 的強大特性之一便是它的動態 SQL，在 MyBatis 的映射檔案中，前面講的 SQL 都是比較簡單的，當業務邏輯複雜時，SQL 常常是動態變化的，前面學習的 SQL 就不能滿足要求了。

使用之前學習的 JDBC 就能體會到根據不同條件拼接 SQL 敘述有多麼痛苦。拼接的時候要確保不能忘了必要的空格，還要注意省掉列名稱列表最後的逗點。利用動態 SQL 這一特性可以徹底擺脫這種痛苦。

MyBatis 動態 SQL 常用的標籤如表 13.5 所示。

▼ 表 13.5 MyBatis 動態 SQL 常用的標籤

屬　性	作　用	備　注
if	判斷敘述	單筆件分支
choose(when/otherwise)	if else	多條件分支
trim(where/set)	輔助元素	用於處理 SQL 拼接
foreach	迴圈敘述	批次插入、更新、查詢時經常用到
bind	綁定變數	相容不同資料庫，防 SQL 注入

這些標籤在開發過程中無處不在，能夠解決使用者在資料查詢方面的絕大部分問題，正是有了它們，在處理複雜業務邏輯和複雜 SQL 的時候才更方便高效。

13.6.1 <if> 元素

<if> 元素在 MyBatis 開發工作中主要用於 where（查詢）、insert（插入）和 update（更新）3 種操作中。透過判斷參數值是否為空來決定是否使用某個條件，需要注意的是，此處 where 1=1 條件不可省略。

範例程式如下：

```
    <!-- 根據查詢準則查詢使用者資訊 -->
    <select id="selectUserByCondition" parameterType="UserInfo"
resultMap="UserInfoMap">
        select <include refid="userInfoCols" />
        from t_user_info
        where 1 = 1
        <if test="id != null and id != 0">
            and id = #{id}
        </if>
        <if test="name != null and name != ''">
```

```
            and name like CONCAT('%',#{name},'%')
        </if>
    </select>
```

Java 測試程式如下：

```
@Test
public void selectUserByCondition() {
    SqlSession sqlSesison = factory.openSession();
    UserInfoMapper mapper = sqlSesison.getMapper(UserInfoMapper.class);
    UserInfo user = new UserInfo();
    // user.setId(4);
    // user.setName(" 三豐 ");
    List<UserInfo> infos = mapper.selectUserByCondition(user);
    for (UserInfo info : infos) {
        System.out.println("=====selectUserByCondition.UserInfo:" + info);
    }
    sqlSesison.commit();
    sqlSesison.close();
}
```

在測試程式中，為了驗證 if 條件，我們在 selectUserByCondition 傳傳入參數數的時候，先傳入空白物件，執行得到結果 1；再給 id 賦值，得到結果 2；再註釋起來 id 賦值，只給名稱賦值，得到結果 3。讀者可以對比一下 3 次驗證的結果。

13.6.2 <choose>、<when> 和 <otherwise> 元素

有些時候，業務需求並不需要用到所有的條件陳述式，而只想擇其一二。針對這種情況，MyBatis 提供了 choose 元素，它有點像 Java 中的 switch 敘述。

範例程式如下：

```
    <!-- 根據單一條件查詢 -->
    <select id="selectUserByCondition2" parameterType="UserInfo"
resultMap="UserInfoMap">
        select <include refid="userInfoCols" />
        from t_user_info
        where 1 = 1
        <choose>
            <when test="id != null and id != 0">
                and id = #{id}
            </when>
            <when test="name != null and name != ''">
                and name like CONCAT('%',#{name},'%')
            </when>
        </choose>
    </select>
```

如果傳入了 id，那麼按照 id 來查詢，如果傳入了 name，那麼按照 name 來查詢，如果兩者都傳入，那麼只按照 id 來查詢，即只有一個條件會生效，且是按照敘述循序執行的。

13.6.3 <where> 和 <trim> 元素

前面講解的幾種元素都需要在前面增加一個預設的 where 條件，為了避免這種情況，因此有了 <where> 元素，可以結合多種元素一起使用。

範例程式如下：

```
<!-- where：如上敘述不想在後面加上 where 1=1 ，則使用下面的寫法，where/if -->
<select id="selectUserWhere" parameterType="UserInfo" resultMap="UserInfoMap">
    select <include refid="userInfoCols" />
    from t_user_info
    <where>
        <if test="id != null and id != 0">
            and id = #{id}
        </if>
        <if test="name != null and name != ''">
            and name like CONCAT('%',#{name},'%')
        </if>
    </where>
</select>
```

<trim> 元素與 <where> 元素的作用類似，用法如下：

```
<!-- trim 效果與 where 類似：
        prefix 首碼
        prefixOverrides 假如條件第一個詞滿足則清除
-->
<select id="selectUserTrim" parameterType="UserInfo" resultMap="UserInfoMap">
    select <include refid="userInfoCols" />
    from t_user_info
    <trim prefix="where" prefixOverrides="and">
        <if test="id != null and id != 0">
            and id = #{id}
        </if>
        <if test="name != null and name != ''">
            and name like CONCAT('%',#{name},'%')
        </if>
    </trim>
</select>
```

13.6.4 <set> 元素

用於動態更新敘述的類似解決方案叫作 <set>。<set> 元素可以用於動態包含需要更新的列，忽略其他不更新的列。

範例程式如下：

```
<!-- set mybatis 就比較輕量，判斷符合條件的欄位才會更新 -->
<update id="updateUserSet" parameterType="UserInfo">
    update t_user_info
    <set>
        <if test="name != null">name=#{name},</if>
        <if test="birthday != null">birthday=#{birthday},</if>
        <if test="sex != null">sex=#{sex},</if>
        <if test="address != null">address=#{address}</if>
    </set>
    where id = #{id}
</update>
```

13.6.5 <foreach> 元素

<foreach> 元素的功能非常強大，它允許使用者指定一個集合，宣告可以在元素體內使用的集合項（item）和索引（index）變數。它也允許使用者指定開頭與結尾的字串以及集合項迭代之間的分隔符號。

可以將任何可迭代物件（如 List、Set 等）、Map 物件或陣列物件作為集合參數傳遞給 foreach。當使用可迭代物件或陣列時，index 是當前迭代的序號，item 的值是本次迭代獲取到的元素。當使用 Map 物件（或 Map.Entry 物件的集合）時，index 是鍵，item 是值。

先來看一下 <foreach> 標籤的參數：

- item：表示集合中每一個元素進行迭代的別名。
- index：指定一個名稱，用於表示在迭代過程中，每次迭代到的位置。
- open：表示該敘述以什麼開始。
- close：表示該敘述以什麼結束。
- separator：表示每次迭代之間以什麼符號作為分隔符號。

```
    <insert id="insertUserBatch" parameterType="UserInfo" keyProperty="id"
useGeneratedKeys="true">
        insert into t_user_info(name,birthday,sex,address)
        values
```

```
    <foreach collection="list" item="user" separator=",">
        (#{user.name},#{user.birthday},#{user.sex},#{user.address})
    </foreach>
</insert>
```

Java 測試程式如下：

```
@Test
public void insertUserBatch() {
    SqlSession sqlSesison = factory.openSession();
    UserInfoMapper mapper = sqlSesison.getMapper(UserInfoMapper.class);
    List<UserInfo> list = new ArrayList<>();
    list.add(new UserInfo("喬峰","2", new Date(),"契丹南院大王"));
    list.add(new UserInfo("段譽","2", new Date(),"大理鎮南王"));
    list.add(new UserInfo("虛竹","2", new Date(),"靈鷲宮宮主"));
    mapper.insertUserBatch(list);
    sqlSesison.commit();
    sqlSesison.close();
}
```

13.6.6 <bind> 元素

<bind> 元素用於處理參數，為參數增加一些修飾。在進行模糊查詢時，如果使用「${}」拼接字串，則無法防止 SQL 注入問題。如果使用字串拼接函式或連接子號，不同資料庫的字串拼接函式或連接子號不同，則會導致資料庫調配困難。<bind> 元素使用可以解決此類調配上的問題。

範例程式如下：

```
<select id="selectUserByBind" parameterType="String" resultMap="UserInfoMap">
    <bind name="pattern_name" value="'%' + name + '%'"/>
    select * from t_user_info where name like #{pattern_name}
</select>
```

Java 測試程式如下：

```
@Test
public void selectUserByBind() {
    SqlSession sqlSesison = factory.openSession();
    UserInfoMapper mapper = sqlSesison.getMapper(UserInfoMapper.class);
    List<UserInfo> infos = mapper.selectUserByBind("三豐");
    for (UserInfo info : infos) {
        System.out.println("=====selectUserByBind.UserInfo:" + info);
    }
    sqlSesison.commit();
    sqlSesison.close();
}
```

MyBatis 動態 SQL 是開發中經常用到的，它不僅方便了開發，提高了效率，還實現了邏輯和底層資料查詢的分離。

13.7 關係映射

在實現複雜關係映射之前，可以在映射檔案中透過設定來實現，使用註解開發後，可以使用 @Results 註解、@Result 註解、@One 註解、@Many 註解組合完成複雜關係的設定。下面來看關係映射註解的使用方法，如表 13.6 所示。

▼ 表 13.6 MyBatis 關係映射註解說明

註 解	說 明
@Results	代替的是 <resultMap> 標籤，該註解中可以使用單一 @Result，也可以使用 @Result 集合。格式：@Results({@Result(),@Result}) 或 @Results(@Result())
@Result	代替的是 <id> 標籤和 <result> 標籤。 Column：資料庫的列名稱。 Property：實體類別屬性名稱。 One：需要使用的 @One 註解。 Many：需要使用的 @Many 註解
@One	代替了 <association> 標籤，是多資料表查詢的關鍵，在註解中用來指定子查詢傳回單一物件。 Select：指定用來多資料表查詢的 sqlmapper。 使用格式：@Result(column="",property="",one=@One(select=""))
@Many	代替了 <collection> 標籤，是多資料表查詢的關鍵，在註解中用來指定子查詢傳回物件集合。 使用格式：@Result(column="",property="",many=@Many(select=""))

前面講解了基於設定檔 mapper.xml 的關係映射，本節使用註解的方式來設定關係映射。

13.7.1 一對一

一對一查詢的範例：查詢一個訂單，與此同時查詢出該訂單所屬的使用者。

1. 建立資料表匯入資料

範例程式如下：

```
create table  t_rela_customer (
```

```
    id int primary key auto_increment,
    username varchar(64),
    password varchar(32),
    email varchar(32),
    birthday datetime,
    valid boolean
);
insert into  t_rela_customer (username, password, email, birthday, valid)
values ('阿大','ada','ada@163.com','2022-08-19 17:00:00', true);
insert into  t_rela_customer (username, password, email, birthday, valid)
values ('阿二','aer','aer@163.com','2022-08-20 17:00:00', true);
insert into  t_rela_customer (username, password, email, birthday, valid)
values ('阿三','asan','asan@163.com','2022-08-21 17:00:00', true);

create table  t_rela_order (
    id int primary key auto_increment,
    ordertime datetime,
    total decimal(22,6),
    cid int
);
insert into  t_rela_order(ordertime, total, cid) values (now(), 89.5, 1);
insert into  t_rela_order(ordertime, total, cid) values (now(), 99, 1);
insert into  t_rela_order(ordertime, total, cid) values (now(), 10.25, 1);
```

2. 建立實體物件

範例程式如下：

```
public class RelaCustomer {
    private int id;
    private String username;
    private String password;
    private String email;
    private Date birthday;
    private boolean valid;
    public int getId() {
        return id;
    }
    public void setId(int id) {
        this.id = id;
    }
    public String getUsername() {
        return username;
    }
    public void setUsername(String username) {
        this.username = username;
    }
    public String getPassword() {
```

```
        return password;
    }
    public void setPassword(String password) {
        this.password = password;
    }
    public String getEmail() {
        return email;
    }
    public void setEmail(String email) {
        this.email = email;
    }
    public Date getBirthday() {
        return birthday;
    }
    public void setBirthday(Date birthday) {
        this.birthday = birthday;
    }
    public boolean isValid() {
        return valid;
    }
    public void setValid(boolean valid) {
        this.valid = valid;
    }
    @Override
    public String toString() {
        return "RelaCustomer{" +
                "id=" + id +
                ", username='" + username + '\'' +
                ", password='" + password + '\'' +
                ", email='" + email + '\'' +
                ", birthday=" + birthday +
                ", valid=" + valid +
                '}';
    }
}
public class RelaOrder {
    private int id;
    private Date ordertime;
    private double total;
    private RelaCustomer customer;

    public int getId() {
        return id;
    }

    public void setId(int id) {
        this.id = id;
    }
    public Date getOrdertime() {
```

```
        return ordertime;
    }
    public void setOrdertime(Date ordertime) {
        this.ordertime = ordertime;
    }
    public double getTotal() {
        return total;
    }
    public void setTotal(double total) {
        this.total = total;
    }
    public RelaCustomer getCustomer() {
        return customer;
    }
    public void setCustomer(RelaCustomer customer) {
        this.customer = customer;
    }
    @Override
    public String toString() {
        return "RelaOrder{" +
                "id=" + id +
                ", ordertime=" + ordertime +
                ", total=" + total +
                ", customer=" + customer +
                '}';
    }
}
```

3. 使用註解建立介面

範例程式如下：

```
public interface RelaCustomerMapper {
    @Select("select * from t_rela_customer where id = #{cid}")
    @Results({
            @Result(id=true,column="id",property="id"),
            @Result(column="username",property="username"),
            @Result(column="password",property="password"),
            @Result(column="email",property="email"),
            @Result(column="birthday",property="birthday"),
            @Result(column="valid",property="valid")
    })
    public RelaCustomer queryCustomerById(int cid);
}
public interface RelaOrderMapper {
    @Select("select * from t_rela_order ")
    @Results({
            @Result(id=true,column="id",property="id"),
```

```
            @Result(column="ordertime",property="ordertime"),
            @Result(column="total",property="total"),
            @Result(column="cid",property="customer",one=@One
(select="com.vincent.javaweb.mapper.RelaCustomerMapper.
queryCustomerById",fetchType= FetchType.EAGER))
        })
        public List<RelaOrder> queryAll();
    }
```

4. Java 測試程式

範例程式如下：

```
@Test
public void testOneToOne() {
    SqlSession sqlsesison = factory.openSession();
    RelaOrderMapper mapper = sqlsesison.getMapper(RelaOrderMapper.class);
    List<RelaOrder> orders = mapper.queryAll();
    for (RelaOrder order : orders) {
        System.out.println("=====testOneToOne.order:" + order);
    }
}
```

13.7.2 一對多

一對多查詢的範例：查詢一個使用者，與此同時查詢出該使用者具有的訂單。

在 RelaOrderMapper 類別中增加根據使用者 ID 獲取其訂單資訊的方法，程式如下：

```
@Select("select * from t_rela_order  where cid = #{cid}")
public List<RelaOrder> queryOrderByCustomerId(int cid);
```

在 RelaCustomerMapper 類別中增加查詢使用者的方法，然後查詢該使用者下的所有訂單，程式如下：

```
    @Select("select * from t_rela_customer where username like
concat('%',#{username},'%') ")
    @Results({
            @Result(id = true, column = "id", property = "id"),
            @Result(column = "username", property = "username"),
            @Result(column = "password", property = "password"),
            @Result(column = "email", property = "email"),
            @Result(column = "birthday", property = "birthday"),
            @Result(column = "valid", property = "valid"),
```

```
        @Result(column = "id", property = "orderLists", javaType = List.class,
many = @Many(select = "com.vincent.javaweb.mapper.RelaOrderMapper.
queryOrderByCustomerId"))
    })
    public List<RelaCustomer> queryCustomerAndOrdersByName(String username);
```

Java 測試程式如下：

```
@Test
public void testOneToMany() {
    SqlSession sqlsesison = factory.openSession();
    RelaCustomerMapper mapper = sqlsesison.getMapper(RelaCustomerMapper.class);
    List<RelaCustomer> customers = mapper.queryCustomerAndOrdersByName("阿");
    for (RelaCustomer c : customers) {
        System.out.println("=====testOneToMany.c:" + c);
        List<RelaOrder>  orders = c.getOrderLists();
        for (RelaOrder order : orders) {
            System.out.println("    orders:" + order);
        }
    }
}
```

13.7.3 多對多

多對多查詢的範例：查詢使用者，同時查詢出該使用者的所有角色。

1. 建立資料表

範例程式如下：

```
create table t_role (
    id int primary key AUTO_INCREMENT,
    rolename varchar(64)
);
insert into t_role (rolename) values ('管理員');
insert into t_role (rolename) values ('開發人員');
insert into t_role (rolename) values ('測試人員');
insert into t_role (rolename) values ('運行維護人員');
create table t_user_role (
    user_id int,role_id int
);
insert into t_user_role (user_id, role_id) values (2,1);
insert into t_user_role (user_id, role_id) values (3,2);
insert into t_user_role (user_id, role_id) values (3,4);
insert into t_user_role (user_id, role_id) values (4,3);
insert into t_user_role (user_id, role_id) values (5,2);
```

2. 建立實體和 Mapper

範例程式如下：

```
//屬性名稱和資料庫資料表的欄位對應
@Alias("userinfo")
public class UserInfo {
    private int id;
    private String name;    // 使用者姓名
    private String sex;     // 性別
    private Date birthday; // 生日
    private String address;// 位址

    private List<Role> roleLists;
}
public class Role {
    private int id;
    private String rolename;
}
public interface RelaRoleMapper {
    @Select("select * from t_role t1,t_user_role t2 where t1.id = t2.role_id and
t2.user_id = #{uid}")
    public List<Role> queryByUserId(int uid);
}
public interface RelaUserMapper {
    @Select("<script>select * from t_user_info where 1 = 1 <if test='name !=
null'> and name like concat('%',#{name},'%')</if></script>")
    @Results({
            @Result(id = true, column = "id", property = "id"),
            @Result(column = "name", property = "name"),
            @Result(column = "sex", property = "sex"),
            @Result(column = "birthday", property = "birthday"),
            @Result(column = "address", property = "address"),
            @Result(column = "id", property = "roleLists", javaType = List.
class, many = @Many(select = "com.vincent.javaweb.mapper.RelaRoleMapper.
queryByUserId"))
    })
    public List<UserInfo> queryUserAndRoleByName(String name);
}
```

3. Java 測試方法

範例程式如下：

```
@Test
public void testManyToMany() {
    SqlSession sqlsesison = factory.openSession();
    RelaUserMapper mapper = sqlsesison.getMapper(RelaUserMapper.class);
```

```
        List<UserInfo> users = mapper.queryUserAndRoleByName(null);
        for (UserInfo user : users) {
            System.out.println("=====tesManyToMany.user:" + user);
            List<Role>  roles = user.getRoleLists();
            for (Role r : roles) {
                System.out.println("    role:" + r);
            }
        }
    }
```

13.8 MyBatis 與 Spring 的整合

前面已經分別講解了 Spring 和 MyBatis，本節將學習 MyBatis 與 Spring 的整合，其核心是 SqlSessionFactory 物件交由 Spring 來管理。所以只需要將 SqlSessionFactory 的物件生成器 SqlSessionFactoryBean 註冊在 Spring 容器中，再將其注入給 Dao 的實現類別即可完成整合。

本次整合採用註解方式設定，讀者在學習過程中可以一邊學習理解註解的設定方式，一邊對照前面 XML 設定的方式來學習。

13.8.1 建立專案並匯入所需的 JAR 套件

建立名為 ch13_ms 的 Module，增加 Web 框架，並建立相應的目錄，主要目錄如下：

- resources：存放設定（資料庫設定檔）。
- com.vincent.javaweb.config：註解設定類別。
- com.vincent.javaweb.entity：存放資料庫實體類別。
- com.vincent.javaweb.mapper：存放 MyBatis 映射類別。
- com.vincent.javaweb.service：存放資料庫邏輯處理類別。
- web/WEB-INF/classes：編譯的 Class 檔案目錄。
- web/WEB-INF/libs：匯入的 JAR 套件。

具體目錄結構如圖 13.15 所示。

在 web/libs 中引入 MyBatis 和 Spring 的整合需要使用到的 JAR 套件如圖 13.16 所示。

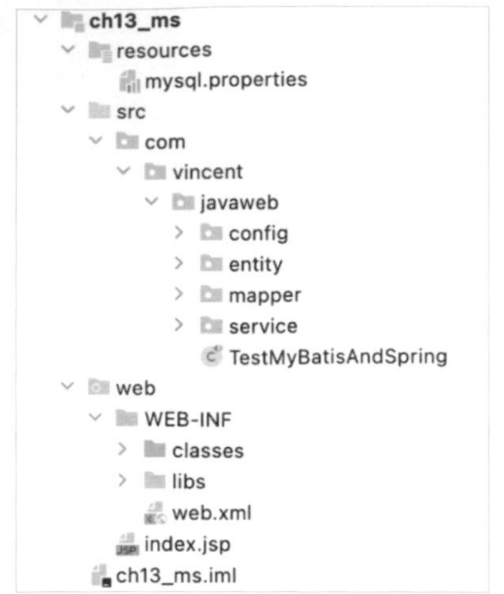

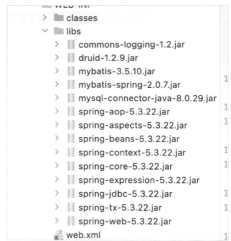

▲ 圖 13.15 MyBatis 整合 Spring 目錄結構

```
classes
libs
  commons-logging-1.2.jar
  druid-1.2.9.jar
  mybatis-3.5.10.jar
  mybatis-spring-2.0.7.jar
  mysql-connector-java-8.0.29.jar
  spring-aop-5.3.22.jar
  spring-aspects-5.3.22.jar
  spring-beans-5.3.22.jar
  spring-context-5.3.22.jar
  spring-core-5.3.22.jar
  spring-expression-5.3.22.jar
  spring-jdbc-5.3.22.jar
  spring-tx-5.3.22.jar
  spring-web-5.3.22.jar
web.xml
```

▲ 圖 13.16 MyBatis 整合 Spring 引用的 JAR 套件

13.8.2 撰寫設定檔

在 resource 目錄下撰寫資料庫連接設定檔 mysql.properties，內容如下：

```
#mysql
jdbc.username=root
jdbc.password=123456
jdbc.url=jdbc:mysql://localhost:3306/test?useSSL=false&characterEncoding=utf-8
jdbc.driver=com.mysql.cj.jdbc.Driver
```

在 com.vincent.javaweb.config 套件下分別建立 DataSourceConfig、MyBatisConfig 和 SpringConfig，程式如下：

```
@PropertySource("classpath:mysql.properties")
public class DataSourceConfig {
    //用 SpEl 運算式將屬性注入
    @Value("${jdbc.driver}")
    private String driver;
    @Value("${jdbc.url}")
    private String url;
    @Value("${jdbc.username}")
    private String username;
    @Value("${jdbc.password}")
    private String password;

    // 將方法的傳回值放置在 Spring 容器中
    @Bean("druidDataSource")
    public DruidDataSource getDataSource() {
```

```
        DruidDataSource dataSource = new DruidDataSource();
        dataSource.setDriverClassName(driver);
        dataSource.setUrl(url);
        dataSource.setUsername(username);
        dataSource.setPassword(password);
        return dataSource;
    }
}
public class MyBatisConfig {
    @Bean
    public SqlSessionFactoryBean sqlSessionFactory(DataSource dataSource) {
        SqlSessionFactoryBean ssfb = new SqlSessionFactoryBean();
        ssfb.setTypeAliasesPackage("com.vincent.javaweb.entity");
        ssfb.setDataSource(dataSource);
        return ssfb;
    }
    @Bean
    public MapperScannerConfigurer mapperScannerConfigurer() {
        MapperScannerConfigurer msc = new MapperScannerConfigurer();
        msc.setBasePackage("com.vincent.javaweb.mapper");
        return msc;
    }
}
@Configuration
@ComponentScan("com.vincent.javaweb")
@PropertySource("classpath:mysql.properties")
@Import({DataSourceConfig.class, MyBatisConfig.class})
public class SpringConfig {
}
```

DataSourceConfig 主要用於設定資料來源，MyBatisConfig 主要設定用於 MyBatis，SpringConfig 主要用於開啟註解掃描、引入外部設定類別（資料來源設定類別和 MyBatis 設定類別）。

13.8.3 建立實體物件和 Mapper 介面

在 com.vincent.javaweb.entity 套件下建立實體物件 UserInfo，程式如下：

```
@Alias("userinfo")
public class UserInfo {
    private int id;
    private String name;            // 使用者姓名
    private String sex;             // 性別
    private Date birthday;          // 生日
    private String address;         // 位址
}
```

此處省略 set/get 方法。

在 com.vincent.javaweb.mapper 套件下建立 Mapper 映射介面，程式如下：

```
@Mapper
public interface UserInfoMapper {
    @Select("select * from t_user_info where id = #{id}")
    public UserInfo queryUserById(Integer id);
    @Select("<script>select * from t_user_info where 1 = 1
<if test='name != null'> and name like concat('%',#{name},'%')</if></script>")
    @Results({
            @Result(id = true, column = "id", property = "id"),
            @Result(column = "name", property = "name"),
            @Result(column = "sex", property = "sex"),
            @Result(column = "birthday", property = "birthday"),
            @Result(column = "address", property = "address")
    })
    public List<UserInfo> queryUserAndRoleByName(String name);
}
```

至此，基本的整合已經完成。

13.8.4 Mapper 介面方式的開發整合

Mapper 介面方式比較簡單，直接將 Mapper 當作 Bean 操作，程式如下：

```
@Test
public void testMapper() {
    ApplicationContext context = new AnnotationConfigApplicationContext
(SpringConfig.class);
    UserInfoMapper mapper = context.getBean(UserInfoMapper.class);
    UserInfo userInfo = mapper.queryUserById(2);
    System.out.println(userInfo);
}
```

13.8.5 傳統 DAO 方式的開發整合

在 com.vincent.javaweb.service 套件下建立 IUserService 介面，然後在 impl 套件下建立其實現類別 UserServiceImpl，程式如下：

```
@Service
public class UserServiceImpl implements IUserService {
    @Autowired
    private UserInfoMapper userMapper;
    @Override
    public UserInfo queryUserById(Integer id) {
```

```
        return userMapper.queryUserById(id);
    }
    @Override
    public List<UserInfo> queryUserAndRoleByName(String name) {
        return queryUserAndRoleByName(name);
    }
}
```

Java 測試程式如下：

```
@Test
public void testDao() {
    ApplicationContext context = new AnnotationConfigApplicationContext
(SpringConfig.class);
    IUserService service = context.getBean(IUserService.class);
    UserInfo userInfo = service.queryUserById(2);
    System.out.println(userInfo);
}
```

13.9 實作與練習

透過 MyBatis 模擬一個增加訂單的應用場景。

- 業務：一個新使用者增加了一個新的訂單，這兩個資料表主鍵 id 都是自動增加的。
- 條件：使用者資料表和訂單資料表，主鍵 id 都是自動增加的。
- 分析：首先要給使用者資料表增加一個新使用者，增加成功後查詢該使用者的 ID，然後執行訂單增加操作。

由下表：

```
create table store (
  id int primary key auto_increment,
  shop_owner varchar(32) comment "店主姓名",
  id_number varchar(18) comment "身份證字號",
  name varchar(100) comment "店鋪名稱",
  industry varchar(100) comment "行業分類",
  area varchar(200) comment "店鋪區域",
  phone varchar(11) comment "手機號碼",
  status int default 0 comment "審核狀態。0:待審核  1:審核透過  2:審核失敗 3:重新審核 ",
  audit_time datetime comment "審核時間"
);
insert into store values (null,"張三豐","441322199309273014","張三豐包子鋪",
"美食","北京市海淀區","18933283299","0","2017-12-08 12:35:30");
```

```
insert into store values (null,"令狐沖","441322199009102104","華沖手機維修",
"電子維修","北京市昌平區","18933283299","1","2019-01-020 20:20:00");
insert into store values (null,"趙敏","441322199610205317","托尼美容美髮",
"美容美髮","北京市朝陽區","18933283299","2","2020-08-08 10:00:30");
```

完成增、刪、改、查操作。

在 StoreMapper 介面中宣告 List<Store> findCondition(Store store) 方法來動態地根據不同條件查詢資料。

完成 MyBatis 和 Spring 的整合，並用設定 XML 的方式實現整合過程。

第 14 章 Spring MVC 技術

Spring MVC 是 Spring 提供的基於 MVC 設計模式的羽量級 Web 開發框架，本質上相當於 Servlet。Spring MVC 角色劃分清晰，分工明細。Spring MVC 本身就是 Spring 框架的一部分，可以說和 Spring 框架是無縫整合的，性能方面具有先天的優勢，是當今業界主流、熱門的 Web 開發框架。

一個好的框架要減輕開發者處理複雜問題的負擔，內部有良好的擴充，並且有一個支援它的強大的使用者群眾，恰恰 Spring MVC 都做到了。

14.1 Spring MVC 概述

14.1.1 關於三層架構和 MVC

1. 三層架構

在第 1 章介紹過，開發架構一般都是基於兩種形式：一種是 C/S 架構，也就是用戶端 / 伺服器；另一種是 B/S 架構，也就是瀏覽器 / 伺服器。在 Java Web 開發中，幾乎都是基於 B/S 架構開發的。在 B/S 架構中，系統標準的三層架構包括：表現層、業務層和持久層。

- 表現層：也就是 Web 層。負責接收用戶端請求，向用戶端回應結果。表現層的設計一般都使用 MVC 模型。
- 業務層：也就是 Service 層。負責業務邏輯處理，和開發專案的需求息息相關。Web 層相依業務層，但是業務層不相依 Web 層。
- 持久層：也就是 DAO 層。是資料庫的主要操控系統，實現資料的增加、刪除、修改、查詢等操作，並將操作結果回饋到業務邏輯層。

2. MVC 模型

MVC（Model View Controller，模型－檢視－控制器）是一種用於設計建立 Web 應用程式表現層的模式。

- Model：通常指的是資料模型。一般用於封裝資料。
- View：通常指的是 JSP 或 HTML。一般用於展示資料。通常檢視是依據模型態資料建立的。
- Controller：是應用程式中處理使用者互動的部分。一般用於處理常式邏輯。

14.1.2 Spring MVC 概述

Spring MVC 是一個基於 Java 語言的、實現了 MVC 設計模式的請求驅動類型的羽量級 Web 框架，透過把 Model、View、Controller 分離，將 Web 層進行職責解耦，把複雜的 Web 應用分成邏輯清晰的幾部分，以簡化開發，減少出錯，方便組內開發人員之間的配合。

14.1.3 Spring MVC 的請求流程

Spring MVC 的執行流程如圖 14.1 所示。

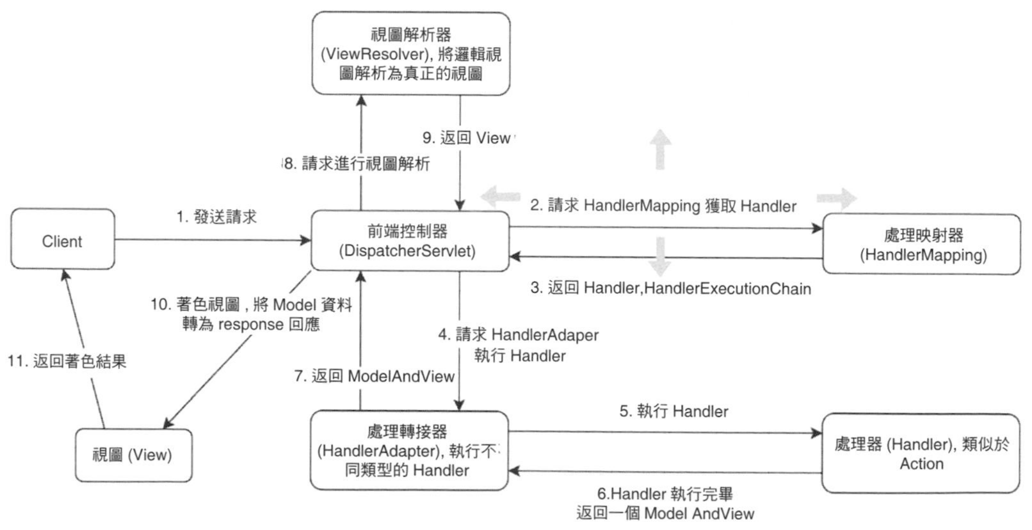

▲ 圖 14.1 Spring MVC 的執行流程

Spring MVC 的執行流程具體說明如下：

使用者透過瀏覽器發起一個 HTTP 請求，該請求會被 DispatcherServlet（前端控制器）攔截。

DispatcherServlet 呼叫 HandlerMapping（處理映射器）找到具體的處理器（Handler），生成處理物件及處理攔截器（如果有則生成）一併傳回前端控制器。

處理映射器 HandlerMapping 傳回 Handler（抽象），以 HandlerExecutionChain 執行鏈的形式傳回給 DispatcherServlet。

DispatcherServlet 將執行鏈傳回的 Handler 資訊發送給 HandlerAdapter（處理轉接器）。

HandlerAdapter 根據 Handler 資訊找到並執行相應的 Handler（Controller 控制器）對請求進行處理。

Handler 執行完畢後會傳回給 HandlerAdapter 一個 ModelAndView 物件（Spring MVC 的底層物件，包括 Model 資料模型和 View 檢視資訊）。

HandlerAdapter 接收到 ModelAndView 物件後，將其傳回給 DispatcherServlet。

DispatcherServlet 接收到 ModelAndView 物件後，會請求 ViewResolver（檢視解析器）對檢視進行解析。

ViewResolver 解析完成後，會將 View（檢視）傳回給 DispatcherServlet。

DispatcherServlet 接收到具體的 View（檢視）後，進行檢視著色，將 Model 中的模型態資料填充到 View（檢視）中的 request 域，生成最終的 View（檢視）。

View（檢視）負責將結果顯示到瀏覽器（用戶端）。

14.1.4 Spring MVC 的優勢

Spring MVC 有以下優勢：

- 清晰的角色劃分：前端控制器（DispatcherServlet）、處理映射器（HandlerMapping）、處理轉接器（HandlerAdapter）、檢視解析器（ViewResolver）、處理器或頁面控制器（Controller）、驗證器（Validator）、命令物件（Command 請求參數綁定到的物件就叫命令物件）、表單物件（Form Object 提供給表單展示和提交到的物件就叫表單物件）。
- 分工明確，而且擴充點相當靈活，很容易擴充，雖然幾乎不需要。
- 由於命令物件就是一個 POJO，因此無須繼承框架特定 API，可以使用命令物件直接作為業務物件。
- 和 Spring 其他框架無縫整合，是其他 Web 框架所不具備的。
- 可調配，透過 HandlerAdapter 可以支援任意的類別作為處理器。

- 可訂製性，HandlerMapping、ViewResolver 等能夠非常簡單地訂製。
- 功能強大的資料驗證、格式化、綁定機制。
- 利用 Spring 提供的 Mock 物件能夠非常簡單地進行 Web 層單元測試。
- 對當地語系化、主題的解析的支援，更容易進行國際化和主題的切換。
- 強大的 JSP 標籤函式庫，使 JSP 撰寫更容易。

14.2 第一個 Spring MVC 應用

由於筆者使用了 Tomcat 10、JDK 18.0.0.1，Spring MVC 5.x 版本目前不支援 Tomcat 10，這裡有兩個辦法處理：一是降低 Tomcat 和 JDK 版本；二是升級 Spring MVC 版本，這裡筆者選擇使用 Spring MVC 6.0.0-M5。

選擇相應的版本下載壓縮檔並解壓即可。

14.2.1 建立專案並引入 JAR 套件

首先建立專案，增加 Web 框架，然後建立 classes、lib 目錄，專案結構如圖 14.2 所示。

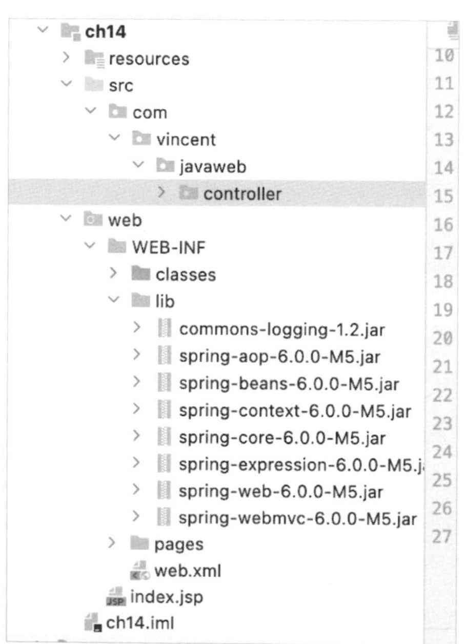

▲ 圖 14.2 Spring MVC 專案結構和 JAR 套件

14.2.2 設定前端控制器

Spring MVC 是基於 Servlet 的，DispatcherServlet 是整個 Spring MVC 框架的核心，主要負責截獲請求並將其排程給相應的處理器處理。跟所有的 Servlet 一樣，DispatcherServlet 也需要在 web.xml 中進行設定，它才能夠正常執行，範例程式如下：

```
<?xml version="1.0" encoding="UTF-8"?>
<web-app xmlns="https://jakarta.ee/xml/ns/jakartaee"
         xmlns:xsi="http://www.w3.org/2001/XMLSchema-instance"
         xsi:schemaLocation="https://jakarta.ee/xml/ns/jakartaee
https://jakarta.ee/xml/ns/jakartaee/web-app_5_0.xsd"
         version="5.0">
    <!--springmvc 的核心控制器 -->
    <servlet>
        <servlet-name>DispatcherServlet</servlet-name>
        <servlet-class>org.springframework.web.servlet.DispatcherServlet
</servlet-class>
        <!-- 設定 DispatcherServlet 的初始化參數：Spring MVC 設定檔的位置和名稱 -->
        <init-param>
            <param-name>contextConfigLocation</param-name>
            <param-value>classpath*:springmvc-config.xml</param-value>
        </init-param>
        <!-- 作為框架的核心元件，在啟動過程中有大量的初始化操作要做，而這些操作放在第一次請求時執行會嚴重影響存取速度，因此需要透過此標籤將啟動控制 DispatcherServlet 的初始化時間提前到伺服器啟動時 -->
        <load-on-startup>1</load-on-startup>
    </servlet>
    <servlet-mapping>
        <servlet-name>DispatcherServlet</servlet-name>
        <url-pattern>/</url-pattern>
    </servlet-mapping>
</web-app>
```

預設情況下，所有的 Servlet（包括 DispatcherServlet）都是在第一次呼叫時才會被載入。這種機制雖然能在一定程度上降低專案啟動的時間，但卻增加了使用者第一次存取所需的時間，給使用者帶來不佳的體驗。因此，在 web.xml 中設定 <load-on-startup> 標籤對 Spring MVC 前端控制器 DispatcherServlet 的初始化時間進行了設定，讓它在專案啟動時就完成了載入。

load-on-startup 元素設定值規則如下：

- 它的設定值必須是一個整數。
- 當值小於 0 或沒有指定時，表示容器在該 Servlet 首次被請求時才會被載入。

- 當值大於 0 或等於 0 時，表示容器在啟動時就載入並初始化該 Servlet，設定值越小，優先順序越高。
- 當設定值相同時，容器會自行選擇順序進行載入。

此外，透過 <servlet-mapping> 將 DispatcherServlet 映射到「/」，表示 DispatcherServlet 需要截獲並處理該專案的所有 URL 請求（以 .jsp 為副檔名的請求除外）。

14.2.3 建立 Spring MVC 設定檔，設定控制器映射資訊

在 resources 目錄下建立名為 springmvc-config.xml 的設定檔，內容如下：

```
<?xml version="1.0" encoding="UTF-8"?>
<beans xmlns="http://www.springframework.org/schema/beans"
       xmlns:xsi="http://www.w3.org/2001/XMLSchema-instance"
       xmlns:context="http://www.springframework.org/schema/context"
       xmlns:mvc="http://www.springframework.org/schema/mvc"
       xsi:schemaLocation="http://www.springframework.org/schema/beans
       http://www.springframework.org/schema/beans/spring-beans.xsd
       http://www.springframework.org/schema/mvc
       http://www.springframework.org/schema/mvc/spring-mvc.xsd
       http://www.springframework.org/schema/context
       http://www.springframework.org/schema/context/spring-context.xsd">
    <!-- 設定 Spring 建立容器時要掃描的套件 -->
    <context:component-scan base-package="com.vincent.javaweb" />
    <!-- 設定檢視解析器 -->
    <bean id="internalResourceViewResolver" class="org.springframework.web.
servlet.view.InternalResourceViewResolver">
        <!-- 檔案所在的目錄 -->
        <property name="prefix" value="/WEB-INF/pages/" />
        <!-- 檔案的副檔名名稱 -->
        <property name="suffix" value=".jsp" />
    </bean>
    <!-- 設定 spring 開啟註解 mvc 的支援 -->
    <mvc:annotation-driven />
</beans>
```

在上面的設定中定義了一個類型為 InternalResourceViewResolver 的 Bean，這就是檢視解析器。透過它可以對檢視的編碼、檢視首碼、檢視副檔名等進行設定。

14.2.4 建立 Controller 類別

DispatcherServlet 會攔截使用者發送來的所有請求進行統一處理，但不同的請求有著不同的處理過程，例如登入請求和註冊請求就分別對應著登入過程和註冊過

程，因此需要 Controller 來對不同的請求進行不同的處理。在 Spring MVC 中，普通的 Java 類別只要標注了 @Controller 註解，就會被 Spring MVC 辨識成 Controller。Controller 類別中的每一個處理請求的方法被稱為「控制器方法」。控制器方法在處理完請求後，通常會傳回一個字串類型的邏輯檢視名稱，Spring MVC 需要借助 ViewResolver（檢視解析器）將這個邏輯檢視名稱解析為真正的檢視，最終響應給用戶端展示。

範例程式如下：

```
@Controller
public class HelloController {
    @RequestMapping("/register")
    public String register() {
        System.out.println("====HelloController.register is running...");
        // 檢視名稱，檢視為：檢視首碼 +hello+ 檢視副檔名，即 /WEB-INF/pages/register.jsp
        return "register";
    }
    @RequestMapping("/login")
    public String login() {
        System.out.println("====HelloController.login is running...");
        // 檢視名稱，檢視為：檢視首碼 +hello+ 檢視副檔名，即 /WEB-INF/pages/hello.jsp
        return "login";
    }
}
```

在以上程式中，除了 @Controller 註解外，還在方法上使用了 @RequestMapping 註解，它的作用是將請求和處理請求的控制器方法連結映射起來，建立映射關係。Spring MVC 的 DispatcherServelt 在攔截到指定的請求後，就會根據這個映射關係將請求分發給指定的控制器方法進行處理。

14.2.5 建立檢視頁面

根據 Spring MVC 設定檔中關於 InternalResourceViewResolver 檢視解析器的設定可知，所有的檢視檔案都應該存放在 /WEB-INF/pages 目錄下且檔案名稱必須以 .jsp 結尾。

在 /WEB-INF/pages 目錄下建立 register.jsp，程式如下：

```
<%@ page contentType="text/html;charset=UTF-8" language="java" %>
<html>
<head>
    <title>Title</title>
</head>
```

```
<body>
    <h3> 歡迎來到註冊頁面 </h3>
    <li><a href="index.jsp"> 跳躍首頁 </a></li>
    <li><a href="login"> 跳躍登入頁面 </a></li>
</body>
</html>
```

在 /WEB-INF/pages 目錄下建立 login.jsp，程式如下：

```
<%@ page contentType="text/html;charset=UTF-8" language="java" %>
<html>
<head>
    <title>Title</title>
</head>
<body>
    <h3> 歡迎來到登入頁面 </h3>
    <li><a href="index.jsp"> 跳躍首頁 </a></li>
    <li><a href="register"> 跳躍註冊頁面 </a></li>
</body>
</html>
```

修改 index.jsp，在 body 中增加程式如下：

```
<h3>Spring MVC 入門範例 </h3>
<a href="register"> 註冊 </a> | <a href="login"> 登入 </a>
```

14.2.6 啟動專案，測試應用

在 Tomcat 中部署專案，啟動 Tomcat，首先出現「Spring MVC 入門範例」，按一下「註冊」按鈕，會跳躍到註冊頁面，按一下「登入」按鈕，會跳躍到登入頁面，如圖 14.3~ 圖 14.5 所示。

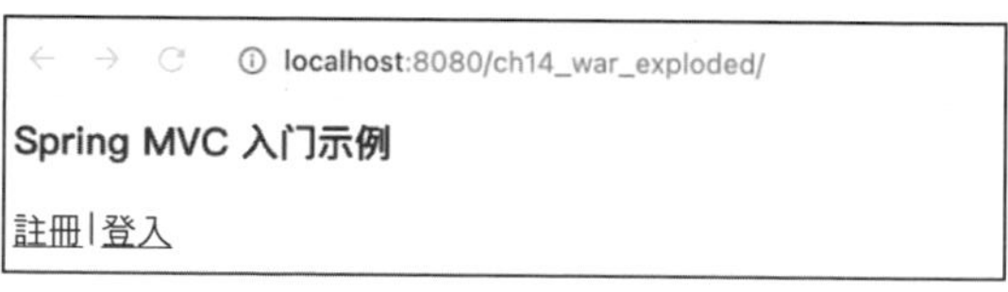

▲ 圖 14.3 Spring MVC 入門首頁

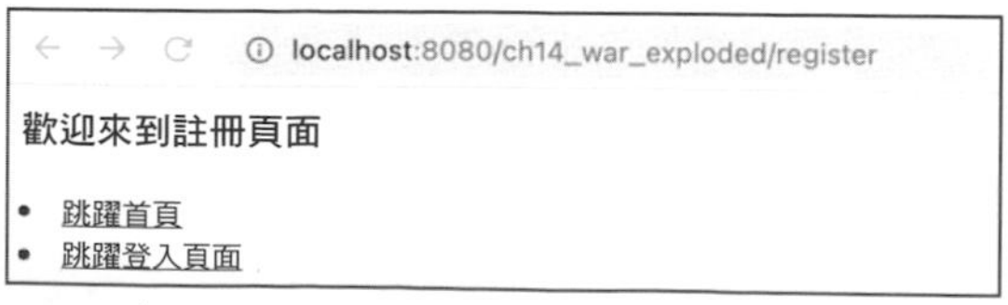

▲ 圖 14.4 Spring MVC 入門註冊頁面

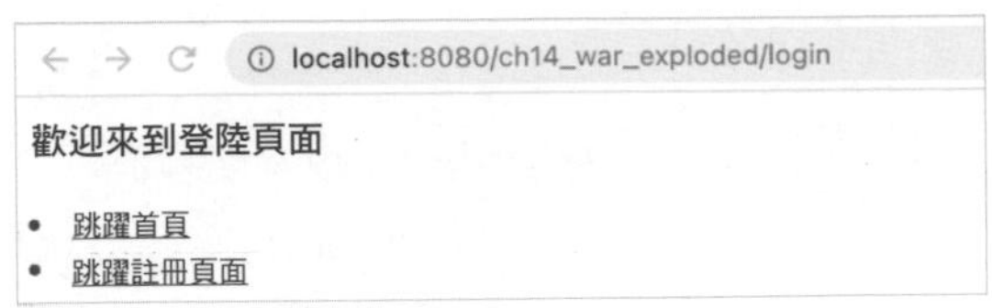

▲ 圖 14.5 Spring MVC 入門登入頁面

以上就是簡單的 Spring MVC 入門範例，透過以上步驟，即可完成簡單的首頁、登入、註冊頁面的跳躍。

14.3 Spring MVC 的註解

14.3.1 DispatcherServlet

在 IDEA 中，打開 DispatcherServlet 類別，按右鍵選擇 Diagrams → Show Diagram，可以查看 DispatcherServlet 繼承的類別和實現的介面，如圖 14.6 所示。

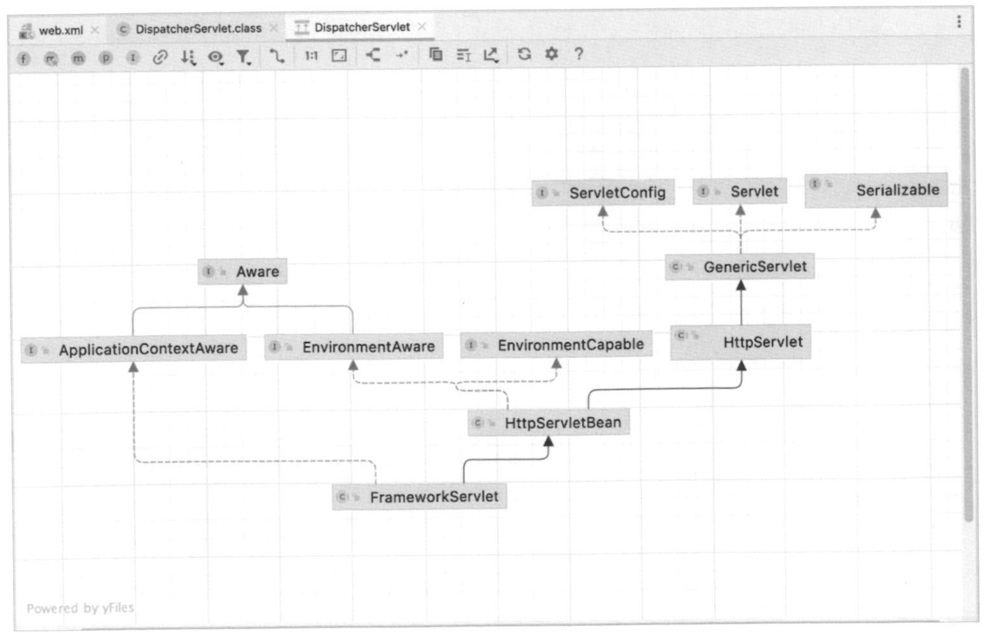

▲ 圖 14.6 DispatcherServlet 繼承的類別和實現的介面

從圖 14.6 中的繼承關係可以看出，DispatcherServlet 本質是一個 HttpServlet。

1. DispatcherServlet 初始化

Web 容器啟動時將呼叫 HttpServletBean 的 init() 方法，然後呼叫 FrameworkServlet 的 initServletBean() 和 initWebApplicationContext() 方法，之後呼叫 DispatcherServlet 的 onRefresh()、initStrategies() 以及各種解析器元件的初始化方法 initXXX()。

DispatcherServlet 的 initStrategies() 方法將在 WebApplicationContext 初始化後自動執行，自動掃描上下文的 Bean，根據名稱或類型匹配的機制查詢自定義元件，如果沒有找到，則會裝配一套 Spring 的預設元件。在 org.springframework.web.servlet 路徑下有一個 DispatcherServlet.properties 設定檔，該檔案指定了 DispatcherServlet 所使用的預設元件。

DispatcherServlet 啟動時會對 Web 層 Bean 的設定進行檢查，如 HandlerMapping、HandlerAdapter 等，如果沒有設定，則會提供預設設定。

整個 DispatcherServlet 初始化的過程主要做了以下兩件事情：

（1）初始化 Spring Web MVC 使用的 Web 上下文（ContextLoaderListener 載入了根上下文）。

（2）初始化 DispatcherServlet 使用的策略，如 HandlerMapping、HandlerAdapter 等。

2. DispatcherServlet 處理流程

在設定好 DispatcherServlet 之後，當請求交由該 DispatcherServlet 處理時，其處理流程如下：

（1）建構 WebApplicationContext 作為屬性綁定到請求上以備控制器和其他元素使用。綁定的預設 key 為 DispatcherServlet.WEB_APPLICATION_CONTEXT_ATTRIBUTE。

（2）綁定地區解析器到請求上以備解析地區時使用，比如生成檢視和準備資料時等。如果不需要解析地區，則無須使用。

（3）綁定主題解析器到請求上以備檢視等元素載入主題時使用。

（4）如果設定了檔案串流解析器，則會檢測請求中是否引用檔案串流，如果包含，則請求會被包裝為 MultipartHttpServletRequest 供其他元素做進一步處理。

（5）搜索合適的處理器處理請求。若找到的話，則與該處理器相連結的執行鏈（前攔截器、後攔截器、控制器等）會被執行以準備模型態資料或生成檢視。

（6）如果傳回了模型物件，下一步就會進行檢視的著色。如果沒有任何模型物件傳回，例如因為安全的原因被前攔截器或後攔截器攔截了請求，那麼就沒有檢視會生成，因為該請求已經結束了。

14.3.2 @Controller 註解類型

@Controller 註解可以將一個普通的 Java 類別標識成控制器（Controller）類別。Spring 中提供了基於註解的 Controller 定義方式：@Controller 和 @RestController 註解。基於註解的 Controller 定義不需要繼承或實現介面，使用者可以自由地定義介面簽名。以下為 Spring Controller 定義的範例：

```
@Controller
public class HelloController {
}
```

@Controller 註解繼承了 Spring 的 @Component 註解，會把對應的類別宣告為 Spring 對應的 Bean，並且可以被 Web 元件管理。@RestController 註解是 @Controller 和 @ResponseBody 的組合，@ResponseBody 表示函式的傳回不需要著色為 View，應該直接作為 Response 的內容寫回用戶端。

Spring MVC 是透過元件掃描機制查詢應用中的控制器類別的，為了保證控制器能夠被 Spring MVC 掃描到，需要在 Spring MVC 的設定檔中使用 <context:component-scan/> 標籤，指定控制器類別的基本套件（請確保所有控制器類別都在基本套件及其子套件下）。範例程式如下：

```
<!-- 使用掃描機制掃描控制器類別，控制器類別都在 net.biancheng.controller 套件及其子套件下 -->
<context:component-scan base-package="com.vincent.javaweb.controller" />
```

14.3.3 @RequestMapping 註解類型

Spring MVC 的前端控制器（DispatcherServlet）攔截到使用者發來的請求後，會透過 @RequestMapping 註解提供的映射資訊找到對應的控制器方法，對這個請求進行處理。

@RequestMapping 既可以標注在控制器類別上，也可以標注在控制器方法上。

1. 修飾方法

當 @RequestMapping 註解被標注在方法上時，value 屬性值就表示存取該方法的 URL 位址。當使用者發送過來的請求想要存取該 Controller 下的控制器方法時，請求路徑就必須與這個 value 值相同。範例程式如下：

```
@Controller
public class HelloController {
    @RequestMapping("/login")
    public String login() {
        System.out.println("====HelloController.login is running...");
        // 檢視名稱，檢視為：檢視首碼 +hello+ 檢視副檔名，即 /WEB-INF/pages/hello.jsp
        return "login";
    }
}
```

2. 修飾類別

當 @RequestMapping 註解標注在控制器類別上時，value 屬性的設定值就是這個控制器類別中的所有控制器方法 URL 位址的父路徑。存取這個 Controller 下的任意控制器方法都需要附帶上這個父路徑。

```
@Controller
@RequestMapping(value = "/springmvc")
public class DecorateClassController {
    @RequestMapping("/register")
    public String register() {
        System.out.println("====DecorateClassController.register is 
running...");
        // 檢視名稱，檢視為：檢視首碼 +hello+ 檢視副檔名，即 /WEB-INF/pages/register.jsp
        return "register";
    }
}
```

在這個控制類別中，使用者想要存取 DecorateClassController 中的 register() 方法，請求的位址就必須附帶上父路徑「/springmvc」，即請求位址必須為「/springmvc/register」。

14.3.4 ViewResolver（檢視解析器）

Spring MVC 用於處理檢視的兩個重要的介面是 ViewResolver 和 View。ViewResolver 的主要作用是把一個邏輯上的檢視名稱解析為一個真正的檢視，Spring MVC 中用於把 View 物件呈現給用戶端的是 View 物件本身，而 ViewResolver 只是把邏輯檢視名稱解析為物件的 View 物件。View 介面主要用於處理檢視，然後傳回給用戶端。

1. View

View 就是用來著色頁面的，它的目的是將程式傳回的資料（Model 資料）填入頁面中，最終生成 HTML、JSP、Excel 表單、Word 文件、PDF 文件以及 JSON 資料等形式的檔案，並展示給使用者。為了簡化檢視的開發，Spring MVC 提供了許多已經開發好的檢視，這些檢視都是 View 介面的實現類別。

表 14.1 列舉了幾個常用的檢視。

▼ 表 14.1 Spring MVC 常用的檢視

實現類別	說明
ThymeleafView	Thymeleaf 檢視。當專案中使用 Thymeleaf 檢視技術時，就需要使用該檢視類
InternalResourceView	轉發檢視，透過它可以實現請求的轉發和跳躍。它也是 JSP 檢視
RedirectView	重定向檢視，透過它可以實現請求的重定向和跳躍
FreeMarkerView	FreeMarker 檢視
MappingJackson2JsonView	JSON 檢視
AbstractPdfView	PDF 檢視

在 Spring MVC 中，檢視可以劃分為邏輯檢視和非邏輯檢視。邏輯檢視最大的特點是，其控制器方法傳回的 ModelAndView 中的 view 可以不是一個真正的檢視物件，而是一個字串類型的邏輯檢視名稱。對於邏輯檢視而言，它需要一個檢視解析器（ViewResolver）進行解析，才能得到真正的物理檢視物件。非邏輯檢視與邏輯檢視完全相反，其控制方法傳回的是一個真正的檢視物件，而非邏輯檢視名稱，因此這種檢視是不需要檢視解析器解析的，只需要直接將檢視模型著色出來即可，例如 MappingJackson2JsonView 就是這樣的情況。

2. ViewResolver

Spring MVC 提供了一個檢視解析器的介面 ViewResolver，所有具體的檢視解析器必須實現該介面。

```
public interface ViewResolver {
    @Nullable
    View resolveViewName(String viewName, Locale locale) throws Exception;
}
```

Spring MVC 提供了很多 ViewResolver 介面的實現類別，它們中的每一個都對應 Java Web 應用中的某些特定檢視技術。在使用某個特定的檢視解析器時，需要將它以 Bean 元件的形式注入 Spring MVC 容器中，否則 Spring MVC 會使用預設的 InternalResourceViewResolver 進行解析。

表 14.2 列舉了幾個常用的檢視解析器。

▼ 表 14.2 Spring MVC 常用的 ViewResolver

檢視解析器	說　明
BeanNameViewResolver	將檢視解析後，映射成一個 Bean，檢視的名稱就是 Bean 的 id
InternalResourceViewResolver	將檢視解析後，映射成一個資源檔
FreeMarkerViewResolver	將檢視解析後，映射成一個 FreeMarker 範本檔案
ThymeleafViewResolver	將檢視解析後，映射成一個 Thymeleaf 範本檔案

14.4 Spring MVC 資料綁定

在資料綁定過程中，Spring MVC 框架會透過資料綁定元件（DataBinder）將請求參數串的內容進行類型轉換，然後將轉換後的值賦給控制器類別中方法的形參。這樣背景方式就可以正確綁定並獲取用戶端請求攜帶的參數。

具體資訊處理過程如下：

（1）Spring MVC 將 ServletRequest 物件傳遞給 DataBinder。

（2）將處理方法的傳入參數物件傳遞給 DataBinder。

（3）DataBinder 呼叫 ConversionService 元件進行資料型態轉換、資料格式化等工作，並將 ServletRequest 物件中的訊息填充到參數物件中。

（4）呼叫 Validator 元件對已經綁定了請求訊息資料的參數物件進行資料合法性驗證。

（5）驗證完成後會生成資料綁定結果 BindingResult 物件，Spring MVC 會將 BindingResult 物件中的內容賦給處理方法的相應參數。

14.4.1 綁定預設資料型態

當前端請求的參數比較簡單時，可以直接使用 Spring MVC 提供的預設參數類型進行資料綁定。常用的預設參數類型如下：

- HttpServletRequest：透過 request 物件獲取請求訊息。
- HttpServletResponse：透過 response 物件處理回應資訊。
- HttpSession：透過 session 物件得到已儲存的物件。
- Model/ModelMap：Model 是一個介面，ModelMap 是一個介面實現，作用是將 Model 資料填充到 request 域。

綁定預設資料型態的範例程式如下：

```
@RequestMapping(value="/default")
public String defaultDataType(HttpServletRequest request) {
    //獲取請求位址中的參數 id 的值
    String id = request.getParameter("id");
    System.out.println("defaultDataType.id=" + id);
    request.setAttribute("id", id);
    return "bind/default";
}
```

引用的 JSP 頁面的程式如下：

```
<li><a href="default?id=1">綁定預設資料型態</a></li>
```

展示頁面的程式（default.jsp）如下：

```
<body>
    綁定預設資料型態 id: ${id}
</body>
```

使用註解方式定義了一個控制器類別，同時定義了方法的存取路徑。在方法參數中使用了 HttpServletRequest 類型，並透過該物件的 getParameter() 方法獲取了指定的參數。

14.4.2 綁定單一資料型態

綁定單一資料型態指的是 Java 中幾種基底資料型態的綁定，如 Int、String、Double 等類型。

綁定單一資料型態的範例程式如下：

```
@RequestMapping(value="/simple")
public ModelAndView simpleDataType(@RequestParam(value = "id") Integer uid) {
    System.out.println("simpleDataType.id=" + uid);
    Map<String,Object> model = new HashMap<String,Object>();
    if (null != uid) {
        model.put("id", uid);
    }
```

```
    return new ModelAndView("bind/simple", model);
}
```

該方法只是將 HttpServletRequest 參數類型替換成了 Integer 類型。

展示頁面的程式（simple.jsp）如下：

```
<body>
    綁定單一資料型態 id: ${id}
</body>
```

有時前端請求中參數名稱和背景控制器類別方法中的形參名稱不一樣，就會導致背景無法正確綁定結合收到前端請求的參數。為此，Spring MVC 提供了 @RequestParam 註解來進行間接資料綁定。

@RequestParam 註解主要用於定義請求中的參數，在使用時可以指定它的 4 個屬性：

- value：name 屬性的別名，這裡指傳入參數的請求參數名稱，例如 value="user_id" 表示請求的參數中名稱為 user_id 的參數的值將傳入。如果只使用 value 屬性，就可以省略 value 屬性名稱。
- name：指定請求標頭綁定的名稱。
- required：用於指定參數是否必需，預設是 true，表示請求中一定要有相應的參數。
- defaultValue：預設值，表示請求中沒有名稱相同參數時的預設值。

14.4.3 綁定 POJO 類型

在實際應用中，用戶端請求可能會傳遞多個不同類型的參數資料，此時可以使用 POJO 類型進行資料綁定。POJO 類型的資料綁定是將所有連結的請求參數封裝在一個POJO（物件）中，然後在方法中直接使用該POJO作為形參來完成資料綁定。

首先定義 POJO 類別，程式如下：

```
public class User {
    private String username;
    private String password;
    // 省略 setter/getter 方法
    @Override
    public String toString() {
        return "User {" +
                "username='" + username + '\'' +
                ", password='" + password + '\'' +
```

```
                '}';
    }
}
```

在 Controller 中定義方法，程式如下：

```
@RequestMapping(value="/entity")
public ModelAndView entityDataType(User user) {
    System.out.println("entityDataType.user=" + user);
    Map<String,Object> model = new HashMap<String,Object>();
    if (null != user) {
        model.put("user", user);
    }
    return new ModelAndView("bind/entity", model);
}
```

建立登入頁面，程式如下：

```
<body>
    <form action="entity" method="post">
        username：<input id="username" name="username" type="text"><br>
        password：<input id="password" name="password" type="password"><br>
        <input type="submit" id="submit" value="登入">
    </form>
</body>
```

透過 JSP 頁面程式呼叫 entity 請求，進入 Controller，綁定 POJO 類別資料，傳遞到展示頁面 entity.jsp，程式如下：

```
<body>
    綁定 POJO 類型：<br>
    username: ${user.username}<br>
    password: ${user.password}<br>
</body>
```

在使用 POJO 類型的資料綁定時，前端請求的參數名稱（本例中指 form 表單內各元素的 name 屬性值）必須與要綁定的 POJO 類別中的屬性名稱一樣。

14.4.4 綁定包裝 POJO

所謂的包裝 POJO，就是在一個 POJO 中包含另一個簡單的 POJO。

建立 POJO 類別 UserInfo，程式如下：

```
public class UserInfo {
    private Integer uid;
    private String tel;
```

```
    private String addr;
    // 省略 setter/getter 方法
    @Override
    public String toString() {
        return "UserInfo {" +
                "uid=" + uid +
                ", tel='" + tel + '\'' +
                ", addr='" + addr + '\'' +
                '}';
    }
}
```

改造 User 類別，增加 UserInfo 屬性，並提供 setter/getter 方法，程式如下：

```
public class User {
    private String username;
    private String password;
    private UserInfo userInfo;
    // 省略 setter/getter 方法
    @Override
    public String toString() {
        return "User {" +
                "username='" + username + '\'' +
                ", password='" + password + '\'' +
                '}';
    }
}
```

在 Controller 中定義方法，程式如下：

```
@RequestMapping(value="/packEntity")
public ModelAndView packEntityDataType(User user) {
    System.out.println("packEntityDataType.user=" + user);
    Map<String,Object> model = new HashMap<String,Object>();
    if (null != user) {
        model.put("user", user);
    }
    return new ModelAndView("bind/packEntity", model);
}
```

建立登入頁面，程式如下：

```
<form action="packEntity" method="post">
    username：<input id="username" name="username" type="text"><br>
    password：<input id="password" name="password" type="password"><br>
    tel:      <input id="tel" name="userInfo.tel" type="text"><br>
    addr:     <input id="addr" name="userInfo.addr" type="text"><br>
    <input type="submit" id="submit" value=" 提交 ">
</form>
```

透過 JSP 頁面程式呼叫 packEntity 請求，進入 Controller，綁定 POJO 類別資料，傳遞到展示頁面 packEntity.jsp，程式如下：

```
<body>
    綁定包裝 POJO：<br>
    username: ${user.username}<br>
    password: ${user.password}<br>
    tel:${user.userInfo.tel}<br>
    addr:${user.userInfo.addr}<br>
</body>
```

在使用包裝 POJO 類型的資料綁定時，前端請求的參數名稱撰寫必須符合以下兩種情況：

（1）如果查詢準則參數是包裝類別的直接基本屬性，則參數名稱直接用對應的屬性名稱。

（2）如果查詢準則是包裝類型中 POJO 的子屬性，則參數名稱必須為 [物件 . 屬性]，其中 [物件] 要和包裝 POJO 中的物件屬性名稱一致，[屬性] 要和包裝 POJO 中的物件子屬性一致。

14.4.5 綁定陣列

前面講了簡單的參數綁定，但是在實際應用中並不能極佳地滿足業務需求，比如頁面上有個清單，想做個批次的功能，這個時候就要使用陣列或集合來向背景傳遞參數。

範例程式如下：

```
@RequestMapping("/array")
@ResponseBody
public String arrayType(String[] names) {
    System.out.println(Arrays.toString(names));
    StringBuilder buffer = new StringBuilder();
    for (String str:names){
        buffer.append(str).append(",");
    }
    String result = buffer.substring(0,buffer.length() - 1).toString();
    System.out.println("========" + result);
    return "names:" + result;
}
```

引用 JSP 頁面的程式如下：

```
<li> 綁定陣列 </li>
<form action="array" method="post">
```

```
        <table>
            <tr>
                <td> 選擇 </td>
                <td> 使用者名稱 </td>
            </tr>
            <tr>
                <td><input name="names" value="Anie" type="checkbox"></td>
                <td>Anie</td>
            </tr>
            <tr>
                <td><input name="names" value="Jack" type="checkbox"></td>
                <td>Jack</td>
            </tr>
            <tr>
                <td><input name="names" value="Lucy" type="checkbox"></td>
                <td>Lucy</td>
            </tr>
        </table>
        <input type="submit" value=" 刪除 "/>
    </form>
```

@ResponseBody 屬性傳回純文字資料，頁面輸出資料請求結果。

14.4.6 綁定集合

綁定集合的方式很多，有 List、Set、Map 等，此處以 List 為例介紹，其他方式類似。先在 JSP 頁面建構 List 資料，程式如下：

```
    <li> 綁定集合 List</li>
    <form action="list" method="post">
        <table>
            <tr>
                <td> 請選擇 </td><td> 學期 </td><td> 程式 </td><td> 課程 </td><td> 學分 </td>
            </tr>
            <tr>
                <td><input type="checkbox" name="courses[0].id" value="1" /></td>
                <td><input type="text" name="courses[0].term"
value="2016-2017-1" /></td>
                <td><input type="text" name="courses[0].cno" value="1H11137" /></td>
                <td><input type="text" name="courses[0].cname"
value=" 程式設計基礎 1" /></td>
                <td><input type="text" name="courses[0].credit" value="2" /></td>
            </tr>
            <tr>
                <td><input type="checkbox" name="courses[1].id" value="2" /></td>
                <td><input type="text" name="courses[1].term"
value="2016-2017-2"></td>
                <td><input type="text" name="courses[1].cno" value="1H11145"></td>
```

```
                <td><input type="text" name="courses[1].cname"
value="程式設計基礎 2"></td>
                <td><input type="text" name="courses[1].credit" value="4"></td>
            </tr>
            <tr><td><input type="checkbox" name="courses[2].id" value="3" /></td>
                <td><input type="text" name="courses[2].term"
value="2017-2018-1"></td>
                <td><input type="text" name="courses[2].cno" value="1H10500"></td>
                <td><input type="text" name="courses[2].cname"
value="物件導向程式設計"></td>
                <td><input type="text" name="courses[2].credit" value="6"></td>
            </tr>
        </table>
        <input type="submit" value="確定"/>
    </form>
```

在 Controller 中的程式處理邏輯，程式如下：

```
@RequestMapping(value = "/list", produces = "application/json;charset=UTF-8")
@ResponseBody
public String listType(CourseList courseList) {
    Integer credit = 0;
    List<Course> courses = courseList.getCourses();
    StringBuilder sb = new StringBuilder();
    for (Course course : courses) {
        if (course.getId() != null) {
            System.out.println(course);
            sb.append(course);
            sb.append("\n");
            credit += course.getCredit();
        }
    }
    sb.append("已選擇課程總學分為：").append(credit);
    System.out.println(sb.toString());
    return sb.toString();
}
```

其中 produces = "application/json;charset=UTF-8" 是處理中文亂碼的方法。

兩個 POJO 類別的程式如下：

```
public class Course {
    private Integer id;
    private String term;
    private String cno;
    private String cname;
    private Integer credit;
}
public class CourseList {
    private List<Course> courses;
}
```

程式執行結果如圖 14.7 所示。

```
Course{id=1, term='2016-2017-1', cno='1H11137', cname='程式設計基礎1', credit=2}
Course{id=2, term='2016-2017-2', cno='1H11145', cname='程式設計基礎2', credit=4}
Course{id=3, term='2017-2018-1', cno='1H10500', cname='物件導向程式設計', credit=6}
已選擇課程總學分為 :12
```

▲ 圖 14.7 Spring MVC 綁定集合 List

14.5 JSON 資料互動和 RESTful 支援

14.5.1 JSON 資料轉互

Spring MVC 在傳遞資料時，通常需要對資料的類型和格式進行轉換。而這些資料不僅可以是常見的 String 類型，還可以是 JSON（JavaScript Object Notation，JS 物件標記）等其他類型。

JSON 是近些年一種比較流行的資料格式，它與 XML 相似，也是用來儲存資料的，相較於 XML，JSON 資料佔用的空間更小，解析速度更快。因此，使用 JSON 資料進行前背景的資料互動是一種十分常見的手段。

JSON 是一種羽量級的資料互動格式。與 XML 一樣，JSON 也是一種基於純文字的資料格式。JSON 不僅能夠傳遞 String、Number、Boolean 等簡單類型的資料，還可以傳遞陣列、Object 物件等複雜類型的資料。

為了實現瀏覽器與控制器類別之間的 JSON 資料互動，Spring MVC 提供了一個預設的 MappingJackson2HttpMessageConverter 類別來處理 JSON 格式請求和回應。透過它既可以將 Java 物件轉為 JSON 資料，也可以將 JSON 資料轉為 Java 物件。

筆者這裡以 FastJson 為例進行講解，FastJson 採用獨創的演算法將 parse 的速度提升到極致，超過了所有 JSON 函式庫。

1. 引入 JAR 套件

FastJson 是開放原始碼專案，為了支援 Spring MVC 6.0 版本，這裡 FastJson 使用了 2.0 版本，需要下載 fastjson2-2.0.12.jar 和 fastjson2-extension-2.0.12.jar。

下載好 JAR 套件之後，將它引入專案中。

2. 設定 Spring MVC 核心設定檔

在 Spring MVC 設定檔 springmvc-config.xml 中，設定 FastJson，程式如下：

```
<!-- 設定 Spring 開啟註解 MVC 的支援 -->
<mvc:annotation-driven>
    <!-- 設定 @ResponseBody 由 FastJson 解析 -->
    <mvc:message-converters register-defaults="true">
        <bean class="org.springframework.http.converter.
StringHttpMessageConverter">
            <property name="defaultCharset" value="UTF-8" />
        </bean>
        <bean class="com.alibaba.fastjson2.support.spring.http.converter.
FastJsonHttpMessageConverter">
            <property name="supportedMediaTypes">
                <list>
                    <value>text/html;charset=UTF-8 </value>
                    <value>application/json</value>
                </list>
            </property>
        </bean>
    </mvc:message-converters>
</mvc:annotation-driven>
```

上面設定的 FastJsonHttpMessageConverter 實現了 JSON 和 Java 物件的轉換，設定 Charset 是為了解決中文亂碼。

3. 建立 Java 物件

筆者這裡沿用了上面範例中的 User 物件，增加預設建構元和附帶參數數的建構元。

4. 建立 Controller 控制器

建立 JsonController，增加 testJson() 方法，程式如下：

```
@RequestMapping("/testJson")
@ResponseBody
public User testJson() {
    return new User("張三","zhangsan");
}
```

控制器類別中 testJson() 方法中的 @RequestBody 註解用於直接傳回 User 物件（當傳回 POJO 物件時，預設轉為 JSON 格式的資料進行回應）。

透過上述 4 步，Spring MVC 完成了 JSON 資料的互動，並能直接實現 Java 物件和 JSON 資料轉換，方便資料傳輸互動。

14.5.2 RESTful 的支援

REST 實際上是 Representational State Transfer 的縮寫，翻譯成中文就是表述性狀態轉移。

RESTful（REST 風格）是一種當前比較流行的網際網路軟體架構模式，它充分並正確地利用 HTTP 的特性，規定了一套統一的資源獲取方式，以實現不同終端之間（用戶端與服務端）的資料存取與互動。

一個滿足 RESTful 的程式或設計應該滿足以下條件和約束：

（1）對請求的 URL 進行規範，在 URL 中不會出現動詞（都是使用名詞），而使用動詞都是以 HTTP 請求方式來表示的。

（2）充分利用 HTTP 方法，HTTP 方法名稱包括 GET、POST、PUT、PATCH、DELETE。

前面學習的都是以傳統方式操作資源，對比傳統方式和 RESTful 方式，區別如下。

1. 傳統方式操作資源

透過不同的參數來實現不同的效果，方法單一，例如使用 POST 和 GET 請求。

- http://localhost:8080/item/queryItem.action?id=1：查詢（對應 GET 請求）。
- http://localhost:8080/item/saveItem.action：新增（對應 POST 請求）。
- http://localhost:8080/item/queryItem.action?id=1：更新（對應 POST 請求）。
- http://localhost:8080/item/deleteItem.action?id=1：刪除（對應 POST 或 GET 請求）。

2. 使用 RESTful 操作資源

可以透過不同的請求方式來實現不同的效果，如下所示，請求位址一樣，但功能可以不同。

- http://localhost:8080/item/1：查詢（對應 GET 請求）。
- http://localhost:8080/item：新增（對應 POST 請求）。
- http://localhost:8080/item：更新（對應 PUT 請求）。
- http://localhost:8080/item/1：刪除（對應 DELETE 請求）。

傳統方式 Controller 範例程式如下：

```
    @RequestMapping("/addNor")
    public String addNor(int a, int b, Model model) {
        int result = a + b;
        // 封裝資料： 向模型中增加屬性 msg 及其值，進行檢視著色
        model.addAttribute("msg","addNor 加法運算結果：" + a + "+" + b + "=" +
result);
        // 傳回檢視邏輯名稱，交由檢視解析器進行處理
        return "restful";
    }
```

RESTful 方式 Controller 範例程式如下：

```
    /**
     * 使用 RESTful 風格進行存取
     * 使用 @RequestMapping 註解，設定請求映射的存取路徑
     * 其真實存取路徑為 http://localhost:8080/xxxx/add/a/b
     * 而使用預設方式的存取路徑為 http://localhost:8080/xxxx/add?a=1&b=2
     */
    @RequestMapping("/add/{a}/{b}")
    // 使用 @PathVariable 註解，讓方法參數的值對應綁定到一個 URL 範本變數上
    public String add(@PathVariable int a, @PathVariable int b, Model model) {
        int result = a + b;
        // 封裝資料： 向模型中增加屬性 msg 與其值，進行檢視著色
        model.addAttribute("msg","add 加法運算結果：" + a + "+" + b + "=" + result);
        // 傳回檢視邏輯名稱，交由檢視解析器進行處理
        return "restful";
    }
```

請求存取 URL 格式的區別：

```
<h3>Spring MVC 對 RESTful 的支援</h3>
<li><a href="addNor?a=2&b=3">傳統風格 add</a></li>
<li><a href="add/2/3">RESTful 風格 add</a></li>
```

RESTful 使用了路徑變數，其好處如下：

（1）使路徑變得更加簡潔。

（2）獲得參數更加方便，框架會自動進行類型轉換。

（3）透過路徑變數的類型可以約束存取參數，如果類型不一樣，則存取不到對應的請求方法。

14.6 攔截器

Spring MVC 的攔截器（Interceptor）可以對使用者請求進行攔截，並在請求進入控制器（Controller）之前、控制器處理完請求後甚至是著色檢視後執行一些指定

的操作。

在 Spring MVC 中，攔截器的作用與 Servlet 中的篩檢程式類似，它主要用於攔截使用者請求並進行相應的處理，例如透過攔截器可以執行許可權驗證、記錄請求資訊日誌、判斷使用者是否已登入等操作。

Spring MVC 攔截器使用的是可抽換式設計，如果需要某個攔截器，只需在設定檔中啟用該攔截器即可；如果不需要這個攔截器，則只要在設定檔中取消應用該攔截器即可。

14.6.1 攔截器的定義

在 Spring MVC 中，要使用攔截器，就需要對攔截器類別進行定義和設定，通常攔截器類別可以透過兩種方式來定義：一種是透過實現 HandleInterceptor 介面，或繼承 HandleInterceptor 介面的實現類別 HandleInterceptorAdapter 來定義。

其程式如下：

```
public class MyHandlerInterceptor implements HandlerInterceptor {
    @Override
    public boolean preHandle(HttpServletRequest request, HttpServletResponse
response, Object handler) throws Exception {
        System.out.println("=======MyHandlerInterceptor.preHandle =======");
        return true;
    }
    @Override
    public void postHandle(HttpServletRequest request, HttpServletResponse
response, Object handler, ModelAndView modelAndView) throws Exception {
        System.out.println("=======MyHandlerInterceptor.postHandle =======");
    }
    @Override
    public void afterCompletion(HttpServletRequest request,
HttpServletResponse response, Object handler, Exception ex) throws Exception {
        System.out.println("====MyHandlerInterceptor.afterCompletion ====");
    }
}
```

透過實現 WebRequestInterceptor 介面，或繼承 WebRequestInterceptor 介面的實現類別來定義。

其程式如下：

```
public class MyWebRequestInterceptor implements WebRequestInterceptor {
    @Override
    public void preHandle(WebRequest request) throws Exception {
```

```
            System.out.println("======MyWebRequestInterceptor.preHandle ======");
        }
        @Override
        public void postHandle(WebRequest request, ModelMap model) throws Exception {
            System.out.println("=====MyWebRequestInterceptor.postHandle =====");
        }
        @Override
        public void afterCompletion(WebRequest request, Exception ex) throws
Exception {
            System.out.println("====MyWebRequestInterceptor.afterCompletion====");
        }
    }
```

從以上程式可以看出，自訂的攔截器實現了介面中的 3 個方法。

1. preHandle() 方法

該方法會在控制器方法前執行，其傳回值表示是否中斷後續操作。當傳回值為 true 時，表示繼續向下執行；當傳回值為 false 時，會中斷後續的所有操作（包括呼叫下一個攔截器和執行控制器類別中的方法等）。

2. postHandle() 方法

該方法會在控制器方法呼叫之後，解析檢視之前執行。可以透過該方法對請求域中的模型和檢視做出進一步的修改。

3. afterCompletion() 方法

該方法會在整個請求完成（即檢視著色結束）之後執行。可以透過該方法實現資源清理、記錄日誌資訊等工作。

14.6.2 攔截器的設定

在定義完攔截器後，還需要在 Spring MVC 的設定檔中使用 <mvc:interceptors> 標籤及其子標籤對攔截器進行設定，這樣這個攔截器才會生效。

1. 透過 <bean> 子標籤設定全域攔截器

可以在 Spring MVC 的設定檔中，透過 <mvc:interceptors> 標籤及其子標籤 <bean> 將自訂的攔截器設定成一個全域攔截器。該攔截器會對專案內所有的請求進行攔截。

其程式如下：

```
<!-- 設定攔截器 -->
<mvc:interceptors>
    <!-- 使用 bean 直接定義在 <mvc:interceptors> 下面的 Interceptor 將攔截所有請求 -->
    <bean class="com.vincent.javaweb.interceptor.MyHandlerInterceptor" />
</mvc:interceptors>
```

2. 透過 <ref> 子標籤設定全域攔截器

除了 <bean> 標籤外，還可以在 <mvc:interceptors> 標籤中透過子標籤 <ref> 定義一個全域攔截器引用，對所有的請求進行攔截。

其程式如下：

```
<bean id="interceptor2" class="com.vincent.javaweb.interceptor.
MyHandlerInterceptor2" />
<!-- 設定攔截器 -->
<mvc:interceptors>
    <!-- 透過 ref 設定全域攔截器 -->
    <ref bean="interceptor2"></ref>
</mvc:interceptors>
```

<mvc:interceptors> 標籤的 <ref> 子標籤不能單獨使用，它需要與 <bean> 標籤（<mvc:interceptors> 標籤內或 <mvc:interceptors> 標籤外）或 @Component 等註解配合使用，以保證 <ref> 標籤設定的攔截器是 Spring IOC 容器中的元件。

3. 透過 <mvc:interceptor> 子標籤對攔截路徑進行設定

Spring MVC 的設定檔中還可以透過 <mvc:interceptors> 的子標籤 <mvc:interceptor> 對攔截器攔截的請求路徑進行設定。

其程式如下：

```
<!-- 設定攔截器 -->
<mvc:interceptors>
    <mvc:interceptor>
        <!-- 設定攔截器作用的路徑，/** 表示攔截所有路徑 -->
        <mvc:mapping path="/**"/>
        <!-- 設定不需要攔截器作用的路徑，/admin 表示放行所有以 /admin 結尾的路徑 -->
        <mvc:exclude-mapping path="/login"/>
        <!-- 定義在<mvc:interceptor>下面的 Interceptor，表示對匹配路徑的請求進行攔截 -->
        <bean class="com.vincent.javaweb.interceptor.MyWebRequestInterceptor"/>
    </mvc:interceptor>
</mvc:interceptors>
```

需要注意的是，在 <mvc:interceptor> 中，子元素必須按照上述程式的設定順序進行撰寫，即以 <mvc:mapping> → <mvc:exclude-mapping> → <bean> 的順序，否則就會顯示出錯。其次，以上這 3 種設定攔截器的方式，可以根據自身的需求以任意的組合方式進行設定，以實現在 <mvc:interceptors> 標籤中定義多個攔截器的目的。

14.6.3 攔截器的執行流程

在執行程式時，攔截器的執行有一定的順序，該順序與設定檔中所定義的攔截器的順序是相關的。攔截器的執行順序有兩種情況，即單一攔截器和多個攔截器的情況，單一攔截器和多個攔截器的執行順序是不一樣的，略有差別。

1. 單一攔截器的執行流程

當只定義了一個攔截器時，它的執行流程如圖 14.8 所示。

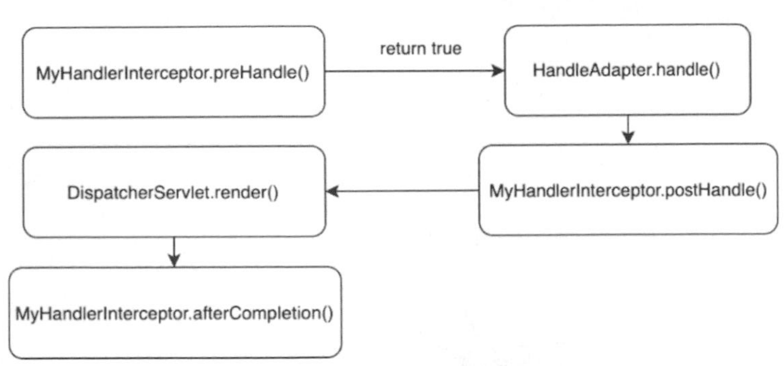

▲ 圖 14.8 Spring MVC 單一攔截器的執行流程

單一攔截器的執行流程說明如下：

（1）當請求的路徑與攔截器攔截的路徑相匹配時，程式會先執行攔截器類別（MyInterceptor）的 preHandle () 方法。若該方法傳回值為 true，則繼續向下執行 Controller（控制器）中的方法，否則將不再向下執行。

（2）控制器方法對請求進行處理。

（3）呼叫攔截器的 postHandle() 方法，對請求域中的模型（Model）資料和檢視做出進一步的修改。

（4）透過 DispatcherServlet 的 render() 方法對檢視進行著色。

（5）呼叫攔截器的 afterCompletion() 方法完成資源清理、日誌記錄等工作。

2. 多個攔截器的執行流程

在大型的企業級專案中，通常都不會只有一個攔截器，開發人員可能會定義許多不同的攔截器來實現不同的功能。在程式執行期間，攔截器的執行有一定的順序，該順序與攔截器在設定檔中定義的順序有關。

假設一個專案中包含兩個不同的攔截器：Interceptor1 和 Interceptor2，它們在設定檔中定義的順序為 Interceptor1 → Interceptor2。下面透過一個攔截器流程圖來描述多個攔截器的執行流程，如圖 14.9 所示。

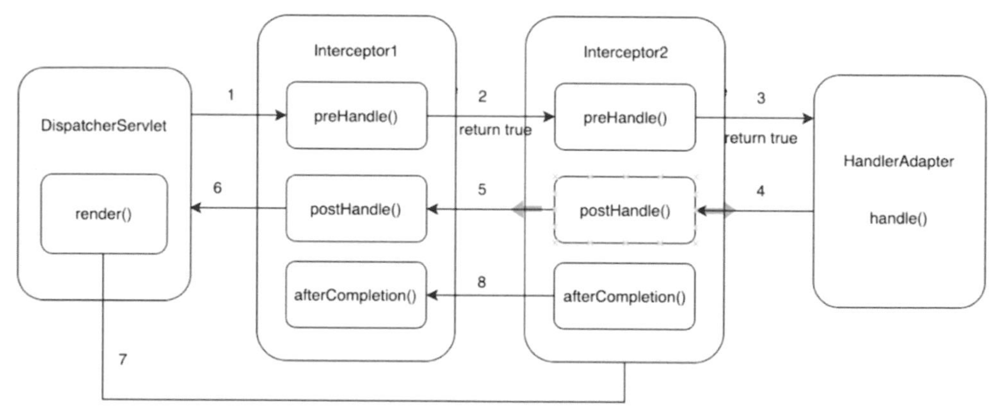

▲ 圖 14.9 Spring MVC 多個攔截器的執行流程

從上面的執行流程圖可以看出，當存在多個攔截器同時工作時，它們的 preHandle() 方法會按照攔截器在設定檔中的設定循序執行，但它們的 postHandle() 和 afterCompletion() 方法則會按照設定順序的反序執行。

如果其中有攔截器的 preHandle() 方法傳回 false，各攔截器方法的執行情況如下：

（1）第一個 preHandle() 方法傳回 false 的攔截器以及它之前的攔截器的 preHandle() 方法都會執行。

（2）所有攔截器的 postHandle() 方法都不會執行。

（3）第一個 preHandle() 方法傳回 false 的攔截器之前的攔截器的 afterCompletion() 方法都會執行。

14.7 實戰——使用者登入許可權驗證

本節透過 Spring MVC 攔截器（Interceptor）來實現一個使用者登入許可權驗證的案例。

在本案例中，只有登入後的使用者才能存取系統主頁，若沒有登入直接存取主頁，則攔截器會將請求攔截並跳躍到登入頁面，同時在登入頁面中列出提示訊息。若使用者登入時，使用者名稱或密碼錯誤，則登入頁會顯示相應的提示訊息。已登入的使用者在系統主頁按一下「退出登入」時，會跳躍到登入頁面，流程圖如圖 14.10 所示。

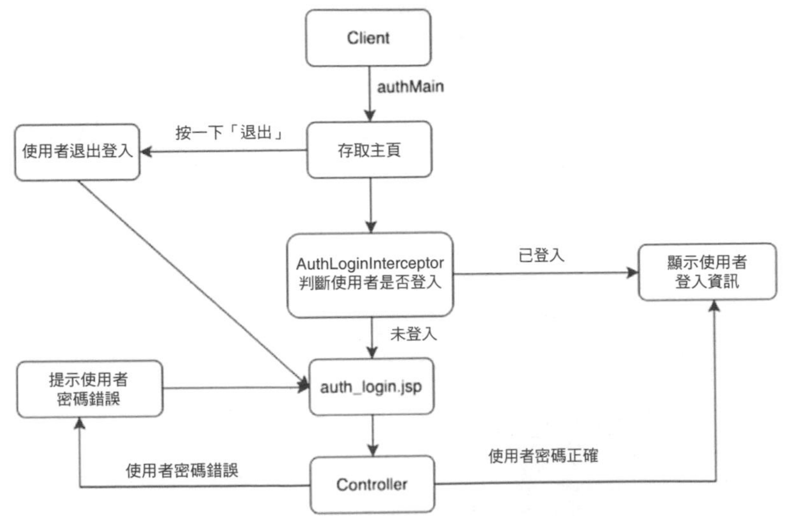

▲ 圖 14.10 Spring MVC 使用者登入許可權驗證的執行流程

具體實現使用者登入許可權驗證的步驟如下：

(1) 建立專案並設定 web.xml，本例沿用上一節的專案。

(2) 建立使用者登入實體物件 User，程式如下：

```
package com.vincent.javaweb.entity;

public class User {
    private Integer id;
    private String username;
    private String password;
    private UserInfo userInfo;
    // 省略 setter/getter 方法
    @Override
```

```
    public String toString() {
        return "User{" +
                "id=" + id +
                ", username='" + username + '\'' +
                ", password='" + password + '\'' +
                '}';
    }
}
```

（3）建立一個名為 AuthLoginInterceptor 的自訂登入攔截器類別，程式如下：

```
public class AuthLoginInterceptor implements HandlerInterceptor {
    @Override
    public boolean preHandle(HttpServletRequest request, HttpServletResponse
response, Object handler) throws Exception {
        User loginUser = (User) request.getSession().getAttribute("loginUser");
        if (loginUser == null) {
            // 未登入，傳回登入頁
            request.setAttribute("msg", " 您沒有許可權進行此操作，請先登入！ ");
            request.getRequestDispatcher("/authToLogin").forward(request,
response);
            return false;
        }
        //System.out.println(loginUser.getUsername());
        return true;
    }
}
```

此處攔截使用者是否登入，從 session 獲取登入使用者的資訊，如果已經登入，則繼續執行，否則跳躍到登入頁面（跳躍登入頁面不攔截）。

（4）在 springmvc-config.xml 設定檔中設定攔截器，主要程式如下：

```
<!-- view-name：設定請求位址所對應的檢視名稱 -->
<mvc:view-controller path="/authMain" view-name="auth_main"></mvc:view-controller>

<!-- 設定攔截器 -->
<mvc:interceptors>
    <mvc:interceptor>
        <!-- 設定攔截器攔截的請求路徑 -->
        <mvc:mapping path="/**"/>
        <!-- 設定攔截器不需要攔截的請求路徑 -->
        <mvc:exclude-mapping path="/authToLogin"/>
        <mvc:exclude-mapping path="/authLogin" />
        <!-- 定義在 <mvc:interceptors> 下，表示攔截器只對指定路徑的請求進行攔截 -->
        <bean class="com.vincent.javaweb.interceptor.AuthLoginInterceptor"></bean>
    </mvc:interceptor>
</mvc:interceptors>
```

設定項中的 view-controller 用於設定 action 對應的 JSP 頁面。攔截器設定不攔截登入頁面。

（5）接下來建立 Controller 類別，程式如下：

```
@Controller
public class LoginController {
    @RequestMapping("authToLogin")
    public String authToLogin() {
        return "auth_login";
    }
    @RequestMapping("/authLogin")
    public String login(HttpServletRequest request, User user) {
        System.out.println("controller:" + user);
        // 驗證使用者名稱和密碼
        if (user != null && "admin".equals(user.getPassword())
                && "admin".equals(user.getUsername())) {
            HttpSession session = request.getSession();
            // 將使用者資訊放到 session 域中
            session.setAttribute("loginUser", user);
            return "redirect:/authMain";
        }
        // 提示使用者名稱或密碼錯誤
        request.setAttribute("msg", " 使用者名稱或密碼錯誤 ");
        return "auth_login";
    }
    @RequestMapping("/authLogout")
    public String logout(User user, HttpServletRequest request) {
        //session 失效
        request.getSession().invalidate();
        return "auth_login";
    }
}
```

（6）建立登入頁面，筆者登入頁面入口在 index.jsp，程式如下：

```
<h3><a href="authToLogin">Spring MVC 登入許可權驗證 </a></h3>
<li><a href="authMain"> 存取主頁 </a></li>
```

（7）由 LoginController 可知，authToLogin 跳躍到 auth_login.jsp，auth_login.jsp 程式如下：

```
<form action="authLogin" method="post">
    <table style="margin: auto">
        <tr>
            <td c:if="${not empty(msg)}" colspan="2"style="align-content:center">
                <p style="color: red;margin: auto">${msg}</p>
            </td>
```

```
            </tr>
            <tr>
                <td> 使用者名稱：</td>
                <td><input type="text" name="username" required><br></td>
            </tr>
            <tr>
                <td> 密碼：</td>
                <td><input type="password" name="password" required><br></td>
            </tr>
            <tr>
                <td colspan="2" style="align-content: center">
                    <input type="submit" value=" 登入 ">
                    <input type="reset" value=" 重置 ">
                </td>
            </tr>
        </table>
    </form>
```

（8）由 Controller 的 login() 方法可知，只有使用者名稱和密碼都是 admin，才能登入成功，登入成功之後跳躍到 authMain() 方法，在 springmvc-config.xml 中設定，然後 authMain() 方法跳躍到對應 auth_main.jsp。

（9）在 pages 目錄下建立 auth_main.jsp，程式如下：

```
<body>
    <h1> 歡迎您：${ sessionScope.loginUser.getUsername() }</h1>
    <a href="authLogout"> 退出登入 </a>
</body>
```

（10）部署專案，啟動 Tomcat，執行專案。

（11）跳躍到登入頁面，如圖 14.11 所示。

▲ 圖 14.11 Spring MVC 使用者登入許可權驗證：登入頁面

（12）使用者名稱和密碼都輸入 admin，登入成功，如圖 14.12 所示。

▲ 圖 14.12 Spring MVC 使用者登入許可權驗證：登入成功

直接存取主頁，提示需要登入，如圖 14.13 所示。

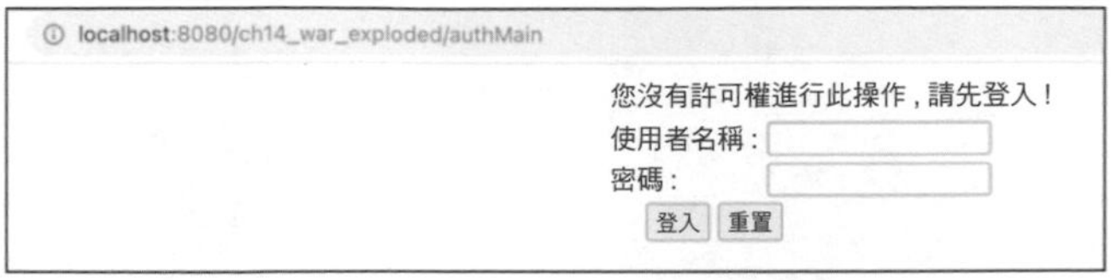

▲ 圖 14.13 Spring MVC 使用者登入許可權驗證：登入異常頁面

同時還有登入錯誤和退出登入，讀者可以自行測試。

14.8 實作與練習

1. 結合 Spring MVC 入門案例步驟，重構 Servlet 登入的案例，改為 Spring MVC 和 MyBatis 實現使用者註冊、登入功能。
2. 結合 Spring MVC 建構一個圖書書城，書城顯示圖書的基本資訊和圖書分類資訊，按一下進入可以查看資料詳細資訊。
3. 在未登入狀態可以查看書城的資訊，書城有增、刪、改、查功能，但使用增、刪、改、查功能需要登入（此處需要用到攔截器）。
4. 增加書籍收藏功能，並展示使用者收藏的書籍列表。

第 15 章 Maven 入門

在進入 SSM 整合之前，筆者先簡單介紹一下 Maven，Maven 是一種快速建構專案的小工具，它可以解決專案中手動匯入套件造成的版本不一致、找套件困難等問題，同時透過 Maven 建立的專案都有固定的目錄格式，使得約定優於設定，透過固定的目錄格式快速掌握專案。

15.1 Maven 的目錄結構

首先選擇要使用的 Maven 版本，筆者這裡選擇 apache-maven-3.8.6-bin.zip，下載並解壓縮，得到目錄 apache-maven-3.8.6，進入該目錄，目錄結構如圖 15.1 所示。

名稱	日期
bin	2022年6月6日 16:16
boot	2022年6月6日 16:16
conf	2022年6月6日 16:16
lib	2022年6月6日 16:16
LICENSE	2022年6月6日 16:16
NOTICE	2022年6月6日 16:16
README.txt	2022年6月6日 16:16

▲ 圖 15.1 Maven 的目錄結構

Maven 的目錄結構說明如下：

- bin 存放的是 Maven 的啟動檔案，包括兩種：一種是直接啟動，另一種是透過 Debug 模式啟動，它們之間就差一行指令而已。
- boot 存放的是一個類別載入器框架，它不相依於 Eclipse 的類別載入器。
- conf 主要存放的是全域設定檔 setting.xml，透過它進行設定（所有倉庫都擁有的設定）的時候，倉庫自身也擁有 setting.xml，這個為私有設定，一般推薦使用私有設定，因為全域設定存放於 Maven 的安裝目錄中，當進行 Maven 升級時，要進行重新設定。

- lib 存放的是 Maven 執行需要的各種 JAR 套件。
- LICENSE 是 Maven 的軟體使用許可憑證。
- NOTICE 是 Maven 包含的第三方軟體。
- README.txt 是 Maven 的簡單介紹以及安裝說明。

15.2 IDEA 設定 Maven

打開 IDEA，進入主介面後按一下 File，然後按一下 settings，搜索 Maven，如圖 15.2 所示。

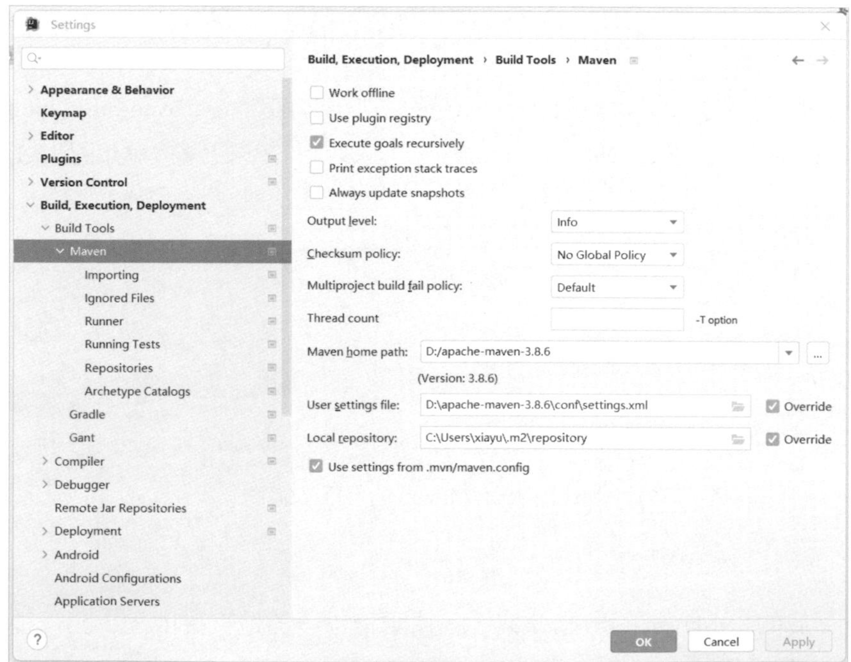

▲ 圖 15.2 IDEA 設定 Maven

設定框內的路徑（該路徑為下載Maven的路徑），Local respository 會自動解析，當前預設不變。

15.3 IDEA 建立 Maven 專案

依次打開 IDEA → New Module，如圖 15.3 所示，輸入資訊，Build system 選擇 Maven，在 GroupId 中輸入套件名稱，在 ArtifactId 中輸入專案名稱。

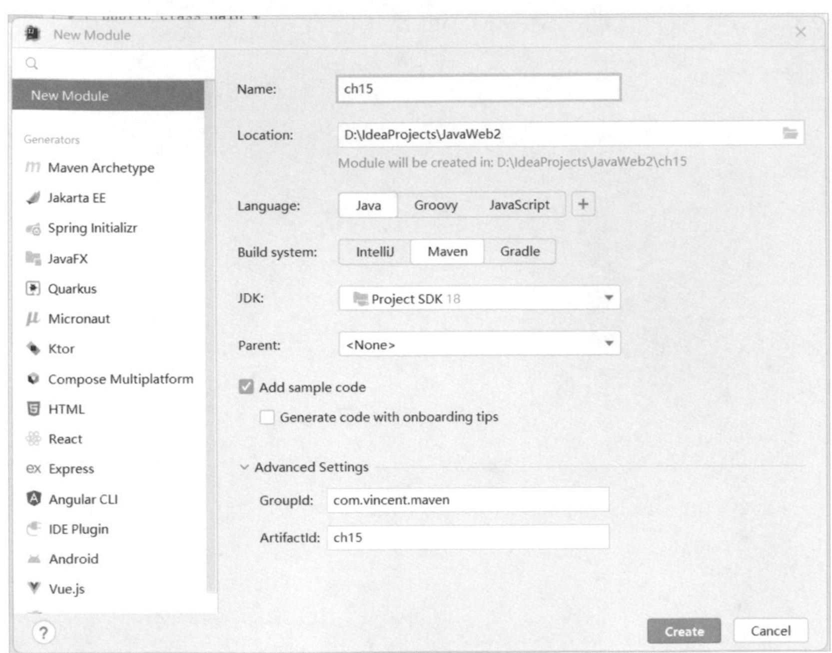

▲ 圖 15.3 IDEA 建立 Maven 專案

建立完 Maven 專案之後，我們會發現缺少很多 Web 專案相關的目錄，在 src/main 目錄下建立 resources 和 java 目錄，增加 Web 支援。

專案結構如圖 15.4 所示。

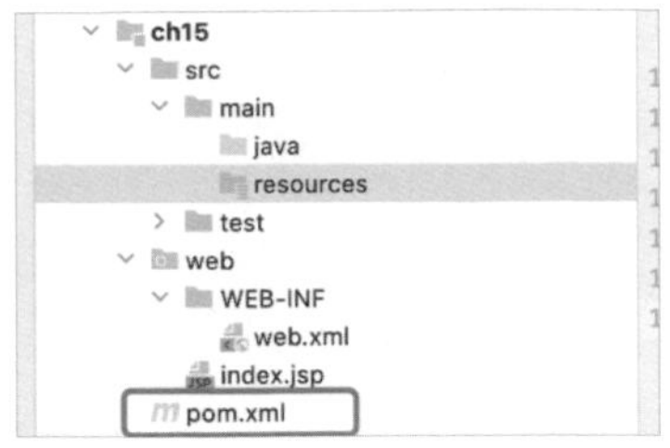

▲ 圖 15.4 基於 Maven 的 Web 專案結構

15.4 實作與練習

1. 下載 Maven，並熟悉 Maven 的常用命令。
2. 學習並設定好 IDEA 環境下的 Maven。
3. 建立 Maven 專案並管理，學習 Maven 使用的優勢。

第 16 章 SSM 框架整合開發

SSM 框架即將 Spring MVC 框架、Spring 框架、MyBatis 框架整合使用，以簡化在 Web 開發中煩瑣、重複的操作，讓開發人員的精力專注於業務處理開發。

1. Spring MVC 框架

Spring MVC 框架位於 Controller 層，主要用於接收使用者發起的請求，在接收請求後可進行一定處理（如透過攔截器的資訊驗證處理）。透過處理後，Spring MVC 會根據請求的路徑將請求分發到對應的 Controller 類別中的處理方法。處理方法再呼叫 Service 層的業務處理邏輯。

2. Spring 框架

Spring 框架在 SSM 中充當黏合劑的作用，利用其物件託管的特性將 Spring MVC、MyBatis 兩個獨立的框架有機地結合起來。 Spring 可將 Spring MVC 中的 Controller 類別和 MyBatis 中的 SqlSession 類別進行託管，簡化了人工管理過程。Spring 除了能對 Spring MVC 和 MyBatis 的核心類別進行管理外，還可以對主要的業務處理的類別進行管理。

3. MyBatis 框架

MyBatis 框架應用於對資料庫的操作，其主要功能類別 SqlSession 可對資料庫進行具體操作。

16.1 SSM 三大框架整合基礎

16.1.1 資料準備

在專案中，資料庫設計是第一步，本範例中依舊使用 test 函式庫，先在 test 函式庫中建立資料表，並插入資料，程式如下：

```
use test;
create table t_student (
    id integer not null primary key auto_increment
    ,username varchar(32)
    ,password varchar(32)
    ,email varchar(32)
    ,mobile varchar(16)
    ,addr varchar(128)
    ,age integer
);
insert into t_student(username,password,email,mobile,addr,age)
values ('wang','wang','wang@163.com','187','zhejiang',18);
insert into t_student(username,password,email,mobile,addr,age)
values ('zhou','zhou','zhou@163.com','187','zhejiang',28);
insert into t_student(username,password,email,mobile,addr,age)
values ('wu','wu','wu@163.com','187','zhejiang',8);
insert into t_student(username,password,email,mobile,addr,age)
values ('zheng','zheng','zheng@163.com','187','zhejiang',88);
```

準備好資料表和資料之後，接下來就是建立基本框架。

16.1.2 建立專案

要建立基於 Maven 的 Module 專案，依次按一下 New → Module，在左側選擇 Maven Archetype，在右側 Name 中輸入 Module 名稱，在 JDK 列表中選擇 Project SDK 1.8，底部 GroupId 為套件名稱，ArtifactId 為專案名稱，如圖 16.1 所示。

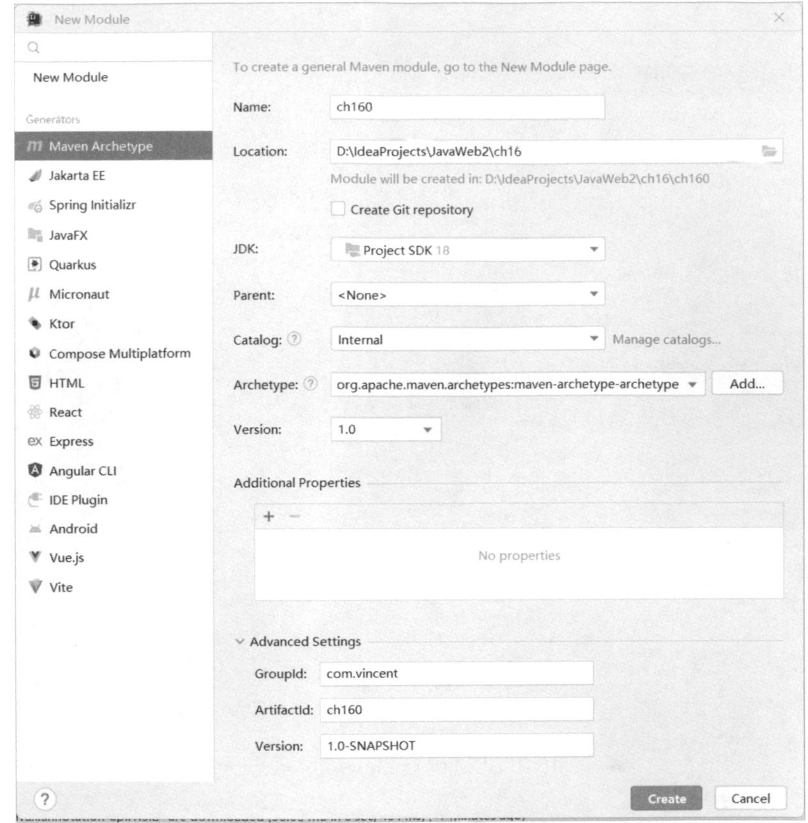

▲ 圖 16.1 SSM 建立 Maven 專案方式 1

當然，還有另一種建立方式，如圖 16.2 所示。

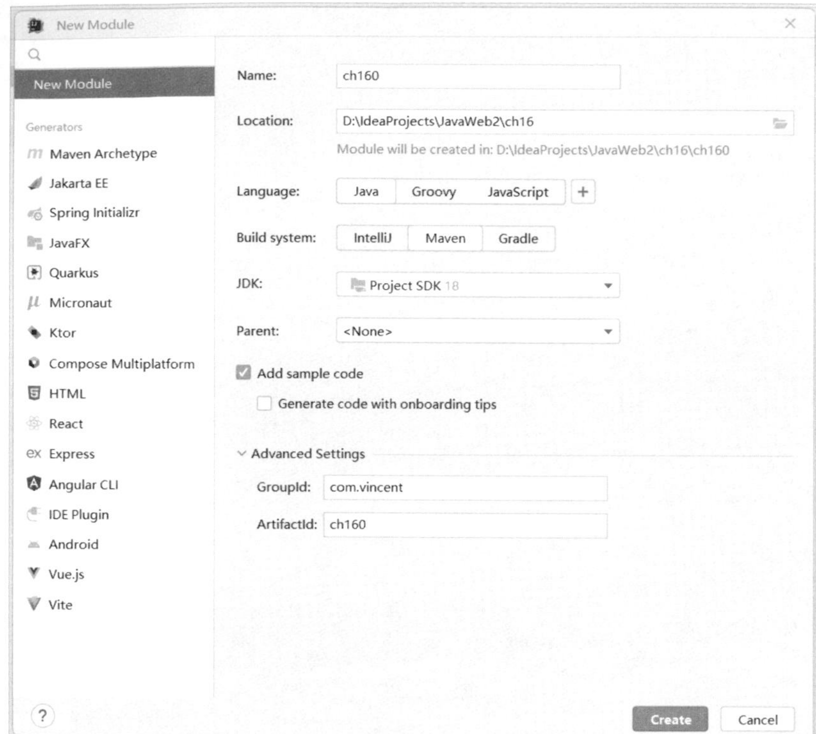

▲ 圖 16.2 SSM 建立 Maven 專案方式 2

16.1.3 增加 Maven 相依函式庫

由於筆者使用 Maven 管理專案，故需要在 pom.xml 檔案中增加相依函式庫，程式如下：

```
<properties>
  <project.build.sourceEncoding>UTF-8</project.build.sourceEncoding>
  <maven.compiler.source>8</maven.compiler.source>
  <maven.compiler.target>8</maven.compiler.target>
  <!-- 版本可以自己選擇 -->
  <!--<spring.version>6.0.0-M5</spring.version>-->
  <spring.version>5.3.23</spring.version>
</properties>
<dependencies>
  <dependency>
    <groupId>junit</groupId>
    <artifactId>junit</artifactId>
    <version>4.13.2</version>
  </dependency>
```

```
<dependency>
  <groupId>commons-logging</groupId>
  <artifactId>commons-logging</artifactId>
  <version>1.2</version>
</dependency>
<dependency>
  <groupId>org.aspectj</groupId>
  <artifactId>aspectjweaver</artifactId>
  <version>1.9.9.1</version>
  <scope>runtime</scope>
</dependency>
<!-- 增加 MySQL 驅動程式套件 -->
<dependency>
  <groupId>mysql</groupId>
  <artifactId>mysql-connector-java</artifactId>
  <version>8.0.30</version>
</dependency>
<!-- 增加資料庫連接池的 druid-->
<dependency>
  <groupId>com.alibaba</groupId>
  <artifactId>druid</artifactId>
  <version>1.2.13-SNSAPSHOT</version>
</dependency>
<!-- https://mvnrepository.com/artifact/org.springframework/spring-core -->
<dependency>
  <groupId>org.springframework</groupId>
  <artifactId>spring-webmvc</artifactId>
  <version>${spring.version}</version>
</dependency>
<dependency>
  <groupId>org.springframework</groupId>
  <artifactId>spring-web</artifactId>
  <version>${spring.version}</version>
</dependency>
<dependency>
  <groupId>org.springframework</groupId>
  <artifactId>spring-aop</artifactId>
  <version>${spring.version}</version>
</dependency>
<dependency>
  <groupId>org.springframework</groupId>
  <artifactId>spring-beans</artifactId>
  <version>${spring.version}</version>
</dependency>
<dependency>
  <groupId>org.springframework</groupId>
  <artifactId>spring-core</artifactId>
  <version>${spring.version}</version>
</dependency>
```

```
<!-- 增加 Spring 的核心套件 -->
<dependency>
  <groupId>org.springframework</groupId>
  <artifactId>spring-context</artifactId>
  <version>${spring.version}</version>
</dependency>
<!-- 增加 Spring 的核心套件 -->
<dependency>
  <groupId>org.springframework</groupId>
  <artifactId>spring-jdbc</artifactId>
  <version>${spring.version}</version>
</dependency>
<dependency>
  <groupId>org.springframework</groupId>
  <artifactId>spring-aspects</artifactId>
  <version>${spring.version}</version>
</dependency>
<dependency>
  <groupId>org.springframework</groupId>
  <artifactId>spring-expression</artifactId>
  <version>${spring.version}</version>
</dependency>
<dependency>
  <groupId>org.springframework</groupId>
  <artifactId>spring-tx</artifactId>
  <version>${spring.version}</version>
</dependency>
<!-- 增加 MyBatis 的相依套件 -->
<dependency>
  <groupId>org.mybatis</groupId>
  <artifactId>mybatis</artifactId>
  <version>3.5.10</version>
</dependency>
<!-- 增加 MyBatis 和 Spring 的整合套件 -->
<dependency>
  <groupId>org.mybatis</groupId>
  <artifactId>mybatis-spring</artifactId>
  <version>2.0.7</version>
</dependency>
<!-- @Resource 註解相依的 JAR 套件 -->
<dependency>
  <groupId>javax.annotation</groupId>
  <artifactId>javax.annotation-api</artifactId>
  <version>1.3.2</version>
</dependency>
<!-- 增加 Servlet-->
<!-- https://mvnrepository.com/artifact/javax.servlet/javax.servlet-api -->
<dependency>
  <groupId>javax.servlet</groupId>
```

```
      <artifactId>javax.servlet-api</artifactId>
      <version>4.0.1</version>
      <scope>provided</scope>
    </dependency>
    <!-- https://mvnrepository.com/artifact/javax.servlet.jsp/javax.servlet.jsp-api -->
    <dependency>
      <groupId>javax.servlet.jsp</groupId>
      <artifactId>javax.servlet.jsp-api</artifactId>
      <version>2.3.3</version>
      <scope>provided</scope>
    </dependency>
    <!-- https://mvnrepository.com/artifact/javax.servlet/jstl -->
    <dependency>
      <groupId>javax.servlet</groupId>
      <artifactId>jstl</artifactId>
      <version>1.2</version>
    </dependency>
    <!-- https://mvnrepository.com/artifact/taglibs/standard -->
    <dependency>
      <groupId>taglibs</groupId>
      <artifactId>standard</artifactId>
      <version>1.1.2</version>
    </dependency>
  </dependencies>
```

pom.xml 檔案相依增加好之後，接下來編譯下載相關的套件，具體設定和操作見第 15 章。當然，讀者也可以不使用 Maven，依然採用之前引入 lib 的方式，使用到的 lib 函式庫清單如下：

```
aspectjweaver-1.9.9.1.jar
commons-logging-1.2.jar
druid-1.2.13-SNSAPSHOT.jar
javax.annotation-api-1.3.2.jar
jstl-1.2.jar
mybatis-3.5.10.jar
mybatis-spring-2.0.7.jar
mysql-connector-java-8.0.30.jar
protobuf-java-3.19.4.jar
spring-aop-5.3.23.jar
spring-aspects-5.3.23.jar
spring-beans-5.3.23.jar
spring-context-5.3.23.jar
spring-core-5.3.23.jar
spring-expression-5.3.23.jar
spring-jcl-5.3.23.jar
spring-jdbc-5.3.23.jar
spring-tx-5.3.23.jar
spring-web-5.3.23.jar
```

```
spring-webmvc-5.3.23.jar
standard-1.1.2.jar
```

16.1.4 建立目錄結構

建立相關的套件和設定檔，目錄結構如圖 16.3 所示。

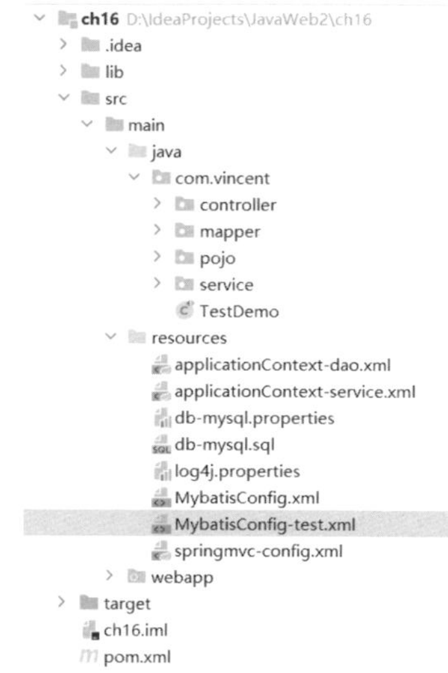

▲ 圖 16.3 SSM 整合目錄結構

16.1.5 設定 web.xml

在 web.xml 中設定 Spring 和 Spring MVC 相關的設定檔：

```
<?xml version="1.0" encoding="UTF-8"?>
<web-app xmlns="http://xmlns.jcp.org/xml/ns/javaee"
         xmlns:xsi="http://www.w3.org/2001/XMLSchema-instance"
         xsi:schemaLocation="http://xmlns.jcp.org/xml/ns/javaee
http://xmlns.jcp.org/xml/ns/javaee/web-app_4_0.xsd"
         version="4.0">
  <!--1. 載入 Spring 容器 -->
  <!-- 載入設定檔 -->
  <context-param>
      <param-name>contextConfigLocation</param-name>
      <!--Spring 設定檔的位置 -->
      <param-value>classpath:applicationContext-*.xml</param-value>
  </context-param>
  <!-- 在啟動專案時就載入容器 -->
```

```
    <listener>
        <listener-class>org.springframework.web.context.ContextLoaderListener
</listener-class>
    </listener>
    <!-- 註冊前端控制器 -->
    <servlet>
      <servlet-name>springmvc</servlet-name>
      <servlet-class>org.springframework.web.servlet.DispatcherServlet
</servlet-class>
      <!-- 初始化 Spring MVC 容器檔案 -->
      <init-param>
        <param-name>contextConfigLocation</param-name>
        <param-value>classpath:springmvc-config.xml</param-value>
      </init-param>
    </servlet>
    <servlet-mapping>
      <servlet-name>springmvc</servlet-name>
      <url-pattern>/</url-pattern>
    </servlet-mapping>
    <!-- 設定一個 post 提交的中文亂碼的篩檢程式 -->
    <filter>
      <filter-name>characterEncodingFilter</filter-name>
      <filter-class>org.springframework.web.filter.CharacterEncodingFilter
</filter-class>
      <!-- 初始化專案中使用的字元編碼 -->
      <init-param>
        <param-name>encoding</param-name>
        <param-value>utf-8</param-value>
      </init-param>
      <!-- 強制請求物件（HttpServletRequest）-->
      <init-param>
        <param-name>forRequestEncoding</param-name>
        <param-value>true</param-value>
      </init-param>
      <!-- 強制回應物件（HttpServletResponse）-->
      <init-param>
        <param-name>forResponseEncoding</param-name>
        <param-value>true</param-value>
      </init-param>
    </filter>
    <!-- 設定篩檢程式的映射 -->
    <filter-mapping>
      <filter-name>characterEncodingFilter</filter-name>
      <!--/*：表示所有的請求先經過過濾處理 -->
      <url-pattern>/*</url-pattern>
    </filter-mapping>
  </web-app>
```

注意：由於筆者之前使用 JDK18+Tomcat 10，在目前 SSM 整合過程中，mybatis-spring 還不支援 Spring 6 版本，Spring 6 以下的版本目前不支援 Tomcat 10，因此筆者整合 SSM 的基本環境並對之前的環境做了調整，環境如下：JDK1.8.0_341、Tomcat 8.0.28、Maven 3.8.6、MySQL 8.0.25。

16.2 建立 Spring 框架

16.2.1 建立實體類別

在專案準備階段，資料庫已經建立資料表並插入了測試資料，接下來建立實體物件 Student，程式如下：

```
public class Student {
    private Integer id;
    private String username;
    private String password;
    private String email;
    private String mobile;
    private String addr;
    private Integer age;
    // 此處省略 setter/getter 方法
}
```

16.2.2 撰寫持久層

前面學習 Spring 時，持久層負責連線資料庫的資料來源 dataSource，SSM 整合的目的是將持久層傳遞給 MyBatis 處理，在本範例中筆者考慮把 DAO 和 Mapper 合併成一個檔案，故而把持久層程式放在 Mapper 中完成，程式如下：

```
public interface StudentMapper {
    //1. 註冊學生資訊的方法
    public int addStudent(Student student);
    //2. 查詢所有學生資訊列表的方法
    public List<Student> queryStudents();
    //3. 根據 ID 查詢學生資訊
    public Student queryStudentById(Integer id);
}
```

16.2.3 撰寫業務層

建立 Service 介面和實現類別，程式如下：

```
public interface StudentService {
    //1. 註冊學生資訊的方法
    public int addStudent(Student student);
    //2. 查詢所有學生資訊列表的方法
    public List<Student> queryStudents();
    //3. 根據 ID 查詢學生資訊
    public Student queryStudentById(Integer id);
}
@Service("studentService")
public class StudentServiceImpl implements StudentService {
    // 自動注入，注入 DAO
    @Autowired
    private StudentMapper studentMapper;
    @Override
    public int addStudent(Student student) {
        return studentMapper.addStudent(student);
    }
    @Override
    public List<Student> queryStudents() {
        return null; // studentMapper.queryStudents();
    }
    @Override
    public Student queryStudentById(Integer id) {
        return studentMapper.queryStudentById(id);
    }
}
```

16.2.4 撰寫測試方法

測試類別用於確認 Spring 框架是否正常執行，建立 TestDemo 類別，增加 testQueryStudentList 方法，程式如下：

```
//1. 測試 Spring
@Test
public void testQueryStudentList() {
    ApplicationContext ac = new ClassPathXmlApplicationContext
("classpath:applicationContext-*.xml");
    StudentService service = (StudentService) ac.getBean("studentService");
// 因為給 service 起了別名，所以透過 id 的方式獲取 class
    System.out.println(" 查詢所有 Student");
    service.queryStudents();
}
```

執行 Junit 的測試程式，結果如圖 16.4 所示。

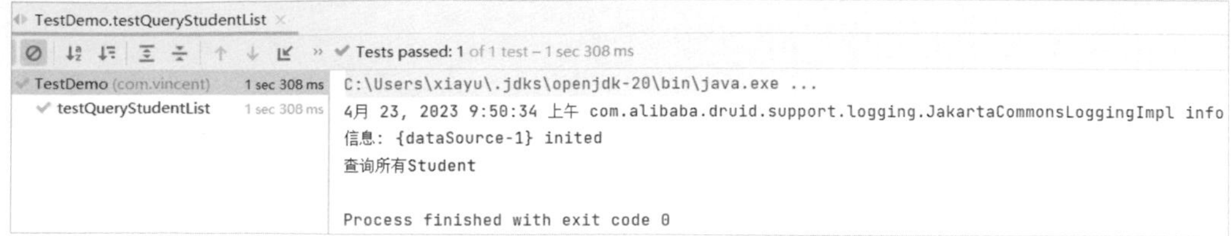

▲ 圖 16.4 執行 Junit 的測試程式

16.3 建立 Spring MVC 框架

16.3.1 設定 springmvc-config.xml

在 resources 資料夾下的 springmvc-config.xml 檔案中，開啟註解掃描、檢視解析器、過濾靜態資源和 Spring MVC 註解支援，程式如下：

```
<!--@Controller 註解開發的套件掃描器 -->
<context:component-scan base-package="com.vincent.controller"/>
<!-- 設定檢視解析器 -->
<bean class="org.springframework.web.servlet.view.InternalResourceViewResolver">
    <!-- 設定檢視的首碼名稱 -->
    <property name="prefix" value="/WEB-INF/pages/"/>
    <!-- 設定檢視的副檔名名稱 -->
    <property name="suffix" value=".jsp"/>
</bean>
<!-- 設定 Spring MVC 的註解驅動
    1）代替處理器映射器和處理器轉接器
    2）對 JSON 資料回應提供支援
    3）可以引用日期轉換器的服務 -->
<!--
    設定了註解驅動後，Spring 會啟動這個驅動，然後 Spring 透過 context:component-scan 標籤註解標記的 @Controller、@Component、@Service、@Repository 等元件自動掃描到工廠中，以處理請求
-->
<mvc:annotation-driven />
<!-- 如果直接使用 <url-pattern>/</url-pattern>，則會出現存取不了靜態資源的問題，這時直接將靜態資源的存取交給伺服器處理 -->
<mvc:default-servlet-handler/>
```

16.3.2 建立控制層

在 controller 套件下建立 StudentController 類別，程式如下：

```
@Controller
@RequestMapping("student")
public class StudentController {
    // 注入 Service 層物件
    @Autowired
    private StudentService studentService;
    /**
     * 處理查詢所有學生的方法
     * @return
     */
    @RequestMapping(value = "/queryStudents")
    public String queryStudents(Model model) {
        List<Student> studentList = studentService.queryStudents();
        System.out.println(studentList);
        model.addAttribute("studentList",studentList);
        return "student_list";
    }
}
```

16.3.3 建立 JSP 頁面

在 index.jsp 頁面中建立連結，程式如下：

```
<li><a href="student/queryStudents">查看所有學生資訊</a></li>
<li><a href="WEB-INF/pages/login.jsp">登入頁面</a></li>
```

建立 student_list.jsp，展示所有學生資訊，程式如下：

```
<%@ page contentType="text/html;charset=UTF-8" language="java" %>
<%@ taglib prefix="c" uri="http://java.sun.com/jsp/jstl/core" %>
<html>
<head>
    <title>Title</title>
</head>
<body>
    <c:choose>
        <c:when test="${not empty studentList}">
            <table border="1"  width="500" class="table table-striped
table-bordered table-hover table-condensed">
                <caption><H3>使用者資訊</H3></caption>
                <tr><th>使用者名稱</th><th>密碼</th></tr>
                    <%--  要在 JSP 頁面中使用 <c> 標籤的 foreach 遍歷，要注意以下兩點：
                        1. 在 JSP 開頭引入 c 標籤
                        <%@ taglib prefix="c"
uri="http://java.sun.com/jsp/jstl/core" %>
                        2. 引入 JSTL 的 JAR 套件，可以直接使用 lib 資料夾，也可以使用
Maven --%>
                <c:forEach items="${studentList}" var="student">
```

```
                <tr>
                    <td>${student.username}</td>
                    <td>${student.password}</td>
                </tr>
            </c:forEach>
        </table>
    </c:when>
    <c:otherwise>沒有資料！</c:otherwise>
</c:choose>
</body>
</html>
```

16.3.4 測試 Spring MVC 框架

部署專案，啟動 Tomcat，按一下首頁的「查看所有學生資訊」，效果如圖 16.5 所示。

▲ 圖 16.5 首頁效果

頁面顯示成功，表示 Spring MVC 框架架設正常。

16.4 建立 MyBatis 並整合 SSM 框架

16.4.1 設定 MybatisConfig.xml

在 resources 資料夾下新建 MybatisConfig-test.xml 檔案，Spring 設定已經開啟註解掃描，MyBatis 使用註解方式，程式如下：

```
<?xml version="1.0" encoding="UTF-8"?>
<!DOCTYPE configuration
        PUBLIC "-//mybatis.org//DTD Config 3.0//EN"
        "http://mybatis.org/dtd/mybatis-3-config.dtd">
<configuration>
    <!-- 載入屬性檔案 db.properties -->
    <!--<properties resource="db-mysql.properties"></properties>-->
```

```
        <!-- 自訂別名：掃描指定套件下的實體類別，給這些類別取別名，預設是它的類別名稱或類別名稱首
字母小寫 -->
        <typeAliases>
            <package name="com.vincent.pojo"/>
        </typeAliases>
        <environments default="mysql">
            <!-- 設定 MySQL-->
            <environment id="mysql">
                <!-- 設定事務類型 -->
                <transactionManager type="JDBC"/>
                <!-- 設定資料來源 / 連接池 -->
                <dataSource type="POOLED">
                    <!-- 設定連接資料庫的基本資訊 -->
                    <property name="driver" value="com.mysql.cj.jdbc.Driver"/>
                    <property name="url" value="jdbc:mysql://localhost:3306/
test?useSSL=false"/>
                    <property name="username" value="root"/>
                    <property name="password" value="123456"/>
                </dataSource>
            </environment>
        </environments>
        <mappers>
            <!--<mapper resource="mapper/StudentMapper.xml" />-->
            <package name="com.vincent.mapper"/>
        </mappers>
    </configuration>
```

16.4.2 註解設定 Mapper

打開 StudentMapper 檔案，增加註解設定資訊，程式如下：

```
    @Mapper
    public interface StudentMapper {
        //1. 註冊學生資訊的方法
        @Insert("insert into t_student(username,password,email,mobile,addr,age)
values (#{username},#{password},#{email},#{mobile},#{addr},#{age})")
        public int addStudent(Student student);
        //2. 查詢所有學生資訊列表的方法
        @Select("select * from t_student")
        public List<Student> queryStudents();
        //3. 根據 ID 查詢學生資訊
        @Select("select * from t_student where id = #{id}")
        public Student queryStudentById(Integer id);
    }
```

16.4.3 測試 MyBatis

在測試類別 TestDemo 中增加測試方法，程式如下：

```
    // 測試 MyBatis
    @Test
    public void testMybatis() throws IOException {
        InputStream resourceAsStream = Resources.getResourceAsStream
("MybatisConfig-test.xml");
        SqlSessionFactoryBuilder builder = new SqlSessionFactoryBuilder();
        SqlSessionFactory factory = builder.build(resourceAsStream);
        SqlSession session = factory.openSession(true);

        StudentMapper mapper = session.getMapper(StudentMapper.class);
        List<Student> all = mapper.queryStudents();
        for (Student user : all) {
            System.out.println(user);
        }
    }
```

執行正常，結果如圖 16.6 所示。

```
TestDemo.testMybatis
Tests passed: 1 of 1 test – 486 ms
TestDemo (com.vincent) 486 ms
  testMybatis 486 ms
C:\Users\xiayu\.jdks\openjdk-20\bin\java.exe ...
Student{id=1, username='wang', password='wang', email='wang@163.com', mobile='187', addr='zhejiang', age=18}
Student{id=2, username='zhou', password='zhou', email='zhou@163.com', mobile='187', addr='zhejiang', age=28}
Student{id=3, username='wu', password='wu', email='wu@163.com', mobile='187', addr='zhejiang', age=8}
Student{id=4, username='zheng', password='zheng', email='zheng@163.com', mobile='187', addr='zhejiang', age=88}

Process finished with exit code 0
```

▲ 圖 16.6 執行正常的結果

16.4.4 整合 SSM

MyBatis 設定檔設定 MySQL 資料庫的工作交由 Spring 去處理，在 applicationContext-dao.xml 中增加程式如下：

```
    <context:component-scan base-package="com.vincent"/>
      <!-- 載入 JDBC 的屬性檔案 -->
      <context:property-placeholder location="classpath:db-mysql.properties"/>
      <!-- 設定 MySQL 資料庫參數，使用的是 Druid 技術 -->
      <bean id="dataSource" class="com.alibaba.druid.pool.DruidDataSource"
            init-method="init" destroy-method="close" lazy-init="false">
          <!-- 獲取 MySQL 的參數 -->
          <property name="driverClassName" value="${jdbc_driver}"/>
          <property name="url" value="${jdbc_url}"/>
          <property name="username" value="${jdbc_username}"/>
```

```
        <property name="password" value="${jdbc_password}"/>
        <!-- 獲取連接池中的參數 -->
        <property name="initialSize" value="${initialSize}"/>
        <property name="minIdle" value="${minIdle}"/>
        <property name="maxActive" value="${maxActive}"/>
        <property name="maxWait" value="${maxWait}"/>
    </bean>
    <!-- 管理 MyBatis 的工廠類別物件 -->
    <bean id="sqlSessionFactory" class="org.mybatis.spring.SqlSessionFactoryBean">
        <!-- 載入資料來源 -->
        <property name="dataSource" ref="dataSource"/>
        <!-- 載入 MyBatis 的主設定檔 -->
        <property name="configLocation" value="classpath:MybatisConfig.xml"/>
        <!-- 設定別名套件掃描器 -->
        <property name="typeAliasesPackage" value="com.vincent.pojo"/>
    </bean>
    <!--Spring 設定 MyBatis 的動態代理過程 -->
    <bean class="org.mybatis.spring.mapper.MapperScannerConfigurer">
        <property name="basePackage" value="com.vincent.mapper"/>
    </bean>
```

在 applcationContext-service.xml 中增加程式如下：

```
    <!-- 增加 Service 層的註解的套件掃描器 -->
    <context:component-scan base-package="com.vincent.service"/>
    <tx:annotation-driven/>
    <!-- 設定平臺事務的管理器 -->
    <bean id="transactionManager" class="org.springframework.jdbc.datasource.
DataSourceTransactionManager">
        <!-- 設定資料來源 -->
        <property name="dataSource" ref="dataSource"/>
    </bean>
    <!-- 設定事務的隔離等級和傳播行為 -->
    <tx:advice id="txAdvice1" transaction-manager="transactionManager">
        <tx:attributes>
            <tx:method name="*" propagation="REQUIRED" isolation="DEFAULT"/>
        </tx:attributes>
    </tx:advice>
    <!-- 事務管理器和切入點設定 -->
    <aop:config>
        <aop:pointcut id="txService" expression="execution(* com.vincent.
service.*.*(..))"/>
        <!-- 事務使用內建的切面 -->
        <aop:advisor advice-ref="txAdvice1" pointcut-ref="txService"/>
    </aop:config>
```

MyBatis 之前設定資料來源的問題交由 Spring 去處理，MyBatis 只負責資料庫的增、刪、改、查功能。至此，SSM 整合完成。

16.5 實作與練習

1. 基於 SSM 框架架設簡易的部落格網站。
2. 在部落格網站的首頁展示熱點資訊，並提供註冊、登入功能。
3. 在部落格網站可以寫部落格、按讚、收藏等功能。
4. 部落格網站有展示個人主頁的功能，包括我的部落格、我的收藏、我的按讚。

第 5 篇

專案實戰

本篇詳細講解使用 SSM 框架開發學生資訊管理系統的完整過程。透過學習和模仿這個專案的開發過程，讀者可以提高使用 SSM 框架開發 Web 應用系統的能力。

第 17 章 學生資訊管理系統

17.1 開發背景

在數位化的時代，傳統的資訊管理方法已經逐漸不適應當前的社會發展，尤其面臨發展中國家高等教育體制不斷改革，各類大專院校的招生人數隨著辦學規模的擴大不斷增加，學校面臨要收集的學生資訊量大大增加。同時，實現學生資訊系統化、科學化、規範化管理是學校管理工作的重中之重，傳統的資訊管理工作都在不同程度上受到了挑戰。

學生資訊管理系統經過多年的發展，各方面的功能都相對完善，基本可以實現電腦對學生資訊管理系統的資料進行管理。現在，學生資訊管理系統有了很大的變化，學生資訊管理系統的發展速度快了很多，推出了影響較大的自動化處理系統。自動化系統能夠表現出社會分工的不同，使得學生資訊管理系統的管理員能夠專注於系統品質的提高。

17.2 需求分析

需求分析是為了讓使用者和軟體開發人員雙方對軟體的初始規定有一個共同理解，使之成為軟體開發工作的基本。在本專案中，需求分析的目的是闡明系統的可行性和必要性，明確系統各個部分需要完成的功能，同時也為了後面系統的詳細設計（包含資料庫設計、公共模組設計、介面設計等）框定範圍和基礎。

17.2.1 可行性分析

1. 經濟可行性分析

學生管理系統從需求分析到最後系統實現花費的時間不是很多，並且不用購買昂貴的電腦硬體，學生資訊管理系統在普通的電腦上就可以執行，因此經濟花費相對來說不是很高。學生資訊管理系統設定了背景管理介面，能夠對系統的資訊進行管理，管理員管理系統的資訊所花費的時間比較少，能夠花費更多的時間在系統功能改善上。

2. 技術可行性分析

根據前期對系統背景的介紹，確定軟體系統架構和開發技術，最終完成系統的實現。本次設計的學生資訊管理系統採用 Java Web 技術中成熟的 SSM 框架，技術成熟度高。結合市場上現有的學生資訊管理系統，本次開發的學生資訊管理系統在技術方面問題較小。

17.2.2 功能需求分析

學生資訊管理必須透過身份資訊才能進入系統，系統中會提供相關資訊的操作。系統主要分為兩類角色：普通使用者和管理員使用者。普通使用者主要面向學生，主要功能是註冊、登入，展示班級資訊、課程資訊和成績資訊。管理員使用者主要面向教務管理人員或教師，主要功能有註冊登入、使用者管理、課程管理、班級管理、學生管理、學費管理、成績管理、教師管理。

1. 系統功能描述

（1）登入：輸入使用者名稱和密碼，並將使用者名稱和密碼與資料庫中的使用者註冊資訊匹配，如果使用者名稱和密碼都正確，則提示登入成功並進入系統首頁，否則停留在登入頁面並提示登入失敗及原因。

（2）註冊：使用者在註冊介面填入相關資訊，完成使用者名稱、密碼以及相關資訊的輸入並存入資料庫，由此獲得進入系統的許可權。使用者名稱必須唯一，這是辨識使用者的關鍵因素。

（3）跳躍（頁面攔截）：如果使用者拿到系統中的其他造訪網址，為了防止使用者未登入存取系統，系統會自動跳躍到登入頁面登入系統。

（4）退出：為了使用者的安全性，防止未退出產生帳戶不安全因素。

（5）首頁：首頁主要展示系統公告類別的相關資訊。

2. 模組功能描述

（1）使用者管理：使用者管理分為普通使用者管理和管理員使用者管理。普通使用者管理用於學生端登入使用者的存取控制，包括使用者查詢、修改、刪除，管理員使用者管理用於背景管理員操作的許可權控制，也包括使用者查詢、修改、刪除。在使用者管理中，刪除的使用者無法存取系統。

(2) 課程管理：課程管理分為基本課程設定和班級課程設定。基本課程設定是對課程、學期和課程學分的設定管理。班級課程設定主要是設定班級課程表。

(3) 班級管理：班級管理主要是對班級資訊的瀏覽和設定。班級資訊包含班級、班主任、專業等資訊，維護開課班級資訊管理。

(4) 學生管理：學生管理分為學生資訊瀏覽和新增學生資訊。學生資訊瀏覽展示學生的基本情況，學生資訊有學號、姓名、班級、戶籍、電話等資訊；新增學生資訊會增加學生資訊，增加時需要注意學生學號是唯一欄位，需要進行重複性驗證，其他欄位也分別需要對輸入進行檢查。

(5) 學費管理：學費管理分為基本學費設定和繳費資訊預覽。基本學費設定主要是針對每個班級、每個學期的費用設定和預覽；繳費資訊預覽主要是查詢學生的繳費情況，對學生的繳費資訊進行登記和預覽。

(6) 成績管理：成績管理分為學生成績瀏覽和增加成績。學生成績瀏覽主要展示每個學生在每個學期的成績情況（後續可以對成績做一個排名）；增加成績主要是將學生考試成績直接輸入系統，學生可以在學生端查看自己的考試成績。

(7) 教師管理：教師管理展示教師的資訊詳情，主要展示教師的姓名、年齡、籍貫、所教的課程等資訊。透過頁面增加按鈕可以增加教師資訊。增加教師資訊會對輸入資訊做校驗和驗證，只會輸入合法的資訊。

(8) 班級資訊：班級資訊為學生端的功能，用於展示班級的詳細資訊，包括班級、班主任、專業等相關資訊。

(9) 班級課程：班級課程為學生端的功能，用於展示班級課程的詳細資訊，包括班級、專業、班級課程名稱、學期等資訊。

(10) 成績資訊：成績資訊為學生端的功能，用於展示學生的成績，包括班級、學號、學生姓名、性別、課程、學期、成績等資訊。

17.2.3 非功能性需求分析

非功能性需求是需求的重要組成部分，它影響著系統的架構設計，是決定軟體專案成本的重要依據，在軟體專案評估過程中需要特別注意。本專案主要從以下幾個方面描述非功能性需求。

1. 安全性

學生資訊管理系統使用 MySQL 資料庫，使用者在用戶端介面中不可以直接修改系統的資料，如果沒有登入系統，則不能夠使用系統功能。

不同的使用者具有不同的身份和許可權，需要在使用者身份真實可信的前提下，提供可信的授權管理服務，保護資料不被非法 / 越權存取和篡改，要確保資料的機密性和完整性。

嚴格許可權存取控制是使用者在經過身份認證後，只能存取其許可權範圍內的資料，只能進行其許可權範圍內的操作。

2. 可擴充性

學生資訊管理系統的功能需要不斷更新，使得系統能夠不斷適應時代的發展和使用者新的要求。本學生資訊管理系統使用的框架為新型的開放原始碼框架，這有助後續系統的功能擴充。如果系統需要增加新的功能，則只需要新增加對應的介面。

3. 效率性

本系統儲存資料使用的是 MySQL 資料庫，能夠使用 MySQL 快取系統常用的資料庫資訊，當使用者下次存取相同的資訊的時候，系統能夠快速回應。

4. 可靠性

學生管理系統對輸入有提示，對資料有檢查，防止資料出現異常。

本系統健壯性強，應該能處理系統執行過程中出現的各種異常情況，如人為操作錯誤、輸入非法資料、硬體裝置失敗等，系統應該能正確地處理，恰當地回避。

要求系統 7×24 小時執行，即全年持續執行，故障停運時間累計不能超過 10 小時。

5. 實用性

學生管理系統要求頁面操作簡單，功能健全，各個角色在操作上一目了然。

17.2.4 軟硬體需求

當使用者從用戶端發起請求的時候，需要把資料傳遞到 Web 伺服器，Web 伺服器處理請求且透過資料庫的 SQL 敘述處理資料庫資訊。

本系統在生產環境部署的時候可以設定兩台伺服器：Web 伺服器和資料庫伺服器。讀者在學習本專案開發時，可以在一台 Windows 個人電腦上安裝軟體環境，並使用 IEDA 執行本系統，查看、修改、偵錯程式。

1. 硬體需求

- Web 伺服器：Linux 64 位元系統，記憶體 8GB，硬碟 256GB。
- 資料庫伺服器：Linux 64 位元系統，記憶體 16GB，硬碟 512GB。

2. 軟體需求

- Web 伺服器：JDK 18.0，Tomcat 8.0（注意選用這個版本，Tomcat 10.0 版本的 JSP 和 Servlet 的套件名稱有點變化）。
- 資料庫伺服器：MySQL 8.0。

17.3 系統設計

17.3.1 系統目標

學生資訊管理系統主要用於大專院校管理人員管理學生資訊，該系統主要用於實現以下目標：

（1）管理員和學生使用者均需要透過註冊、登入之後才能存取系統，系統介面需要簡潔，系統操作需要簡單明了，不能過於複雜，介面需要簡潔。

（2）系統需要設定不同許可權區分不同類型的使用者，不同使用者看到的資訊不一樣。

（3）設計實現的學生管理系統允許多個使用者登入。

（4）設計實現的學生管理系統需要功能完善，方便操作，方便查看資訊。

（5）系統所使用的資料庫需要考慮併發性和安全性。

（6）系統安裝簡單，且系統存取需要考慮瀏覽器的相容性和電腦的相容性。

（7）系統記錄的資訊要能夠長久儲存在資料庫中，方便系統管理員管理。

17.3.2 系統架構

1. 程式開發系統架構

該學生資訊管理系統專案使用 B/S 架構模式，工作原理如圖 17.1 所示。

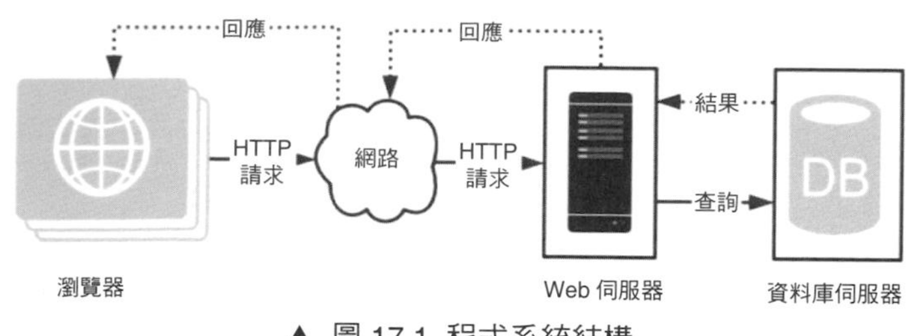

▲ 圖 17.1 程式系統結構

B/S 架構便於維護和更新，無須使用具體的用戶端，用戶端只要有瀏覽器就能存取系統。同時，由於使用瀏覽器可以進一步節約用戶端的開發成本，避免了用戶端環境設定和相容性問題，使得本專案優先考慮 B/S 架構。

2. 軟體架構

本系統採用 SSM 為框架的 MVC 模型的軟體開發模式，其整體架構如圖 17.2 所示。

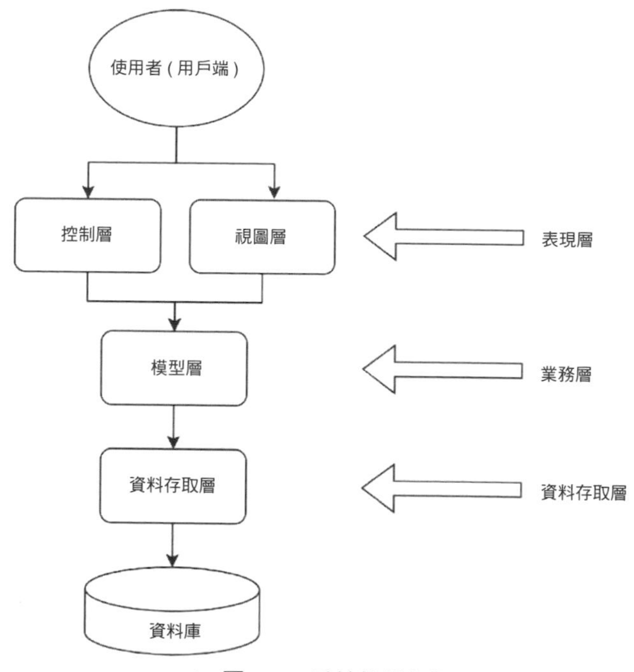

▲ 圖 17.2 系統軟體架構

由架構圖可以直觀地看到系統的架構組織，架構由上往下，分別為跟使用者打交道的表現層、用於邏輯處理的業務層以及作為資料庫橋樑的資料存取層。

1）使用者表現層

使用者表現層屬於前端頁面的一種統稱，即和使用者打交道的層面，是使用者可以直接接觸，操作的架構。表現層用於實現使用者介面功能，將使用者需要的操作進行資料化並傳輸到下一層，然後經過背景的邏輯處理，從而回饋到前臺進行解析並顯示給使用者。該系統所實現的形式的指令碼語言是 JSP。

2）業務層

業務層也可以說是業務邏輯層，它位於三層架構之間，是連接兩層架構的橋樑，該層注重的是業務邏輯，它需要根據表現層使用者傳遞的資訊進行業務處理，連接資料存取層進行資料的改寫與儲存，然後將資訊進行封裝，再次傳遞給表現層進行使用者的回饋，並呈現在頁面上供使用者查看。可以將這次的任務概括為接受、處理和傳回。

3）資料存取層

資料存取層主要是系統和資料庫連接的橋樑。在業務層已經對資料進行了處理，所以資料存取層是不需要具備邏輯處理功能的，它的主要任務是連接資料庫進行資料的增加、刪除、修改、查詢等一系列基本資料庫操作，並將處理後得到的結果傳回到業務邏輯層。當然，在實際開發中，為了確保資料的嚴謹性，可能會適當地增加一些資料的處理類別應對一些系統錯誤產生的問題。

17.3.3 系統流程圖

該系統的操作流程如圖 17.3 所示。

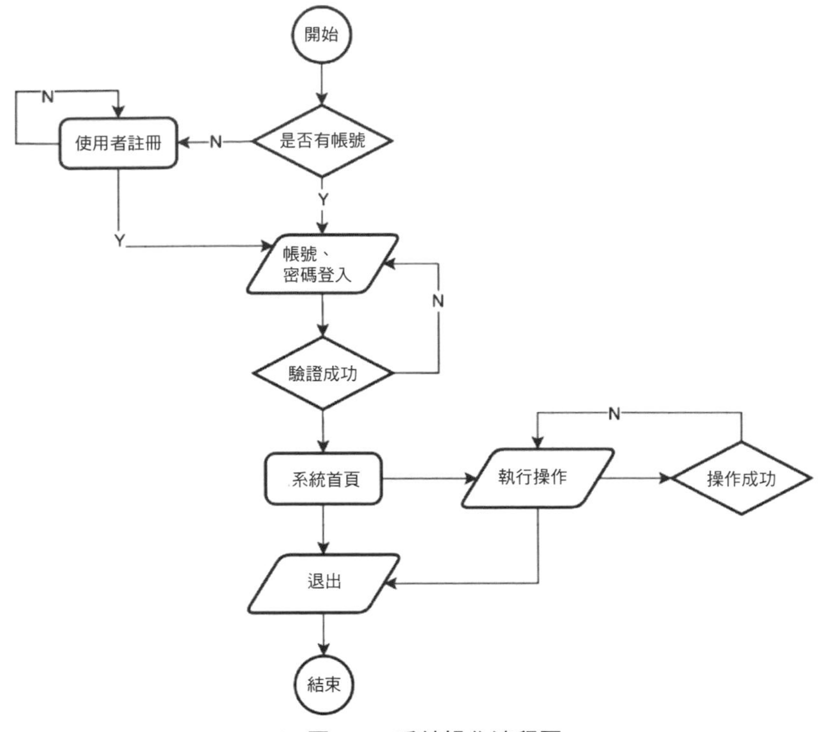

▲ 圖 17.3 系統操作流程圖

透過對需求的了解，可知該系統主要有兩類使用者：管理者使用者和學生使用者。管理者使用者的功能模群組主要有使用者管理、課程管理、班級管理、學生管理、學費管理、成績管理、教師管理；學生使用者的功能模組主要有班級課程、班級資訊、成績資訊。系統整體功能圖如圖 17.4 所示。

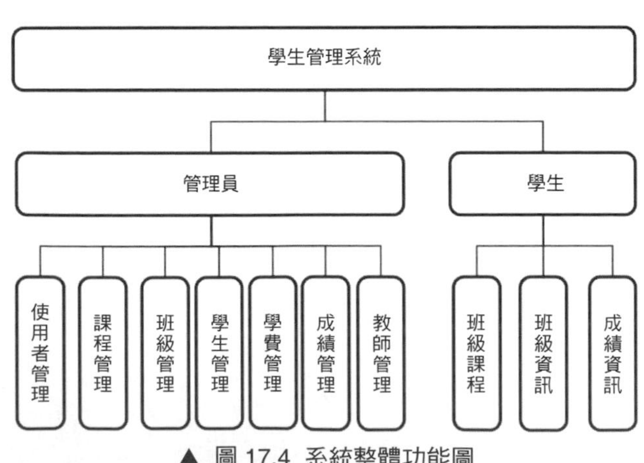

▲ 圖 17.4 系統整體功能圖

17.3.4 開發環境

開發環境如下。

- 開發工具：IntelliJ IDEA。
- 資料庫：MySQL 8.0.25。
- JDK：JDK 18.0。
- Java Web 伺服器中介軟體：Apache Tomcat 8.0。
- Spring。
- Spring MVC。
- MyBatis。

17.3.5 專案組織結構

本專案使用 Maven 自動化工具建構專案，目錄結構如圖 17.5 所示。

Maven 專案的第一大優點在於專案的 JAR 套件可以直接在 pom.xml 中增加相依，這樣就可以把 JAR 套件增加到 External libraries 中。由於此 Spring 框架的預設規定，關於 MyBatis 的預設存取資料庫採用了註解模式，放在 java 目錄下的 com.vincent.mapper 介面下。resources 目錄下的檔案主要是設定檔。在 com.vincent 目錄下存放的是背景程式，其中 controller 目錄存放控制器類別，mapper 目錄用於放置 resources 目錄下 mapper 檔案的介面檔案，pojo 目錄下存放的是實體類別，service 目錄下存放的是介面類別以及介面實現類別，helper 目錄下存放的是一些基本的工具類別。webapp 目錄下存放的是檢視檔案，其中 pages 目錄下主要存放的是 JSP 檔案，assets 目錄下存放的是圖片、CSS 檔案、JS 檔案等。

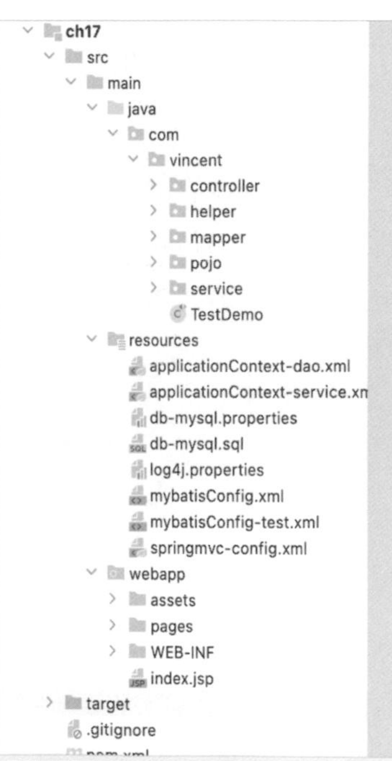

▲ 圖 17.5 目錄結構

17.4 資料庫設計

資料庫是學生資訊管理系統必要的一部分，一個設計優秀的資料庫結構合理且低容錯。本學生資訊管理系統設計的資料庫採用的是第三範式的形式，降低了學生資訊管理系統的容錯性。資料庫能夠支撐一個學生資訊管理系統的資料，這有益於系統的穩定性和健壯性。如果資料庫設計得較為優秀的話，則可以提高系統的處理效率，一個設計得較為優秀的資料庫除了能夠提高系統的處理效率之外，還能夠節省不少資源和資料錯誤。學生資訊管理系統在日常運作的時候會產生不少資料，因此需要有一個穩定且安全的資料庫儲存資料，這有助保證系統正常執行。關聯式資料庫使用特殊的儲存結構，能夠有效組織系統的資料。MySQL 資料庫具有完整的完整性約束，可以建立起不同資料表之間的連結，這樣可以隔離資料結構和表現形式。

17.4.1 資料庫概念結構設計

由於在概念模型中沒有固定不變的模型，因此可以利用資料模型表示學生資訊管理系統中實體的關係，程式開發者可以根據需要建立專屬的概念模型。所有的概念模型都可以透過 E-R 圖表示。本學生資訊管理系統有著大量的資料，因此需要建立對應的資料模型。根據前面的分析得出本學生資訊管理系統的 E-R 圖如圖 17.6 所示。

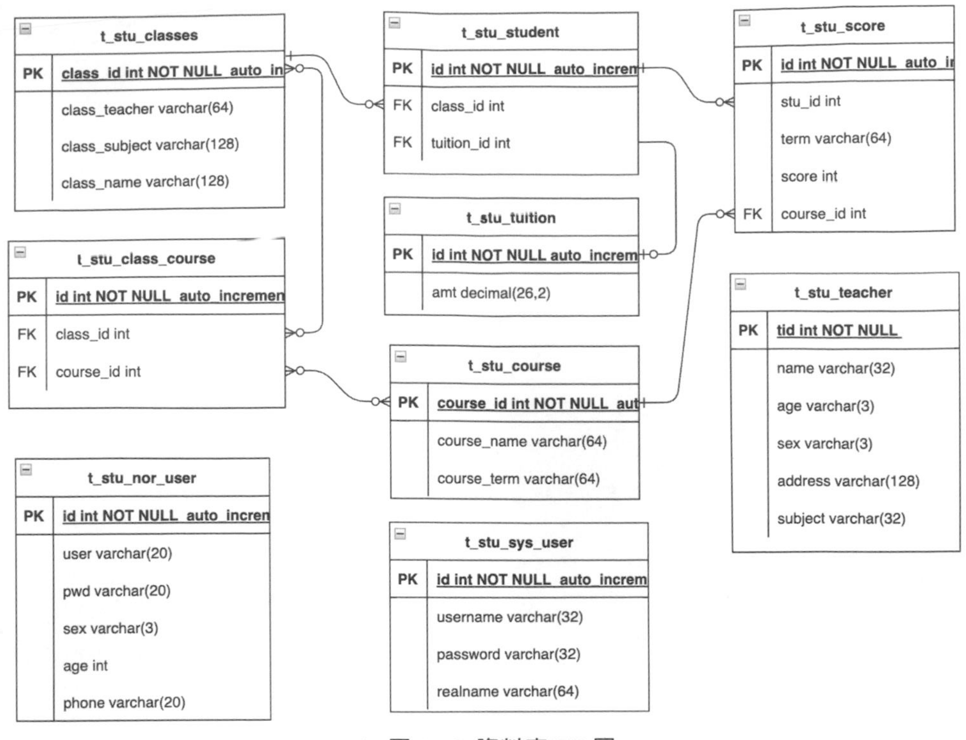

▲ 圖 17.6 資料庫 ER 圖

17.4.2 資料庫邏輯結構設計

由上一節的概念結構設計初步定下的邏輯結構說明如下。

1. 普通使用者資訊資料表

普通使用者資訊資料表如表 17.1 所示。

▼ 表 17.1 普通使用者資訊表

屬 性	說 明	資料型態及長度	是否可空	是否主鍵
使用者 ID	使用者登入系統的 ID	字元 20 位元組	否	是
使用者姓名	使用者姓名	字元 20 位元組	否	否
密碼	系統登入密碼	字元 20 位元組	否	否
性別	使用者性別	字元 3 位元組	是	否
年齡	使用者年齡	整數	是	否
電話	使用者聯繫方式	字元 20 位元組	是	否

2. 管理員使用者資訊資料表

管理員使用者資訊資料表如表 17.2 所示。

▼ 表 17.2 管理員使用者資訊

屬　性	說　明	資料型態及長度	是否可空	是否主鍵
ID	自動生成的 ID	整數	否	是（自動生成）
使用者名	使用者登入系統的 ID	字元 32 位元組	否	是（邏輯主鍵）
密碼	系統登入密碼	字元 32 位元組	否	否
真實姓名	使用者的真實姓名	字元 64 位元組	否	否

3. 學生資訊資料表

學生資訊資料表如表 17.3 所示。

▼ 表 17.3 學生資訊表

屬　性	說　明	資料型態及長度	是否可空	是否主鍵
ID	學生編號	整數	否	是（自動生成）
課程 ID	使用者登入系統的 ID	整數	否	否
姓名	學生姓名	字元 64 位元組	否	否
住址	學生居住地址	字元 128 位元組	是	否
電話	使用者聯繫方式	字元 20 位元組	是	否
性別	使用者性別	字元 3 位元組	是	否
是否繳費	學生是否已經繳費	字元 32 位元組	是	否
費用 ID	繳費項的 ID	整數	是	否

4. 課程資訊資料表

課程資訊資料表如表 17.4 所示。

▼ 表 17.4 課程資訊表

屬　性	說　明	資料型態及長度	是否可空	是否主鍵
ID	課程編號	整數	否	是（自動生成）
課程名稱	課程的名稱	字元 64 位元組	否	否
課程學期	哪個學期的課程	字元 64 位元組	否	否

5. 班級資訊資料表

班級資訊資料表如表 17.5 所示。

▼ 表 17.5 班級資訊表

屬 性	說 明	資料型態及長度	是否可空	是否主鍵
ID	班級編號	整數	否	是（自動生成）
教師	班級教師	字元 64 位元組	否	否
科目	班級教的課程	字元 128 位元組	否	否
班級名稱	班級的名稱	字元 128 位元組	否	否

6. 成績資訊資料表

成績資訊資料表如表 17.6 所示。

▼ 表 17.6 成績資訊表

屬 性	說 明	資料型態及長度	是否可空	是否主鍵
ID	成績 ID	整數	否	是（自動生成）
學生 ID	學生的 ID 編號	整數	否	否
學期	哪個學期的成績資訊	字元 64 位元組	否	否
成績	學生的成績	整數	否	否
課程 ID	課程的 ID 編號	整數	否	否

7. 班級課程資料表

班級課程資料表如表 17.7 所示。

▼ 表 17.7 班級課程表

屬 性	說 明	資料型態及長度	是否可空	是否主鍵
ID	ID	整數	否	是（自動生成）
班級 ID	學生的 ID 編號	整數	否	否
課程 ID	課程的 ID 編號	整數	否	否

8. 學費資訊資料表

學費資訊資料表如表 17.8 所示。

▼ 表 17.8 學費資訊表

屬　性	說　明	資料型態及長度	是否可空	是否主鍵
ID	費用 ID	整數	否	是（自動生成）
費用金額	學費	浮點型	否	否

9. 教師資訊資料表

教師資訊資料表如表 17.9 所示。

▼ 表 17.9 教師資訊表

屬　性	說　明	資料型態及長度	是否可空	是否主鍵
ID	教師 ID	整數	否	是（自動生成）
教師名稱	教師名稱	字元 64 位元組	否	否
年齡	教師的年齡	字元 3 位元組	是	否
性別	教師的性別	字元 3 位元組	是	否
地址	教師的地址	字元 128 位元組	是	否
學科	教師教的學科	字元 32 位元組	是	否

17.5 系統基本功能實現

完成系統設計和資料庫設計後，接下來就是系統實現。首先是專案架構實現，之後按照系統功能模組依次完成系統功能。

17.5.1 框架架設

本專案依然是按照 SSM 框架實現的，首先架設 SSM 框架，架設過程見第 16 章。

17.5.2 撰寫公共模組和功能

按照需求，目前專案的公共模組主要有攔截器、Session 快取、字串處理、日誌處理等。

1. 攔截器

本專案主要的功能模組是篩檢程式，所有頁面存取必須先登入才能有許可權存取，需要用到之前的篩檢程式來攔截所有的用戶端請求（除註冊、登入和退出功能外）。

攔截器主要實現程式如下：

```
public class LoginInceptor implements HandlerInterceptor {
    @Override
    public boolean preHandle(HttpServletRequest request, HttpServletResponse
response, Object handler) throws Exception {
        System.out.println("LoginInceptor====你到攔截器了:" + request.
getRequestURI());
        HttpSession session = request.getSession();
        NormalUser normalUser = SessionHelper.getNorUser(session);
        SysUser user = SessionHelper.getSysUser(session);
        System.out.println(normalUser + ", user:" + user);
        if (null == user && null == normalUser) {
            System.out.println("未登入 " + session.getId() + "  uri: " +
request.getRequestURI());
            response.sendRedirect("toSysUserLogin");
        }
        return true;
    }
}
```

2. Session 快取

使用者登入成功之後，使用者的基本資訊就快取在階段（Session）中，session公共模組主要用於對 Session 快取的儲存和獲取。公共模組的使用者資訊會伴隨在每個功能模組中。

快取程式如下：

```
public class SessionHelper {
    public static void saveSysUser(HttpSession session, SysUser user) {
        session.setAttribute("sysuser", user);
    }
    public static SysUser getSysUser(HttpSession session) {
        return (SysUser) session.getAttribute("sysuser");
    }
    public static void removeSysUser(HttpSession session) {
        try {
            session.removeAttribute("sysuser");
        } catch (Exception e) {
            System.err.println(e.getMessage());
        }
        try {
            session.removeAttribute("warn");
        } catch (Exception e) {
            System.err.println(e.getMessage());
```

```
        }
    }
    public static void saveNorUser(HttpSession session, NormalUser user) {
        session.setAttribute("noruser", user);
    }
    public static NormalUser getNorUser(HttpSession session) {
        return (NormalUser) session.getAttribute("noruser");
    }
    public static void removeNorUser(HttpSession session) {
        try {
            session.removeAttribute("noruser");
        } catch (Exception e) {
            System.err.println(e.getMessage());
        }
        try {
            session.removeAttribute("warn");
        } catch (Exception e) {
            System.err.println(e.getMessage());
        }
    }
}
```

3. 字串處理

字串處理功能主要是對空字串和 NULL 值進行判斷和處理。

字串處理程式如下：

```
public class StringHelper {
    public static boolean isEmpty(String str) {
        return str == null || "".equals(str.trim());
    }
    public static boolean isNotEmpty(String str) {
        return !isEmpty(str);
    }
}
```

4. 日誌處理

日誌處理主要是在開發過程中方便對輸出日誌的管理。

日誌管理程式如下：

```
public class LoggerHelper {
    // 控制開發程式偵錯，上線時 DEBUG 設定為 false
    private static final boolean DEBUG = true;
    public static void log(Class clz, String msg) {
        if (DEBUG) {
            Logger logger = Logger.getLogger(clz.getSimpleName());
```

```
            logger.log(Level.ALL, msg);
        }
    }
    public static void println(String msg) {
        if (DEBUG) {
            System.out.println(msg);
        }
    }
}
```

17.5.3 管理員註冊和登入

管理員使用者能夠對系統所有的模組進行編輯。與普通使用者一樣，管理員使用者登入並使用本系統的功能之前，首先要做的是身份驗證，只有在使用者名稱和密碼都正確的情況下才能夠使用系統的功能，如果使用者輸入的密碼不正確，則不能使用系統的功能，使用者註冊和登入的操作會將資訊儲存在 Session 中。

使用者在輸入使用者名稱和密碼之後，首先業務邏輯程式會進行不可為空和長度的驗證，之後需要查詢資料庫使用者資料表中的記錄是否和使用者輸入的資訊相同，如果相同，則能夠登入。

1. 管理員登入模組

管理員登入模組主要有登入、註冊和切換使用者登入功能。登入必須輸入正確的使用者名稱和密碼，否則無法登入。

登入成功會跳躍到首頁，登入失敗會提示失敗資訊。管理員登入頁面如圖 17.7 所示。

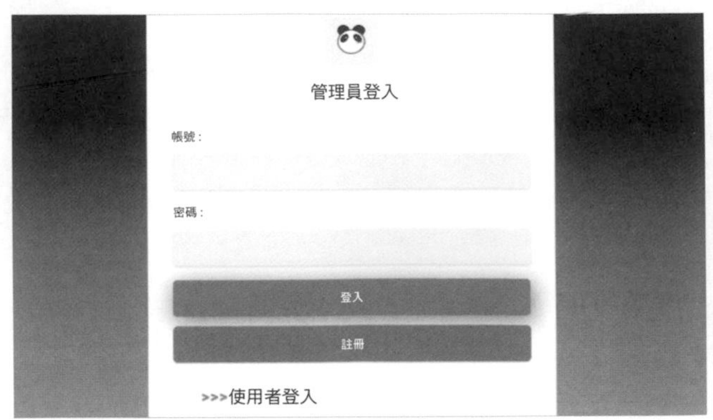

▲ 圖 17.7 管理員登入頁面

其主要背景程式如下：

```
@RequestMapping("sysUserLogin")
public String sysUserLogin(HttpServletRequest request, String username, String password) {
    logger.log(Level.ALL, username, password);
    System.out.println("" + username + "==" + password);
    SysUser user = userService.sysUserLogin(username, password);
    if (user != null) {
        SessionHelper.saveSysUser(request.getSession(), user);
        return "home";
    } else {
        request.setAttribute("msg","帳號名稱或密碼錯誤");
        return "login";
    }
}
```

2. 管理員註冊模組

管理員使用者註冊頁面主要有管理員的基本資訊，包括使用者名稱、密碼和姓名。資訊填寫需要做不可為空驗證和學號唯一性驗證，只有驗證成功才能註冊。

註冊成功之後跳躍到管理員登入頁面，註冊失敗則停留在當前頁面。管理員註冊頁面如圖 17.8 所示。

▲ 圖 17.8 管理員註冊頁面

其主要背景程式如下：

```
@RequestMapping("addSysUser")
public String addSysUser(HttpServletRequest request, SysUser sysUser) {
    int rest = userService.addSysUser(sysUser);
    LoggerHelper.println("==========addSysUser.rest:" + rest);
    List<SysUser> userList = userService.querySysUserList();
    request.setAttribute("addMsg",rest == 1 ? "增加成功！" : "增加失敗！");
    request.setAttribute("userList",userList);
```

```
        LoggerHelper.println("=================updateSysUser.userlist:" + userList);
        return "login";
    }
```

3. 管理員首頁

管理員登入成功之後，會跳躍到首頁展示，首頁左側是管理員模組的選單功能模組，頂部展示年、月、日、時間、星期以及登入使用者名稱，同時包含「退出」按鈕。

首頁當前進行照片輪播，主要是一些系統發佈的公告、通知等資訊。後續可以繼續擴充首頁的功能。管理員首頁如圖 17.9 所示。

▲ 圖 17.9 管理員首頁

17.5.4 普通使用者註冊和登入

普通使用者只能查看班級、課程、成績資訊。普通使用者登入到學生資訊管理系統使用系統功能之前，首先需要做的是身份驗證，只有在使用者名稱和密碼都正確的情況下才能夠使用系統的功能，如果使用者輸入的密碼不正確，則不能夠使用系統的功能，普通使用者註冊和登入的操作會將資訊儲存在 Session 中。

普通使用者在輸入使用者名稱和密碼之後，首先業務邏輯程式會進行不可為空和長度的驗證，之後需要查詢資料庫使用者資料表中的記錄是否和使用者輸入的資訊相同，如果相同，則能夠登入。

1. 普通使用者登入模組

普通使用者登入模組主要有登入、註冊和切換背景管理功能。登入必須輸入正確的使用者名稱和密碼，否則無法登入。

登入成功會跳躍到首頁，登入失敗會提示失敗資訊。學生端登入頁面如圖 17.10 所示。

其主要背景程式如下：

```
@RequestMapping("norUserLogin")
public String norUserLogin(HttpServletRequest request, String id, String pwd){
    NormalUser normalUser = userService.norUserLogin(id,pwd);
    if (normalUser != null) {
        SessionHelper.saveNorUser(request.getSession(), normalUser);
        return "nor_home";
    } else {
        request.setAttribute("msg"," 帳號名稱或密碼錯誤 ");
        return "nor_login";
    }
}
```

2. 普通使用者註冊模組

普通使用者註冊頁面主要有使用者的基本資訊，包括學號、使用者名稱、密碼、性別、年齡、電話號碼。資訊填寫需要做不可為空驗證和學號唯一性驗證，只有驗證成功才能註冊。

註冊成功之後跳躍到登入頁面，註冊失敗則停留在當前頁面。學生端（普通使用者）註冊頁面如圖 17.11 所示。

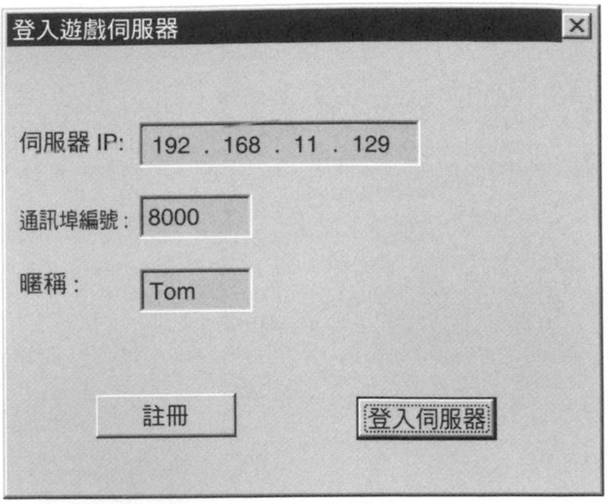

▲ 圖 17.10 學生端登入頁面

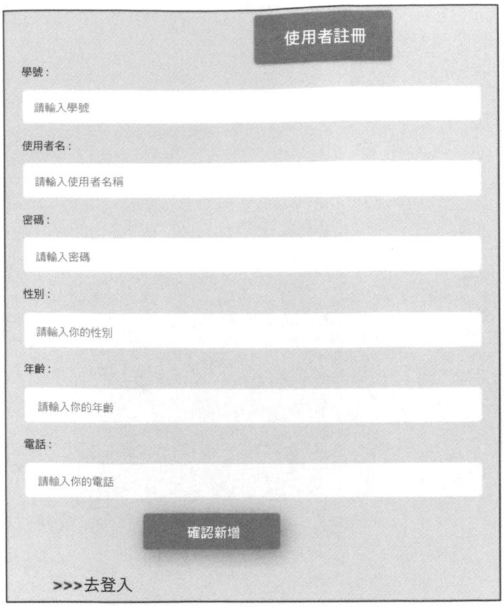

▲ 圖 17.11 學生端註冊頁面

其主要背景程式如下：

```
@RequestMapping("addNorUser")
public String addNorUser(HttpServletRequest request, NormalUser normalUser) {
    int i = userService.addNorUser(normalUser);
    request.setAttribute("msg", i > 0 ? i : null);
    return "nor_login";
}
```

3. 普通使用者首頁

普通使用者登入成功之後，會跳躍到首頁展示，首頁左側是使用者模組的選單功能模組，頂部展示年、月、日、時間、星期以及使用者名稱，同時包含「退出」按鈕。

首頁當前進行照片輪播，主要是一些系統公告以及使用者基本狀況的資訊。後續可以繼續擴充首頁的功能。學生端首頁如圖 17.12 所示。

▲ 圖 17.12 學生端首頁

17.6 管理員功能模組

管理員主要負責對系統的維護，功能模群組包含使用者管理、班級管理、課程管理、學生管理、學費管理、成績管理、教師管理等。下面詳細介紹每個功能模組的具體實現。

17.6.1 使用者管理

管理員登入之後，使用者管理模組包含普通使用者管理和管理員使用者管理，具體情況如下。

1. 使用者資訊預覽

使用者資訊預覽主要是普通使用者（學生端）登入管理。該模組主要包含以下功能：

（1）展示使用者資訊清單，包含使用者名稱、密碼、性別、年齡、電話等資訊。

（2）可以透過對使用者名稱的模糊查詢匹配和過濾使用者資訊。

（3）按一下「修改」按鈕，可以根據使用者 ID 修改使用者的相關資訊。

（4）按一下「刪除」按鈕，可以刪除使用者資訊；使用者資訊刪除之後，該使用者就無法透過普通使用者登入介面存取該系統了。

使用者資訊預覽、修改和刪除頁面如圖 17.13 所示。

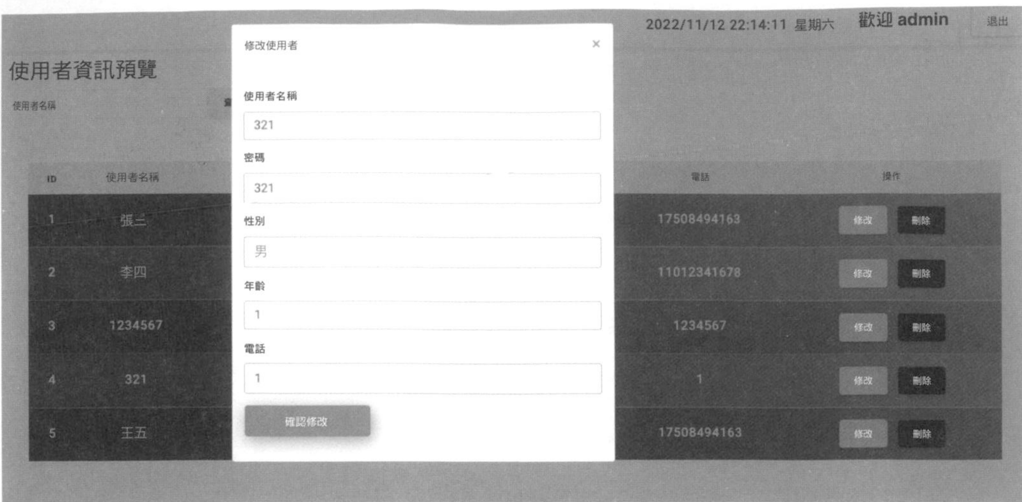

▲ 圖 17.13 使用者資訊預覽、修改和刪除

其主要背景程式如下：

```
    @RequestMapping("queryNorUserList")
    public String queryNorUserList(HttpServletRequest request){
        List<NormalUser> userList = userService.queryNorUserList();
        request.setAttribute("userList",userList);
        LoggerHelper.println("=================queryNorUserList.userlist:" +
userList);
        return "noruser_list";
    }
    @RequestMapping("queryNormalUserByUser")
    public String queryNormalUserByUser(HttpServletRequest request, String user){
        List<NormalUser> userList = userService.queryNormalUserByUser(user);
        request.setAttribute("userList",userList);
        LoggerHelper.println("=================queryNormalUserByUser.userlist:" +
userList);
        return "noruser_list";
    }
    @RequestMapping("updateNormalUser")
    public String updateNormalUser(HttpServletRequest request, NormalUser norUser) {
        LoggerHelper.println("norUser==" + norUser);
        int rest = userService.updateNormalUser(norUser);
        LoggerHelper.println("==========updateNormalUser.rest:" + rest);
        List<NormalUser> userList = userService.queryNorUserList();
        request.setAttribute("updateMsg",rest == 1 ? "修改成功！" : "修改失敗！");
        request.setAttribute("userList",userList);
```

```
        LoggerHelper.println("================updateNormalUser.userlist:" + 
userList);
        return "noruser_list";
    }
    @RequestMapping("deleteNormalUser")
    public String deleteNormalUser(HttpServletRequest request, String id){
        int rest = userService.deleteNormalUser(id);
        LoggerHelper.println("==========deleteNormalUser.rest:" + rest);
        List<NormalUser> userList = userService.queryNorUserList();
        request.setAttribute("deleteMsg",rest == 1 ? "刪除成功！" : "刪除失敗！");
        request.setAttribute("userList",userList);
        LoggerHelper.println("================deleteNormalUser.userlist:" + 
userList);
        return "noruser_list";
    }
```

2. 管理員資訊預覽

管理員資訊預覽主要是管理員使用者（管理員角色）登入管理。該模組主要包含以下功能：

（1）展示使用者資訊清單，包含使用者名稱、密碼、姓名等資訊。

（2）可以透過對使用者真實姓名的模糊查詢匹配和過濾使用者資訊。

（3）按一下「修改」按鈕，可以根據使用者 ID 修改使用者的相關資訊。

（4）按一下「刪除」按鈕，可以刪除使用者資訊；使用者資訊刪除之後，該使用者就無法透過管理員使用者登入介面存取該系統了（注意：此處還需要進行設定，無法刪除 admin 使用者，這是系統附帶的使用者；當前使用者登入系統之後，如果刪除的是使用者自己的帳戶，則需要退出系統重新登入）。

管理員資訊預覽、修改和刪除頁面如圖 17.14 所示。

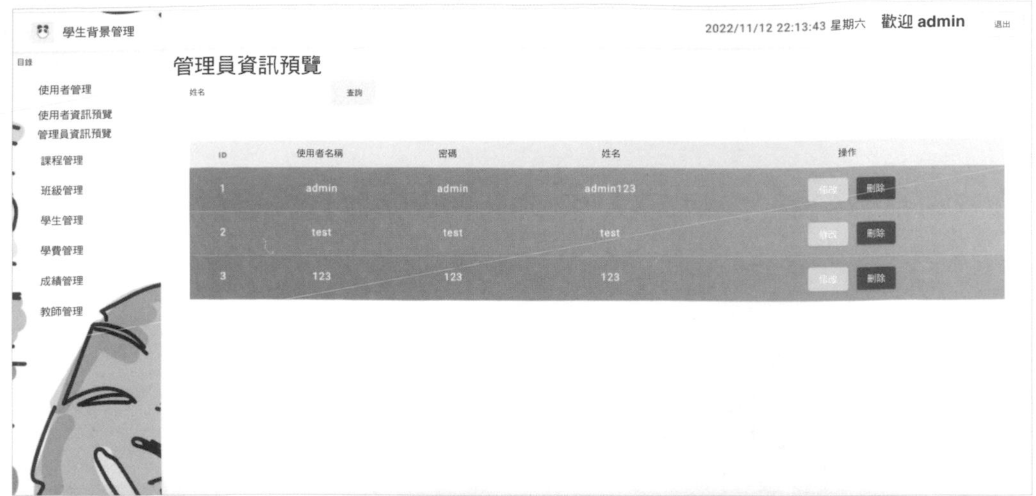

▲ 圖 17.14 管理員資訊預覽、修改和刪除

其主要背景程式如下：

```
    @RequestMapping("querySysUserList")
    public  String querySysUserList(HttpServletRequest request){
        List<SysUser> userList = userService.querySysUserList();
        request.setAttribute("userList",userList);
        LoggerHelper.println("====================querySysUserList.userlist:" +
userList);
        return "sysuser_list";
    }
    @RequestMapping("querySysUserByRealName")
    public  String querySysUserByRealName(HttpServletRequest request, String
realname) {
        List<SysUser> userList = userService.querySysUserByRealName(realname);
        request.setAttribute("userList",userList);
        LoggerHelper.println("====================querySysUserList.userlist:" +
userList);
        return "sysuser_list";
    }
    @RequestMapping("updateSysUser")
    public String updateSysUser(HttpServletRequest request, SysUser sysUser) {
        int rest = userService.updateSysUser(sysUser);
        LoggerHelper.println("==========updateSysUser.rest:" + rest);
        List<SysUser> userList = userService.querySysUserList();
        request.setAttribute("updateMsg",rest == 1 ? "修改成功！" : "修改失敗！");
        request.setAttribute("userList",userList);
        LoggerHelper.println("=================updateSysUser.userlist:" + userList);
        return "sysuser_list";
    }
```

```
@RequestMapping("deleteSysUser")
public String deleteSysUser(HttpServletRequest request, String id){
    int rest = userService.deleteSysUser(Integer.parseInt(id));
    LoggerHelper.println("==========deleteSysUser.rest:" + rest);
    List<SysUser> userList = userService.querySysUserList();
    request.setAttribute("deleteMsg",rest == 1 ? "刪除成功！" : "刪除失敗！");
    request.setAttribute("userList",userList);
    LoggerHelper.println("================deleteSysUser.userlist:" + userList);
    return "sysuser_list";
}
```

17.6.2 課程管理

課程管理模組包含基本課程設定和班級課程設定，具體情況如下。

1. 基本課程設定

基本課程設定主要是對課程資訊進行設定，主要設定課程名稱、學期和學分。該模組主要包含以下功能：

（1）展示課程資訊列表，包含課程名稱、學期和學分等資訊。

（2）可以透過對課程名稱的模糊查詢匹配和過濾課程資訊。

（3）按一下「修改」按鈕，可以根據課程 ID 修改課程的相關資訊。

（4）按一下「刪除」按鈕，可以刪除課程資訊。

基本課程設定頁面如圖 17.15 所示。

▲ 圖 17.15 基本課程設定

其主要背景程式如下：

```
@RequestMapping("queryCourseList")
public String queryCourseList(HttpServletRequest request){
    List<Course> courseList = courseService.queryCourseList();
    request.setAttribute("courseList", courseList);
    return "course_base_list";
}
@RequestMapping("addCourse")
public String addCourse(Course course, HttpServletRequest request){
    int rest = courseService.addCourse(course);
    List<Course> courseList = courseService.queryCourseList();
    request.setAttribute("addMsg",rest == 1 ? "增加成功！" : "增加失敗！");
    request.setAttribute("courseList",courseList);
    return "course_base_list";
}
@RequestMapping("updateCourse")
public String updateCourse(Course course,HttpServletRequest request){
    int rest = courseService.updateCourse(course);
    List<Course> courseList = courseService.queryCourseList();
    request.setAttribute("updateMsg",rest == 1 ? "修改成功！" : "修改失敗！");
    request.setAttribute("courseList",courseList);
    return "course_base_list";
}
@RequestMapping("queryCourseByName")
public String queryCourseByName(String courseName,HttpServletRequest request){
    List<Course> courseList = null;
    if (StringHelper.isNotEmpty(courseName)) {
        courseList = courseService.queryCourseByName(courseName);
    } else {
        courseList = courseService.queryCourseList();
    }
    request.setAttribute("courseList", courseList);
    return "course_base_list";
}
@RequestMapping("deleteCourseById")
public String deleteCourseById(String courseId,HttpServletRequest request){
    int rest = courseService.deleteCourseById(Integer.parseInt(courseId));
    System.out.println("==========deleteCourseById.rest:" + rest);
    List<Course> courseList = courseService.queryCourseList();
    request.setAttribute("deleteMsg",rest == 1 ? "刪除成功！" : "刪除失敗！");
    request.setAttribute("courseList",courseList);
    return "course_base_list";
}
```

2. 班級課程設定

班級課程設定主要是對班級課程資訊進行設定。該模組主要包含以下功能：

（1）展示班級課程資訊列表，包含班級、專業、課程名稱、學期等資訊。

（2）可以透過對班級的模糊查詢匹配和過濾相關班級的課程資訊。

（3）按一下右上角的「增加」按鈕，可以增加班級課程。班級課程的班級、專業、課程名稱、學期等資訊，新增項不允許為空，同時會對增加的班級和課程進行驗證。

（4）按一下「修改」按鈕，可以根據班級課程 ID 修改班級課程的相關資訊。

（5）按一下「刪除」按鈕，可以刪除班級課程資訊。

班級課程設定頁面如圖 17.16 所示。

▲ 圖 17.16 班級課程設定

其主要背景程式如下：

```
@RequestMapping("queryClassKe")
public String queryClassKe(HttpServletRequest request) {
    return showClassCourse(request);
}
private String showClassCourse(HttpServletRequest request) {
    queryClassCourse(request);
    return "class_course_list";
}
/**
 * 抽象業務方法，增、刪、改最終都會涉及資料更新
 * @param request
 * @return
 */
private void queryClassCourse(HttpServletRequest request) {
    List<ClassCourse> classCourseList = classCourseService.
queryClassCourseList();
    List<Course> courseList = courseService.queryCourseList();
    List<Classes> classesList = classesService.queryClassesList();
    for (ClassCourse cc : classCourseList) {
        cc.setClasses(classesService.queryClassesById(cc.getClassId()));
        cc.setCourse(courseService.queryCourseById(cc.getCourseId()));
```

```
            cc.setCourseList(courseList);
        }
        request.setAttribute("classCourseList", classCourseList);
        request.setAttribute("classesList", classesList);
        request.setAttribute("courseList", courseList);
    }
    @RequestMapping("queryClassKe")
    public String queryClassKe(HttpServletRequest request) {
        return showClassCourse(request);
    }
    @RequestMapping("addClassCourse")
    public String addClassCourse(ClassCourse classKe,HttpServletRequest request){
        int rest = classCourseService.addClassCourse(classKe);
        return showClassCourse(request);
    }
    @RequestMapping("updateClassCourse")
    public String updateClassCourse(ClassCourse classKe,HttpServletRequest request){
        int i = classCourseService.updateClassCourse(classKe);
        return showClassCourse(request);
    }
    @RequestMapping("deleteClassCourse")
    public String deleteClassCourse(String id,HttpServletRequest request){
        int rest = classCourseService.deleteClassCourse(Integer.parseInt(id));
        return showClassCourse(request);
    }
```

17.6.3 班級管理

班級管理主要是對班級資訊進行瀏覽和設定。該模組主要包含以下功能：

（1）展示班級資訊列表，包含班級名稱、班主任、專業等資訊。

（2）可以透過對班級的模糊查詢匹配和過濾相關班級的資訊。

（3）按一下右上角的「增加」按鈕，可以增加班級資訊。班級資訊包括班級名稱、班主任、專業，新增項不允許為空，同時會對增加的班級資料進行驗證。

（4）按一下「修改」按鈕，可以根據班級 ID 修改班級資訊。

（5）按一下「刪除」按鈕，可以刪除班級資訊。

班級資訊瀏覽頁面如圖 17.17 所示。

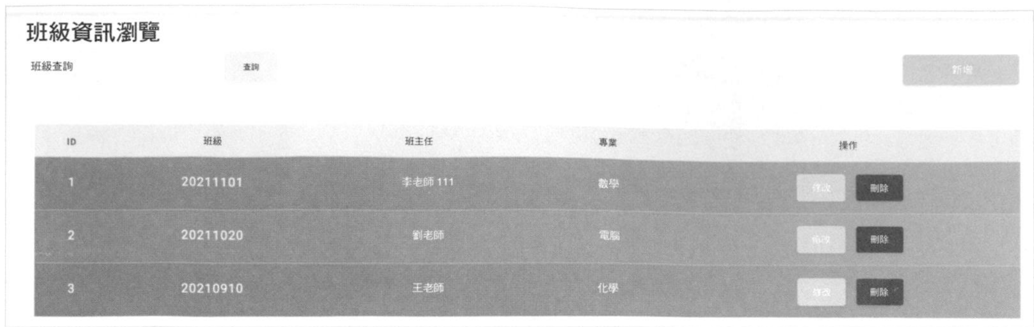

▲ 圖 17.17 班級資訊瀏覽

其主要背景程式如下：

```
@RequestMapping("queryClassesList")
public String queryClassesList(HttpServletRequest request){
    List<Classes> classesList = classesService.queryClassesList();
    request.setAttribute("classesList", classesList);
    return "class_list";
}
@RequestMapping("addClasses")
public String addClasses(Classes classes,HttpServletRequest request){
    int rest = classesService.addClasses(classes);
    List<Classes> classesList = classesService.queryClassesList();
    request.setAttribute("addMsg",rest == 1 ? "增加成功！" : "增加失敗！");
    request.setAttribute("classesList",classesList);
    return "class_list";
}
@RequestMapping("updateClasses")
public String updateClasses(Classes classes,HttpServletRequest request){
    int rest = classesService.updateClasses(classes);
    List<Classes> classesList = classesService.queryClassesList();
    request.setAttribute("updateMsg",rest == 1 ? "修改成功！" : "修改失敗！");
    request.setAttribute("classesList",classesList);
    return "class_list";
}
@RequestMapping("queryClassesByName")
public String queryClassesByName(String className,HttpServletRequest request) {
    List<Classes> classesList = null;
    if (StringHelper.isEmpty(className)) {
        classesList = classesService.queryClassesByName(className);
    } else {
        classesList = classesService.queryClassesList();
    }
    request.setAttribute("classesList", classesList);
    return "class_list";
}
```

```
@RequestMapping("deleteClassesById")
public String deleteClassesById(String classId,HttpServletRequest request){
    int rest = classesService.deleteClassesById(Integer.parseInt(classId));
    List<Classes> classesList = classesService.queryClassesList();
    request.setAttribute("deleteMsg",rest == 1 ? "刪除成功！" : "刪除失敗！");
    request.setAttribute("classesList",classesList);
    return "class_list";
}
```

17.6.4 學生管理

學生管理功能主要包含學生資訊瀏覽和新增學生資訊。具體內容如下。

1. 學生資訊瀏覽

學生資訊瀏覽主要是輸入和修改學生資訊，是對學生資訊的具體設定。該模組主要包含以下功能：

（1）展示學生資訊列表，主要包含學號、學生名稱、戶籍位址、所在班級、性別、手機號碼等資訊。

（2）可以透過對班級的模糊查詢匹配和過濾相關班級的課程資訊。

（3）按一下右上角的「增加」按鈕，可以增加班級課程。班級課程資訊包括班級、專業、課程名稱、學期等資訊，新增項不允許為空，同時會對增加的班級和課程進行驗證。

（4）按一下「修改」按鈕，可以根據班級課程 ID 修改班級課程的相關資訊。

（5）按一下「刪除」按鈕，可以刪除班級課程資訊。

學生資訊瀏覽頁面如圖 17.18 所示。

學生資訊瀏覽

姓名　戶籍　查詢

ID	學號	學生名稱	戶籍	班級	性別	手機號	操作
1	1	wang	zhejiang	20211101	男	187	修改 刪除
2	2	zhao	beijing	20211101	女	138	修改 刪除
3	3	qian	zhejiang1	20210910	男	159	修改 刪除
4	5	12	12	20210910	女	12	修改 刪除

▲ 圖 17.18 學生資訊瀏覽

其主要背景程式如下：

```
    @RequestMapping("queryStudentList")
    public String queryStudentList(HttpServletRequest request){
        List<Student> studentList = studentService.queryStudentList();
        for (Student student : studentList) {
            student.setClasses(classesService.queryClassesById(student.
getClassesId()));
        }
        request.setAttribute("studentList",studentList);
        System.out.println(studentList);
        return "student_list";
    }
    @RequestMapping("querStudentByNameA")
    public String querStudentByNameA(HttpServletRequest request, String name,
String address) {
        List<Student> studentList = studentService.querStudentByNameA(name,
address);
        for (Student student : studentList) {
            student.setClasses(classesService.queryClassesById
(student.getClassesId()));
        }
        request.setAttribute("studentList", studentList);
        System.out.println(studentList);
        return "student_list";
    }
    @RequestMapping("updateStudent")
    public String updateStudent(HttpServletRequest request, Student student) {
        int rest = studentService.updateStudent(student);
        System.out.println("==========updateStudent.rest:" + rest);
        List<Student> studentList = studentService.queryStudentList();
        request.setAttribute("updateMsg",rest == 1 ? "修改成功！" : "修改失敗！");
        request.setAttribute("studentList",studentList);
        System.out.println("=================updateStudent.studentList:" +
studentList);
        return "student_list";
    }
    @RequestMapping("deleteStudent")
    public String deleteStudent(HttpServletRequest request, String id) {
        int rest = studentService.deleteStudent(Integer.parseInt(id));
        System.out.println("==========deleteStudent.rest:" + rest);
        List<Student> studentList = studentService.queryStudentList();
        request.setAttribute("deleteMsg",rest == 1 ? "刪除成功！" : "刪除失敗！");
        request.setAttribute("studentList",studentList);
        System.out.println("=================deleteStudent.studentList:" +
studentList);
        return "student_list";
    }
```

2. 新增學生資訊

新增學生資訊主要是透過系統輸入學生的詳細資訊。該模組主要包含以下功能：

（1）透過系統設定增加學生資訊，主要包含學生名稱、戶籍位址、所在班級、性別、手機號碼等資訊。

（2）增加學生資訊需要驗證該學生是否已經存在於系統中。如果存在，則提示學生已經存在，不需要重複增加；如果不存在，則可以繼續增加。

（3）需要對增加的學生資訊進行驗證，如欄位不能為空、欄位長度不能過長等。

增加學生資訊頁面如圖 17.19 所示。

▲ 圖 17.19 增加學生資訊

其主要背景程式如下：

```
@RequestMapping("addStudent")
public String addStudent(HttpServletRequest request, Student student) {
    int rest = studentService.addStudent(student);
    LoggerHelper.println("==========addStudent.rest:" + rest);
    List<Student> studentList = studentService.queryStudentList();
    request.setAttribute("addMsg",rest == 1 ? "新增成功！" : "新增失敗！");
    request.setAttribute("studentList",studentList);
    System.out.println("=================addStudent.studentList:" +
studentList);
```

```
    return "student_list";
}
```

17.6.5 學費管理

學費管理功能主要包含基本學費設定和學生繳費預覽。具體資訊如下。

1. 基本學費設定

基本學費設定比較簡單，主要是設定繳費資訊。該模組主要包含以下功能：

（1）增加學費管理，增加之後會生成學費編號。

（2）可以對學費進行修改和刪除。

基本學費設定頁面如圖 17.20 所示。

▲ 圖 17.20 基本學費設定

其主要背景程式如下：

```
@RequestMapping("queryTuitionList")
public String queryTuitionList(HttpServletRequest request){
    List<Tuition> tuitionList = tuitionService.queryTuitionList();
    request.setAttribute("tuitionList", tuitionList);
    return "tuition_list";
}
@RequestMapping("addTuition")
public String addTuition(Tuition tuition, HttpServletRequest request){
    int rest = tuitionService.addTuition(tuition);
    LoggerHelper.println("==========addTuition.rest:" + rest);
    List<Tuition> tuitionList = tuitionService.queryTuitionList();
    request.setAttribute("addMsg",rest == 1 ? "新增成功！" : "新增失敗！");
    request.setAttribute("tuitionList", tuitionList);
    return "tuition_list";
}
```

```
@RequestMapping("updateTuition")
public String updateTuition(Tuition tuition, HttpServletRequest request){
    int rest = tuitionService.updateTuition(tuition);
    LoggerHelper.println("==========updateTuition.rest:" + rest);
    List<Tuition> tuitionList = tuitionService.queryTuitionList();
    request.setAttribute("updateMsg",rest == 1 ? "修改成功！" : "修改失敗！");
    request.setAttribute("tuitionList", tuitionList);
    return "tuition_list";
}
@RequestMapping("deleteTuition")
public String deleteTuition(String id, HttpServletRequest request){
    int rest = tuitionService.deleteTuitionById(Integer.parseInt(id));
    LoggerHelper.println("==========deleteTuition.rest:" + rest);
    List<Tuition> tuitionList = tuitionService.queryTuitionList();
    request.setAttribute("deleteMsg",rest == 1 ? "刪除成功！" : "刪除失敗！");
    request.setAttribute("tuitionList", tuitionList);
    return "tuition_list";
}
```

2. 學生繳費預覽

學生繳費預覽是對學生繳費資訊進行登記，主要是設定繳費金額和繳費狀態。該模組主要包含以下功能：

(1) 展示學生繳費的具體情況，主要包含學號、學生名稱、所在班級、學費金額、是否已經繳費等資訊。

(2) 可以透過對姓名的模糊查詢匹配和過濾學生的繳費狀態。

(3) 透過操作「設定學費」按鈕可以設定不同學生應該繳費的金額。

(4) 透過變更繳費狀態按鈕可以設定學生是否已經繳費。

學生繳費預覽頁面如圖 17.21 所示。

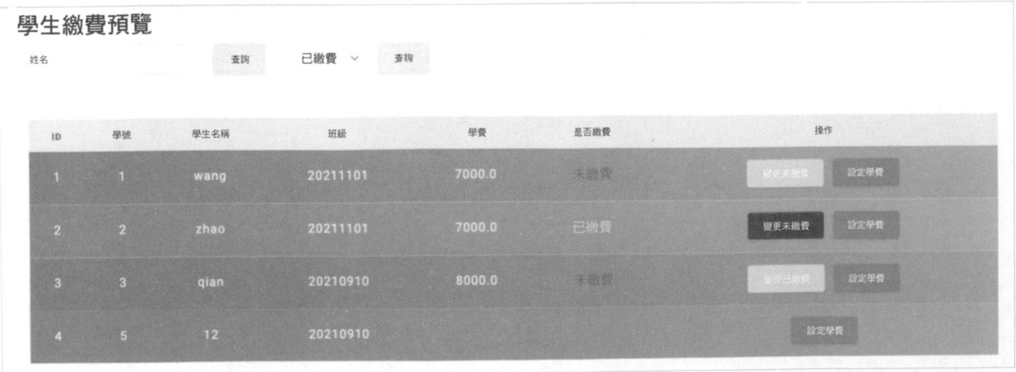

學生繳費預覽

姓名 查詢 已繳費 查詢

ID	學號	學生名稱	班級	學費	是否繳費	操作
1	1	wang	20211101	7000.0	未繳費	設定學費
2	2	zhao	20211101	7000.0	已繳費	變更未繳費 設定學費
3	3	qian	20210910	8000.0	未繳費	設定學費
4	5	12	20210910			設定學費

▲ 圖 17.21 學生繳費預覽

其主要背景程式如下：

```
/**
 *
 * @param name 學生姓名
 * @param request 請求
 * @return 學生費用預覽頁面
 */
@RequestMapping("queryStudentTuitionByName")
public String queryStudentTuitionByName(String name,HttpServletRequest request){
    List<Student> studentTuitionList = studentService.querStudentByNameA(name,
null);
    for (Student stu : studentTuitionList) {
        stu.setClasses(classesService.queryClassesById(stu.getClassesId()));
        stu.setTuition(tuitionService.queryTuitionById(stu.getTuitionId()));
    }
    request.setAttribute("studentTuitionList",studentTuitionList);
    return "tuition_mgmt";
}
@RequestMapping("queryStudentByTuitionState")
public String queryStudentByTuitionState(String tuitionState,HttpServletRequest
request) {
    List<Student> studentTuitionList = studentService.queryStudentByTuitionState
(tuitionState);
    for (Student stu : studentTuitionList) {
        stu.setClasses(classesService.queryClassesById(stu.getClassesId()));
        stu.setTuition(tuitionService.queryTuitionById(stu.getTuitionId()));
    }
    request.setAttribute("studentTuitionList",studentTuitionList);
    return "tuition_mgmt";
}
@RequestMapping("queryStudentTuitionList")
public String queryStudentTuitionList(HttpServletRequest request){
    List<Student> studentTuitionList = studentService.queryStudentList();
    for (Student stu : studentTuitionList) {
        stu.setClasses(classesService.queryClassesById(stu.getClassesId()));
        stu.setTuition(tuitionService.queryTuitionById(stu.getTuitionId()));
    }
    request.setAttribute("studentTuitionList",studentTuitionList);
    return "tuition_mgmt";
}
@RequestMapping("updateStudentTuition")
public String updateStudentTuition(Student student, String id, String
tuitionId,HttpServletRequest request) {
    LoggerHelper.println(id + "=================" + tuitionId);
    LoggerHelper.println(student.getId() + "=================" + student.
getTuitionId());
    int rest = studentService.updateStudentTuition(student.getId(),
student.getTuitionId());
```

```
        List<Student> studentTuitionList = studentService.queryStudentList();
        for (Student stu : studentTuitionList) {
            stu.setClasses(classesService.queryClassesById(stu.getClassesId()));
            stu.setTuition(tuitionService.queryTuitionById(stu.getTuitionId()));
        }
        request.setAttribute("updateMsg",rest == 1 ? "修改成功！" : "修改失敗！");
        request.setAttribute("studentTuitionList", studentTuitionList);
        return "tuition_mgmt";
    }
    @RequestMapping("updateStudentTuitionState")
    public String updateStudentTuitionState(String id, String
tuitionState,HttpServletRequest request) {
        int rest = studentService.updateStudentTuitionState(Integer.parseInt(id),
tuitionState);
        List<Student> studentTuitionList = studentService.queryStudentList();
        for (Student stu : studentTuitionList) {
            stu.setClasses(classesService.queryClassesById(stu.getClassesId()));
            stu.setTuition(tuitionService.queryTuitionById(stu.getTuitionId()));
        }
        request.setAttribute("updateMsg",rest == 1 ? "修改成功！" : "修改失敗！");
        request.setAttribute("studentTuitionList", studentTuitionList);
        return "tuition_mgmt";
    }
```

17.6.6 成績管理

成績管理主要包含成績資訊瀏覽和成績資訊增加。具體資訊如下：

1. 成績資訊瀏覽

主要用於瀏覽學生的成績情況。該模組主要包含以下功能：

（1）展示學生的成績資訊，包括學生所在班級、學號、姓名、性別、課程、學期以及考試成績。

（2）可以透過對學生姓名和課程的模糊查詢來匹配學生的成績資訊。

（3）按一下「修改」按鈕，可以修改學生的成績資訊。

（4）按一下「刪除」按鈕，可以刪除學生的成績資訊。

成績資訊瀏覽頁面如圖 17.22 所示。

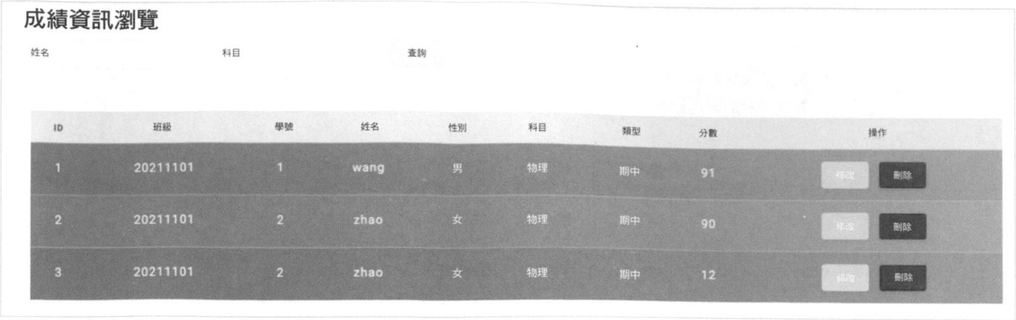

成績資訊瀏覽

姓名 科目 查詢

ID	班級	學號	姓名	性別	科目	類型	分數	操作
1	20211101	1	wang	男	物理	期中	91	修改 刪除
2	20211101	2	zhao	女	物理	期中	90	修改 刪除
3	20211101	2	zhao	女	物理	期中	12	修改 刪除

▲ 圖 17.22 成績資訊瀏覽

其主要背景程式如下：

```
@RequestMapping("queryScoreList")
public String queryScoreList(HttpServletRequest request) {
    request.setAttribute("scoreList", queryScoreListModel());
    return "score_list";
}
@RequestMapping("updateScore")
public String updateScore(Score score, HttpServletRequest request){
    int rest = scoreService.updateScore(score);
    LoggerHelper.println("==========updateScore.rest:" + rest);
    request.setAttribute("updateMsg",rest == 1 ? "修改成功！" : "修改失敗！");
    request.setAttribute("scoreList", queryScoreListModel());
    return "score_list";
}
@RequestMapping("deleteScoreById")
public String deleteScoreById(String id, HttpServletRequest request){
    int rest = scoreService.deleteScoreById(Integer.parseInt(id));
    LoggerHelper.println("==========deleteTuition.rest:" + rest);
    request.setAttribute("deleteMsg",rest == 1 ? "刪除成功！" : "刪除失敗！");
    request.setAttribute("scoreList", queryScoreListModel());
    return "score_list";
}

@RequestMapping("queryScoreByStudentName")
public String queryScoreByStudentName(HttpServletRequest request, String
studentName, String classSubject) {
    List<Score> scoreList = scoreService.queryScoreList();
    List<Score> resultList = new ArrayList<>();
    for (Score  score : scoreList) {
        Student student = studentService.queryStudentById(score.getStudentId());
        score.setStudent(student);
        Classes classes = classesService.queryClassesById
(score.getStudent().getClassesId());
        score.setClasses(classes);
```

```
            score.setCourse(courseService.queryCourseById(score.getCourseId()));
            LoggerHelper.println("queryScoreByStudentName:00000000000: " +
score.getStudent());
            LoggerHelper.println("queryScoreByStudentName:00000000000: " +
score.getCourse());
            LoggerHelper.println("queryScoreByStudentName:00000000000: " +
score.getClasses());
            if (StringHelper.isEmpty(studentName) && StringHelper.
isEmpty(classSubject)) {
                resultList.add(score);
            } else if (StringHelper.isEmpty(classSubject)) {
                if (student.getName().contains(studentName)) {
                    resultList.add(score);
                }
            } else if (StringHelper.isEmpty(studentName)) {
                if (classes.getClassSubject().contains(classSubject)) {
                    resultList.add(score);
                }
            } else {
                if (student.getName().contains(studentName) &&
classes.getClassSubject().contains(classSubject)) {
                    resultList.add(score);
                }
            }
        }
        request.setAttribute("scoreList", resultList);
        return "score_list";
    }
    private List<Score> queryScoreListModel () {
        List<Score> scoreList = scoreService.queryScoreList();
        for (Score  score : scoreList) {
            LoggerHelper.println("queryScoreList: " + score);
            score.setStudent(studentService.queryStudentById(score.getStudentId()));
            score.setClasses(classesService.queryClassesById(score.getStudent().
getClassesId()));
            score.setCourse(courseService.queryCourseById(score.getCourseId()));
            LoggerHelper.println("00000000000: " + score.getStudent());
            LoggerHelper.println("00000000000: " + score.getCourse());
            LoggerHelper.println("00000000000: " + score.getClasses());
        }
        return scoreList;
    }
```

2. 成績資訊增加

成績資訊增加主要是透過系統輸入學生考試成績的詳細資訊。該模組主要包含以下功能：

（1）透過系統設定增加學生成績資訊，主要包含學生學號、姓名、班級和課程、考試類型、考試成績等資訊。

（2）增加學生成績資訊需要根據學號自動傳回學生姓名。如果學號不存在，則提示不存在該學生，系統無法輸入成績。

（3）需要對增加的學生成績資訊進行驗證，如欄位不能為空、欄位長度不能過長等。

增加成績資訊頁面如圖 17.23 所示。

▲ 圖 17.23 增加成績資訊

其主要背景程式如下：

```
@RequestMapping("addScore")
public String addScore(Score score, HttpServletRequest request) {
    LoggerHelper.println(score);
    int rest = scoreService.addScore(score);
    LoggerHelper.println("==========addScore.rest:" + rest);
    request.setAttribute("addMsg",rest == 1 ? "新增成功！" : "新增失敗！");
    request.setAttribute("scoreList", queryScoreListModel());
    return "score_list";
}
```

17.6.7 教師管理

教師管理主要是對教師資訊的管理和維護。該模組主要包含以下功能：

（1）展示教師資訊列表，包含教師姓名、教師年齡、教師性別、教師籍貫、所教的課程等資訊。

（2）可以透過對教師姓名的模糊查詢匹配和過濾教師的詳細資訊。

（3）按一下右上角的「增加」按鈕，可以增加教師資訊。教師資訊包括教師編號、教師名稱、教師年齡、教師性別、教師籍貫、所教的課程，新增項不允許為空，同時會對增加的教師資訊的資料進行驗證。

（4）按一下「修改」按鈕，可以根據班級 ID 修改教師資訊。

（5）按一下「刪除」按鈕，可以刪除教師的資訊。

教師資訊頁面如圖 17.24 所示。

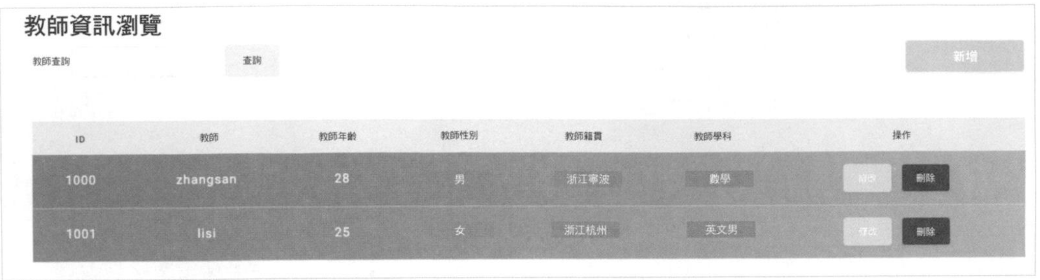

▲ 圖 17.24 教師資訊頁面

增加教師資訊的主要背景程式如下：

```
@RequestMapping("addTeacher")
private String addTeacher(HttpServletRequest request, Teacher teacher){
    int rest = teacherService.addTeacher(teacher);
    LoggerHelper.println("==========addTeacher.rest:" + rest);
    List<Teacher> teacherList = teacherService.queryTeacherList();
    request.setAttribute("addTeacherMsg",rest == 1 ? "增加成功！" : "增加失敗！");
    request.setAttribute("teacherList",teacherList);
    return "teacher_list";
}
@RequestMapping("queryTeacherList")
private String queryTeacherList(HttpServletRequest request){
    List<Teacher> teacherList = teacherService.queryTeacherList();
    request.setAttribute("teacherList",teacherList);
    LoggerHelper.println("==========queryTeacherList.teacherlist:" +
teacherList);
    return "teacher_list";
}
@RequestMapping("updateTeacher")
private String updateTeacher(Teacher teacher, HttpServletRequest request){
```

```
        int rest = teacherService.updateTeacher(teacher);
        LoggerHelper.println("==========updateTeacher.rest:" + rest);
        List<Teacher> teacherList = teacherService.queryTeacherList();
        request.setAttribute("updateTeacherMsg",rest == 1 ? "修改成功！" :
"修改失敗！");
        request.setAttribute("teacherList",teacherList);
        return "teacher_list";
    }
    @RequestMapping("deleteTeacher")
    private String deleteTeacher(String tid, HttpServletRequest request){
        int rest = teacherService.deleteTeacher(Integer.parseInt(tid));
        LoggerHelper.println("==========deleteTeacher.rest:" + rest);
        List<Teacher> teacherList = teacherService.queryTeacherList();
        request.setAttribute("deleteTeacherMsg",rest == 1 ? "刪除成功！" :
"刪除失敗！");
        request.setAttribute("teacherList",teacherList);
        return "teacher_list";
    }
```

17.7 使用者功能模組

使用者功能模組用來方便使用者查詢學生的相關資訊，主要包含學生的班級、學生的課程和學生的成績資訊。在學生端只能查看資訊，不能對資訊進行任何變更和修改。

17.7.1 班級課程

班級課程模組主要展示班級的課程資訊，在學生端可以根據自己所在的班級查詢學生班級設定的課程資訊。介面顯示如圖 17.25 所示。

班級課程

ID	班級	專業	課程名稱	學期
1	20211101	數學	物理	3
2	20210910	化學	電腦網路	4
3	20210910	化學	電腦網路	4

▲ 圖 17.25 學生端的班級課程

其主要背景程式如下：

```
@RequestMapping("queryNorClassCourseList")
public String queryNorClassCourseList(HttpServletRequest request){
```

```
        List<ClassCourse> classCourseList = classCourseService.
queryClassCourseList();
        List<Course> courseList = courseService.queryCourseList();
        List<Classes> classesList = classesService.queryClassesList();
        for (ClassCourse cc : classCourseList) {
            cc.setClasses(classesService.queryClassesById(cc.getClassId()));
            cc.setCourse(courseService.queryCourseById(cc.getCourseId()));
            cc.setCourseList(courseList);
        }
        request.setAttribute("classCourseList", classCourseList);
        request.setAttribute("classesList", classesList);
        request.setAttribute("courseList", courseList);
        return "nor_class_course_list";
    }
```

透過 MyBatis 封裝之後，操作資料庫的程式如下：

```
    @Select("select id,class_id,course_id from t_stu_class_course")
    @Results({
            //column 為資料庫欄位名稱，property 為實體類別屬性名稱，jdbcType 為資料庫欄位的資料
型態，id 為是否為主鍵
            @Result(column = "id", property = "id", jdbcType = JdbcType.INTEGER,
id = true),
            @Result(column = "class_id", property = "classId", jdbcType =
JdbcType.INTEGER),
            @Result(column = "course_id", property = "courseId", jdbcType =
JdbcType.INTEGER)
    })
    List<ClassCourse> queryClassCourseList();
```

17.7.2 班級資訊

班級資訊模組主要展示班級清單和班主任老師的姓名，在學生端可以查看自己所在的班級的具體資訊，包括班主任和班級所學習的專業。介面顯示如圖 17.26 所示。

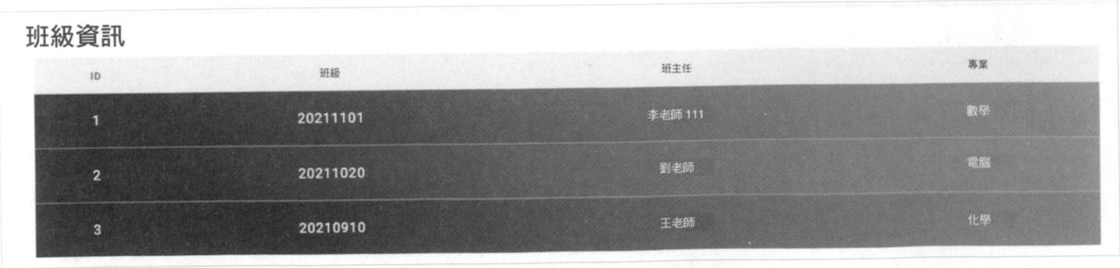

班級資訊

ID	班級	班主任	專業
1	20211101	李老師 111	數學
2	20211020	劉老師	電腦
3	20210910	王老師	化學

▲ 圖 17.26 學生端的班級資訊

其主要背景程式如下：

```
/**
 * 學生端展示
 * @param request
 * @return
 */
@RequestMapping("queryNorClasses")
public String queryNorClasses(HttpServletRequest request){
    List<Classes> classesList = classesService.queryNorClasses();
    request.setAttribute("stuClassesList",classesList);
    return "nor_class_list";
}
```

透過 MyBatis 封裝之後，操作資料庫的程式如下：

```
    @Select("select class_id,class_teacher,class_subject,class_name from
t_stu_classes")
    @Results({
        //column 為資料庫欄位名稱，property 為實體類別屬性名稱，jdbcType 為資料庫欄位資料型態，
id 為是否為主鍵
        @Result(column = "class_id", property = "classId", jdbcType =
JdbcType.INTEGER, id = true),
        @Result(column = "class_teacher", property = "classTeacher",
jdbcType = JdbcType.VARCHAR),
        @Result(column = "class_subject", property = "classSubject",
jdbcType = JdbcType.VARCHAR),
        @Result(column = "class_name", property = "className", jdbcType =
JdbcType.VARCHAR)
    })
    public List<Classes> queryNorClasses();
```

17.7.3 成績資訊

成績資訊模組主要展示學生的個人成績，在學生端可以查看自己所修課程的考試成績。介面顯示如圖 17.27 所示。

成績資訊

ID	班級	學號	姓名	性別	科目	類型	分數
1	20211101	1	wang	男	物理	期中	91
2	20211101	2	zhao	女	物理	期中	90
4	20211101	2	zhao	女	物理	期中	12

▲ 圖 17.27 學生端的成績資訊

其主要背景程式如下：

```
@RequestMapping("queryNorScore")
public String queryNorScore(HttpServletRequest request){
    List<Score> scoreList = scoreService.queryNorScore();
    for (Score  score : scoreList) {
        score.setStudent(studentService.queryStudentById
(score.getStudentId()));
        score.setClasses(classesService.queryClassesById
(score.getStudent().getClassesId()));
        score.setCourse(courseService.queryCourseById(score.getCourseId()));
    }
    request.setAttribute("stuScoreList", scoreList);
    return "nor_course_list";
}
```

透過 MyBatis 封裝之後，操作資料庫的程式如下：

```
@Select("select id,stu_id,term,score,course_id from t_stu_score")
@Results({
    //column 為資料庫欄位名稱，property 為實體類別屬性名稱，jdbcType 為資料庫欄位資料型態，
id 為是否為主鍵
    @Result(column = "id", property = "id", jdbcType = JdbcType.INTEGER,
id = true),
    @Result(column = "stu_id", property = "studentId", jdbcType =
JdbcType.INTEGER),
    @Result(column = "term", property = "term", jdbcType = JdbcType.VARCHAR),
    @Result(column = "score", property = "score", jdbcType = JdbcType.INTEGER),
    @Result(column = "course_id", property = "courseId", jdbcType =
JdbcType.INTEGER)
})
public List<Score> queryNorScore();
```

17.8 系統測試

在所有軟體程式的策劃和開發實現的過程中，系統測試是非常關鍵的一步，它能夠保障系統執行。只有測試過的系統才能正式發佈上線。

17.8.1 測試目的

軟體測試的目的一是為了確定系統功能是否完善，二是為了找出系統中存在的潛在錯誤，所以測試的時候需要注意多次測試。需要注意測試不只是測試系統的功能，而是要以找出系統中存在的錯誤為中心。但是發現系統中的錯誤不是測試的唯

一目的，如果沒有發現系統中存在的錯誤，也不代表這次測試毫無價值。首先，除了找出系統的 Bug 之外，還需要分析 Bug 產生的原因，這有助程式開發者快速定義 Bug 並將其解決。這種分析能夠改善軟體測試者測試的效率，設計出效率更高的測試用例。其次，全面測試能夠進一步保證程式的品質。

17.8.2 測試方法

系統測試的方法很多，主要有以下分類：

（1）從是否關心軟體內部結構和具體實現的角度劃分，測試方法主要有白盒測試和黑盒測試。白盒測試方法主要有程式檢法、靜態結構分析法、靜態品質度量法、邏輯覆蓋法、基本路徑測試法、域測試法、符號測試法、路徑覆蓋法和程式變異法。黑盒測試方法主要包括等值類別劃分法、邊界值分析法、錯誤推測法、因果圖法、判定資料表驅動法、正交試驗設計法、功能圖法、場景法等。

黑盒測試又稱為功能測試，功能測試能夠測試該學生資訊管理系統的功能是否能夠正常使用。測試者可以把系統看成是一個黑盒，可以不用考慮學生資訊管理系統內部業務邏輯的情況，按照系統功能說明書執行程式，觀察系統執行結果是否有異常的情況，所以通常人們把黑盒測試的說明書當作一本較複雜的功能使用說明書。

白盒測試又稱為邏輯驅動測試，程式測試人員需要清楚地了解程式的內部邏輯，並在此基礎上設計測試用例。

（2）從是否執行程式的角度劃分，測試方法又可分為靜態測試和動態測試。靜態測試包括程式檢 、靜態結構分析、程式品質度量等。動態測試由 3 部分組成：建構測試實例、執行程式和分析程式的輸出結果。

17.8.3 測試用例

由於本系統涉及的模組比較多，此處選擇了系統關鍵的模組進行單元測試，確保系統最基本的模組能正常執行，下面分別對需要進行單元測試的模組一一進行用例設計和測試。

1. 使用者登入模組測試用例

登入模組主要用於選擇角色對應的登入頁面，執行的操作是輸入使用者的帳號和密碼，按一下「登入」按鈕進行登入。使用者登入模組測試用例如表 17.10 所示。

▼ 表 17.10 使用者登入模組測試用例

測試編號	測 試項目	操作步驟	輸入的資料	預期結果	實際結果
L001	使用者名稱	在使用者不輸入使用者名稱的情況下，直接按一下「登入」按鈕	不輸入資料	提示使用者輸入登入名稱	一致
L002	密碼	使用者輸入了使用者名稱，但是不輸入密碼，然後按一下「登入」按鈕	使用者名稱：admin 密碼：null	提示使用者輸入密碼	一致
L003	使用者名稱和密碼	使用者輸入了不存在的使用者名稱和密碼	使用者名稱：xxx 密碼：xxx	提示使用者名稱或密碼輸入錯誤	一致
L004	使用者名稱和密碼	使用者輸入了正確的使用者名稱和錯誤的密碼	使用者名稱：admin 密碼：xxx	提示使用者名稱或密碼輸入錯誤	一致
L005	使用者名稱和密碼	使用者輸入了正確的使用者名稱和 密碼	使用者名稱：admin 密碼：admin	登入成功，跳躍到系統首頁	一致

2. 使用者註冊模組測試用例

使用者註冊模組主要對應註冊系統使用者，執行的操作是輸入使用者的相關資訊，按一下「註冊」按鈕進行註冊。使用者註冊模組測試用例如表 17.11 所示。

▼ 表 17.11 使用者註冊模組測試用例

測試編號	測試項目	操作步驟	輸入的資料	預期結果	實際結果
R001	使用者名稱	在使用者不輸入使用者名稱的情況下，直接按一下「註冊」按鈕	不輸入資料	提示使用者名稱不能為空	一致
R002	密碼	使用者輸入了使用者名稱，但是不 輸入密碼，然後按一下「登入」按鈕	使用者名稱：admin 密碼：null	提示密碼不能為空	一致
R003	姓名	使用者輸入了使用者名稱和密碼，但是不輸入姓名	使用者名稱：admin 密碼：admin 姓名：null	提示姓名不能為空	一致

測試編號	測試項目	操作步驟	輸入的資料	預期結果	實際結果
R004	使用者名	使用者輸入了已存在的使用者名	使用者名稱：admin	提示使用者名稱已存在	一致
R005	使用者名稱和密碼	使用者輸入了正確的使用者名稱和密碼	使用者名稱：admin 密碼：admin	註冊成功，跳躍到登入頁面	一致

3. 退出系統測試用例

退出系統主要分普通使用者（學生端）退出系統和管理員退出系統，在系統右上角按一下「退出」按鈕。退出系統測試用例如表 17.12 所示。

▼ 表 17.12 退出系統測試用例

測試編號	測 試 項目	操作步驟	輸入的資料	預期結果	實際結果
T001	普通使用者退出	普通使用者登入系統之後按一下「退出」按鈕		退出系統，回到普通使用者登入頁面	一致
T002	管理員退出	管理員使用者登入系統之後按一下「退出」按鈕		退出系統，回到管理員使用者登入頁面	一致

4. 基本課程設定測試用例

基本課程設定測試用例如表 17.13 所示。

▼ 表 17.13 基本課程設定測試用例

測試編號	測試項目	操作步驟	輸入的資料	預期結果	實際結果
C001	基本課程列表	按一下左側選單的課程設定下的基本課程設定		展示課程列表	一致
C002	課程查詢	在課程查詢框中輸入要查詢的課程名稱	化學	僅展示課程名稱包含「化學」的課程清單	一致
C003	課程查詢	在課程查詢框中輸入要查詢的課程名稱	不存在的學科名稱	無數據展示	一致

測試編號	測試項目	操作步驟	輸入的資料	預期結果	實際結果
C004	增加課程	按一下「增加」按鈕，輸入課程名稱和學期	不輸入任何資訊	提示課程不能為空	一致
C005	增加課程	按一下「增加」按鈕，輸入課程名稱和學期	輸入課程名稱不輸入學期	提示學期不能為空	一致
C006	增加課程	按一下「增加」按鈕，輸入課程名稱和學期	輸入課程名稱和學期	增加成功，在清單中顯示課程資訊	一致
C007	修改課程	按一下「修改」按鈕，顯示當前資訊	修改課程名稱	修改成功	一致
C008	刪除課程	按一下「刪除」按鈕		提示是否刪除	一致
C009	刪除課程	按一下「刪除」按鈕，提示是否刪除，按一下「否」按鈕		資料沒有刪除	一致
C010	刪除課程	按一下「刪除」按鈕，提示是否刪除，按一下「是」按鈕		資料被刪除	一致

17.9 專案總結

在網際網路時代，透過線上和線下結合的模式，一方面能夠讓學校資源得到充分利用，使其不處於閒置狀態；另一方面能夠在很大程度上避免使用者找不到資源。網際網路很大的作用是提供給使用者服務，並且能夠讓管理人員提高管理效率。

整個學生資訊管理系統在設計的過程中，考慮到了多個使用者同時存取系統的情況，因此資料庫需要採用 MySQL 處理併發的問題，使得多個使用者在登入系統瀏覽的時候可以獲得資訊，避免了因多個使用者同時存取造成系統回應過慢的問題，使用開放原始碼框架 SSM 實現系統和資料庫 MySQL 儲存系統的資訊。

由於未來有新的業務出現，因此該學生資訊管理系統的後續功能還需要完善，後續系統功能可以從以下幾方面改進：

（1）系統增加交流模組，此模組可以使得使用者分享自己的看法，有助人們的交流，更易於了解該學生資訊管理系統的好處。

（2）增加人臉辨識、指紋辨識的功能模組，使用者登入的時候可以採用人臉辨識登入系統。

（3）增加公告資訊模組，可以在首頁展示學校最新的公告資訊。

（4）系統增加班級成績資訊匯入功能，方便批次處理資料資訊。

Note

Note

Note

Note

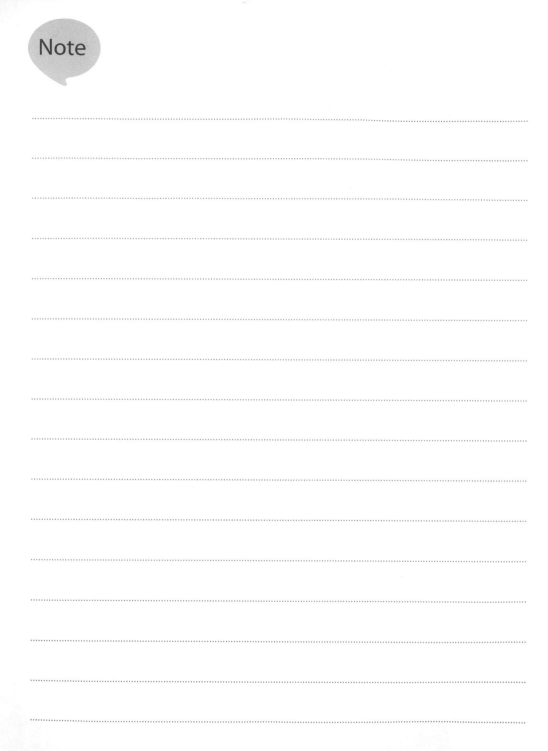